水 力 学

高海鹰 主编
高海鹰 马金霞 李 贺 编

东南大学出版社
·南京·

内 容 提 要

本书是根据教育部高等学校力学基础课程教学指导分委员会制订的《流体力学(水力学)课程教学基本要求(A 类)》编写的,讲授学时为 40 学时左右。全书共 9 章:绪论,水静力学,水运动学基础,水动力学基础,流动阻力与水头损失,孔口、管嘴出流和有压管流,明渠流和堰流及闸孔出流,渗流,量纲分析和相似原理。

本书注重加强基础理论知识,理论联系实际。内容精炼,深入浅出,通俗易懂,主要用于土木工程专业,适当兼顾其他专业的教学要求。各章都选配了典型例题、思考题和习题,书后附有习题答案和参考文献。

本书可作为高等学校土木工程、道路桥梁工程等专业本科生的教材,也可作为其他专业以及工程技术人员的参考用书。

图书在版编目(CIP)数据

水力学/高海鹰主编. —南京:东南大学出版社,2011.12 (2020.1 重印)
 ISBN 978-7-5641-3171-5

Ⅰ.①水… Ⅱ.①高… Ⅲ.①水力学—高等学校—教材 Ⅳ.①TV13

中国版本图书馆 CIP 数据核字(2011)第 251027 号

水力学

出版发行	东南大学出版社
出 版 人	江建中
社　　址	南京市四牌楼 2 号(邮编:210096)
电　　话	025 - 83793191(发行)　025 - 57711295(传真)
网　　址	http://www.seupress.com
电子邮箱	press@seupress.com
印　　刷	虎彩印艺股份有限公司
开　　本	787 mm×1 092 mm　1/16
印　　张	14.75
字　　数	360 千
版　　次	2011 年 12 月第 1 版　2020 年 1 月第 6 次印刷
书　　号	ISBN 978-7-5641-3171-5
印　　数	6 001～7 000 册
定　　价	58.00 元

(本社图书若有印装质量问题,请直接与读者服务部联系。电话(传真):025-83792328)

前　言

　　本书主要是为高等学校土木工程专业编写的水力学教材。它是根据教育部高等学校力学基础课程教学指导分委员会制订的《流体力学(水力学)课程教学基本要求(A类)》，在教学实践的基础上，吸收国内外有关教材的优点编写而成的。

　　本书是一本中、少学时数的教材，参考学时为40学时左右。内容精炼，重点突出，侧重基本原理、基本方法及其工程应用。精选的教学内容符合学科的内在联系和学生的认识规律并注重培养学生创新能力。本书根据课程教学内容的重点、难点和知识点，各章均有一定数量的例题、思考题和习题。

　　全书共9章，内容包括绪论，水静力学，水运动学基础，水动力学基础，流动阻力与水头损失，孔口、管嘴出流和有压管流，明渠流和堰流及闸孔出流，渗流，量纲分析和相似原理。

　　本书由东南大学高海鹰老师主编，东南大学马金霞老师和李贺老师参加了编写。各章编写分工如下：高海鹰(第7、8章)，马金霞(第1、2、3、9章)，李贺(第4、5、6章)。全书由高海鹰统稿。

　　在教材编写过程中，得到同行和专家的大力支持，得到了东南大学土木学院的关心和资助，在此表示衷心的感谢。

　　本书的出版还要感谢东南大学出版社的帮助和支持。

　　由于编者水平有限和时间较紧，书中缺点和错误在所难免，恳请读者批评指正。

编　者

目 录

第1章 绪 论 ········ 1
1.1 水力学的任务及发展概况 ········ 1
1.1.1 水力学的任务 ········ 1
1.1.2 水力学的发展概况 ········ 1
1.2 连续介质假设·液体的主要物理性质 ········ 2
1.2.1 连续介质假设 ········ 2
1.2.2 液体的主要物理性质 ········ 3
1.3 作用在液体上的力 ········ 10
1.3.1 质量力 ········ 11
1.3.2 表面力 ········ 11
1.4 水力学的研究方法 ········ 11
1.4.1 理论分析方法 ········ 12
1.4.2 实验研究法 ········ 12
1.4.3 数值计算法 ········ 12
思考题 ········ 13
习 题 ········ 13

第2章 水静力学 ········ 14
2.1 液体静压强的特性 ········ 14
2.1.1 静水压强 ········ 14
2.1.2 静水压强的特性 ········ 14
2.2 液体的平衡微分方程——欧拉平衡微分方程 ········ 16
2.2.1 液体的平衡微分方程 ········ 16
2.2.2 液体平衡微分方程的积分 ········ 18
2.2.3 等压面 ········ 19
2.3 水静力学基本方程 ········ 19
2.3.1 重力作用下的水静力学基本方程 ········ 19
2.3.2 压强的计量单位和表示方法 ········ 21
2.3.3 液体静力学基本方程的物理意义和几何意义 ········ 22
2.3.4 静水压强的测量 ········ 23
2.4 作用在平面上的静水总压力 ········ 26
2.4.1 图解法 ········ 26

2.4.2　解析法 ………………………………………………………………… 28
2.5　作用在曲面上的静水总压力 …………………………………………………… 31
2.6　浮力・潜体及浮体的稳定 ……………………………………………………… 35
　　2.6.1　浮力的计算——阿基米德原理 ………………………………………… 35
　　2.6.2　物体在静止液体中的浮沉 ……………………………………………… 36
　　2.6.3　潜体及浮体的稳定 ……………………………………………………… 36
2.7　液体的相对平衡 ………………………………………………………………… 37
思考题 …………………………………………………………………………………… 39
习　题 …………………………………………………………………………………… 40

第3章　水运动学基础 ……………………………………………………………… 44

3.1　描述液体运动的两种方法 ……………………………………………………… 44
　　3.1.1　拉格朗日法 ……………………………………………………………… 44
　　3.1.2　欧拉法 …………………………………………………………………… 45
　　3.1.3　迹线・流线・脉线 ……………………………………………………… 48
3.2　液体运动的基本概念 …………………………………………………………… 51
　　3.2.1　流管・流束・过流断面・元流・总流 ………………………………… 51
　　3.2.2　流量・断面平均速度 …………………………………………………… 52
3.3　液体运动的分类 ………………………………………………………………… 52
　　3.3.1　恒定流和非恒定流 ……………………………………………………… 52
　　3.3.2　均匀流和非均匀流・渐变流和急变流 ………………………………… 54
　　3.3.3　有压流(有压管流)、无压流(明渠流)、射流 ………………………… 55
　　3.3.4　一元流、二元流、三元流 ……………………………………………… 55
3.4　液体运动的连续性方程 ………………………………………………………… 55
　　3.4.1　系统和控制体 …………………………………………………………… 56
　　3.4.2　液体运动的连续性微分方程 …………………………………………… 56
　　3.4.3　恒定总流的连续性方程 ………………………………………………… 57
思考题 …………………………………………………………………………………… 58
习　题 …………………………………………………………………………………… 58

第4章　水动力学基础 ……………………………………………………………… 60

4.1　理想液体的运动微分方程——欧拉运动微分方程 …………………………… 60
4.2　理想液体元流的伯努利方程 …………………………………………………… 61
　　4.2.1　理想液体运动微分方程式的积分 ……………………………………… 61
　　4.2.2　理想液体元流的伯努利方程 …………………………………………… 62
　　4.2.3　理想液体元流伯努利方程的意义 ……………………………………… 63
4.3　实际液体运动微分方程 ………………………………………………………… 65
　　4.3.1　液体质点的应力状态 …………………………………………………… 65
　　4.3.2　实际液体运动微分方程 ………………………………………………… 65

4.4 实际液体恒定元流的伯努利方程 ································· 66
4.5 实际液体总流的伯努利方程 ····································· 67
　　4.5.1 渐变流过水断面上的动水压强分布 ···················· 67
　　4.5.2 恒定总流的伯努利方程 ···································· 67
　　4.5.3 总流伯努利方程的应用 ···································· 69
4.6 恒定总流的动量方程 ·· 71
　　4.6.1 恒定总流的动量方程 ······································· 71
　　4.6.2 动量方程应用 ·· 72
思考题 ·· 74
习　题 ·· 75

第5章 流动阻力与水头损失 ·· 80
5.1 流动阻力与能量损失的两种形式 ································· 80
　　5.1.1 沿程阻力和沿程水头损失 ································· 80
　　5.1.2 局部阻力及局部水头损失 ································· 80
5.2 液体的两种流动形态 ·· 80
　　5.2.1 雷诺实验 ··· 81
　　5.2.2 层流、湍流的判别标准 ···································· 82
5.3 恒定均匀流的沿程水头损失和基本方程式 ···················· 83
　　5.3.1 均匀流基本方程 ·· 83
　　5.3.2 圆管过水断面上切应力分布 ······························ 84
5.4 圆管中的层流运动 ··· 85
　　5.4.1 断面流速分布 ·· 85
　　5.4.2 沿程水头损失的分析和计算 ······························ 86
5.5 液体的湍流运动 ·· 87
　　5.5.1 湍流的基本特征及时均化 ································· 87
　　5.5.2 湍流切应力 ··· 88
　　5.5.3 普朗特混合长度理论 ······································· 88
　　5.5.4 湍流核心与粘性底层 ······································· 89
5.6 湍流沿程损失的分析和计算 ······································ 90
　　5.6.1 尼古拉兹实验曲线 ·· 90
　　5.6.2 人工粗糙管沿程阻力系数的半经验公式 ············· 91
　　5.6.3 实用管道沿程阻力系数的确定 ·························· 92
　　5.6.4 实用管道沿程阻力系数的经验公式 ··················· 93
5.7 局部水头损失的分析和计算 ······································ 95
　　5.7.1 局部水头损失的分析 ······································· 95
　　5.7.2 圆管突然扩大的局部水头损失 ·························· 96
5.8 边界层基本概念 ·· 98
　　5.8.1 边界层 ·· 98

思考题 ··· 99
习　题 ··· 99

第6章　孔口、管嘴出流和有压管流 ·· 102
6.1　薄壁孔口的恒定出流 ·· 102
6.1.1　小孔口的自由出流 ··· 102
6.1.2　小孔口的淹没出流 ··· 103
6.1.3　小孔口的收缩系数及流量系数 ··· 104
6.1.4　大孔口的流量系数 ··· 105
6.2　管嘴恒定出流 ·· 105
6.2.1　圆柱形外管嘴的恒定自由出流 ··· 105
6.2.2　其他形式管嘴 ··· 107
6.3　短管的水力计算 ··· 108
6.3.1　自由出流 ··· 108
6.3.2　淹没出流 ··· 109
6.3.3　短管的水力计算 ··· 110
6.4　长管的水力计算 ··· 113
6.4.1　简单长管 ··· 113
6.4.2　串联管路 ··· 117
6.4.3　并联管路 ··· 118
6.4.4　沿程均匀泄流管路 ··· 118
思考题 ··· 120
习　题 ··· 120

第7章　明渠流和堰流及闸孔出流 ·· 123
7.1　恒定明渠均匀流 ··· 123
7.1.1　明渠的分类 ·· 123
7.1.2　明渠均匀流的特征与发生条件 ··· 125
7.1.3　明渠均匀流的基本公式 ·· 126
7.1.4　明渠的水力最优断面和允许流速 ·· 126
7.1.5　明渠均匀流水力计算的基本问题 ·· 129
7.2　恒定明渠非均匀流若干基本概念 ·· 137
7.2.1　缓流和急流 ·· 137
7.2.2　断面单位能量、临界水深、临界底坡 ·· 138
7.3　水跃和跌水 ·· 144
7.3.1　水跃 ·· 144
7.3.2　跌水 ·· 145
7.4　恒定明渠非均匀渐变流动的基本微分方程 ··· 145
7.5　棱柱体渠道中恒定非均匀渐变流水面曲线的分析 ······························· 147

  7.5.1 顺坡渠道($i>0$)的水面曲线 ·· 148
  7.5.2 平坡渠道($i=0$)的水面曲线 ·· 149
  7.5.3 逆坡渠道($i<0$)的水面曲线 ·· 150
  7.5.4 水面曲线的共性与分析方法 ·· 152
 7.6 恒定明渠非均匀渐变流水面曲线的计算 ·· 154
  7.6.1 棱柱体渠道中水面曲线的计算 ·· 155
  7.6.2 非棱柱体渠道中水面曲线的计算 ·· 155
 7.7 堰 流 ·· 157
  7.7.1 薄壁堰流 ·· 160
  7.7.2 实用堰流 ·· 163
  7.7.3 宽顶堰流 ·· 165
 7.8 小桥孔径的水力计算 ·· 170
  7.8.1 小桥孔径的水力计算 ·· 170
 7.9 闸孔出流 ·· 173
  7.9.1 闸孔自由出流 ·· 174
  7.9.2 闸孔淹没出流 ·· 175
 思考题 ·· 176
 习 题 ·· 176

第8章 渗 流 ·· 179
 8.1 概 述 ·· 179
 8.2 渗流的简化模型 ·· 180
 8.3 渗流基本定律 ·· 180
  8.3.1 达西定律 ·· 180
  8.3.2 达西定律的适用范围 ·· 181
  8.3.3 渗透系数及其确定方法 ·· 182
 8.4 恒定均匀渗流和非均匀渐变渗流 ·· 183
  8.4.1 恒定均匀渗流 ·· 183
  8.4.2 恒定渐变渗流 ·· 184
  8.4.3 渐变渗流的基本微分方程 ·· 184
 8.5 恒定渐变渗流浸润曲线的分析和计算 ·· 185
 8.6 集水廊道的渗流 ·· 188
 8.7 井的渗流 ·· 189
  8.7.1 完全潜水井 ·· 189
  8.7.2 完全自流井 ·· 191
  8.7.3 大口井 ·· 193
 8.8 井群的水力计算 ·· 194
  8.8.1 完全潜水井的井群 ·· 194
  8.8.2 完全自流井的井群 ·· 195

思考题 ········· 196
　　习　题 ········· 196

第9章　量纲分析和相似原理 ········· 198
9.1　量纲分析 ········· 198
　9.1.1　量纲和单位 ········· 198
　9.1.2　量纲和谐原理 ········· 200
　9.1.3　瑞利法 ········· 200
　9.1.4　π定理 ········· 202
9.2　流动相似原理 ········· 205
　9.2.1　几何相似 ········· 206
　9.2.2　运动相似 ········· 206
　9.2.3　动力相似 ········· 207
　9.2.4　初始条件和边界条件相似 ········· 207
　9.2.5　牛顿一般相似原理 ········· 208
9.3　相似准则 ········· 209
　9.3.1　重力相似准则 ········· 209
　9.3.2　粘滞力相似准则 ········· 210
　9.3.3　压力相似准则 ········· 211
　9.3.4　弹性力相似准则 ········· 212
　9.3.5　表面张力相似准则 ········· 213
9.4　模型实验 ········· 213
　9.4.1　雷诺模型 ········· 214
　9.4.2　弗劳德模型 ········· 216
　　思考题 ········· 217
　　习　题 ········· 217

习题答案 ········· 220

参考文献 ········· 224

第 1 章 绪 论

1.1 水力学的任务及发展概况

1.1.1 水力学的任务

流体力学是研究流体的平衡和机械运动规律及其在生产实践中的应用的一门学科,是力学的一个分支。流体力学研究最多的流体是水和空气。它的主要基础是牛顿运动定律、质量守恒定律和能量守恒定律。若研究对象主要是水流,且又侧重于应用的,称水力学。水力学广泛应用于土木工程、交通运输、水利、环境工程等领域。

水力学的基本任务包括三个方面:1)研究液体宏观机械运动的基本规律(包括静止状态);2)研究产生上述宏观机械运动的原因;3)研究液体与建筑物之间的相互作用。

1.1.2 水力学的发展概况

水力学的发展同其他自然科学学科一样,既依赖于生产实践和科学实验,又受社会诸因素的影响,我国在防止水患、兴修水利方面有着悠久的历史。相传约公元前 2300 年的大禹治水,就表明古代先民有过长期、大规模的防洪实践。秦代在公元前 256—前 210 年间修建的都江堰、郑国渠和灵渠三大水利工程,都说明当时人们对明渠流和堰流的认识已达到相当高的水平,尤其是都江堰工程在规划、设计和施工等方面都具有很好的科学水平和创造性,至今仍发挥效益。陕西兴平出土的西汉时期的计时工具实物——铜壶滴漏,就是利用孔口出流使容器水位发生变化来计算时间的,这说明当时对孔口出流,已有相当的认识。北宋时期,在运河上修建的真州复闸,与 14 世纪末在荷兰出现的同类船闸相比早 300 多年。14 世纪以前,我国的科学技术在世界上是处于领先地位的。但是,近几百年来由于闭关锁国使我国的科学技术事业得不到应有的发展,水力学始终处于概括性的定性阶段而未形成严密的科学理论。

约在公元前 250 年希腊物理学家阿基米德(Archimedes)提出了浮体定律。此后,欧洲各国长期处于封建统治时期,生产力发展非常缓慢,直到 15 世纪文艺复兴时期,水力学尚未形成系统的理论。

16 世纪以后,资本主义处于上升阶段,在城市建设、航海和机械工业发展需要的推动下,逐步形成了近代的自然科学,水力学也随之得到发展。如意大利的达·芬奇(L. da Vinci)是文艺复兴时期出类拔萃的美术家、科学家兼工程师,他倡导用实验方法了解水流流态,并通过实验描述和讨论了许多水力现象,如自由射流、漩涡形成等;1612 年伽利略(G. Galileo)

建立了物体沉浮的基本原理；1650年帕斯卡（Blaise Pascal）建立了平衡液体中压强传递规律——帕斯卡定理,从而使水静力学理论得到进一步的发展。1686年牛顿（Isaac Newton）提出了液体内摩擦的假设和粘滞性的概念,建立了牛顿内摩擦定律。

18—19世纪,水力学与古典流体力学（古典水动力学）沿着两条途径建立了液体运动的系统理论,形成了两门独立的学科。古典流体力学的奠基人是瑞士数学家伯努利（Daniel Bernoulli）和他的朋友欧拉（Leonhard Euler）。1738年伯努利提出了理想液体运动的能量方程,即伯努利方程；1755年欧拉首次导出理想液体运动微分方程——欧拉运动微分方程。到19世纪中叶,大体建成了理想液体运动的系统理论,习惯上称为"水动力学"或者古典流体力学,使它发展称为力学的一个分支。古典流体力学这一理论体系在数学分析工作中,采用实验观测手段,得出经验公式,或在理论公式中引入经验系数以解决实际工程问题。如1732年皮托（Henri Pitot）发明了量测流速的皮托管；1769年谢才（A. de Chezy）建立了明渠均匀流动的谢才公式；1856年达西（H. Darcy）提出了线性渗流的达西定律,等等。这些成果被总结为以实际液体为对象的重经验重实用的水力学。古典流体力学和水力学都是关于液体运动的力学,但前者忽略粘性、重数学、重理论,后者考虑粘性、偏经验、偏实用。

临近19世纪中叶,1821—1845年,纳维（L. M. H. Navier）和斯托克斯（G. G. Stokes）等人成功地修正了理想液体运动方程,添加粘性项使之成为适用于实际流体（粘性流体）运动的纳维-斯托克斯方程。19世纪末,雷诺（O. Reynolds）于1883年发表了关于层流和紊流两种流态的系列试验结果,提出了动力相似率,后又于1895年建立了紊流时均化的运动方程——雷诺方程。这两方面成果对促进前述两种研究途径的结合有着重要的作用,可以说是建立近代粘性流动理论的两大先驱性工作。

生产的需要永远是科学发展的强大动力。19世纪20世纪之交,由于现代工业的迅速发展,特别是航空工业的崛起,提出了许多复杂问题,而古典流体力学与水力学都不能很好地说明和解决,这在客观上要求建立理论与实验密切结合的,以实际流体（包括液体和气体）运动为对象的理论。1904年普朗特（L. Prandtl）创立的边界层理论,揭示了基础上的试验理论,大大提高了探索水流运动规律和对实验资料进行理论分析的水平。尤其是半个世纪以来,电子计算机的广泛应用使许多比较复杂的水力学问题通过理论分析、试验研究和数值计算三者的结合得到解决。可以预见,理论分析、实验研究和数值计算三者相辅相成的研究方法将赋予水力学以新的生机,使水力学在各个工程技术领域中发挥更大的作用。

1.2 连续介质假设·液体的主要物理性质

1.2.1 连续介质假设

根据物质结构理论,液体和自然界任何物质一样,都是由分子组成,分子与分子之间是不连续且有空隙的。所有物质的分子都处在永不停息的不规则运动之中,相互间经常碰撞、掺和,进行动量、热量（能量）、质量的交换。然而,水力学主要是研究液体的宏观机械运动规律,以宏观角度去分析,几乎观察不到分子间的空隙,且分子间空隙的间距与实际工程中的液流尺寸相比,是极为微小的。

基于上述的原因,在水力学中,提出连续介质假设,把液体当作连续介质看待,假设液体是一种连续充满其所占据空间且毫无空隙的连续体,并认为液体的各物理量的变化随时间和空间也是连续的,这种假设的连续体称为连续介质。连续介质假设是瑞士学者欧拉(Euler)于1753年提出的,它作为一种假设在水力学的发展上起了巨大的作用。根据长期的生产和科学实验证明:利用连续介质假设所得出的有关液体运动规律的基本理论与客观实际是十分符合的。只有在某些特殊水力学问题(例如空化水流、掺气水流等)中,才考虑水的不连续性。因此,本书只讨论作为连续介质的液体。

1.2.2 液体的主要物理性质

液体运动的规律与液体本身的物理性质及外界作用在液体上的力有关。

1) 易流动性

固体在静止时,可以承受切应力(剪应力);液体在静止时,不能承受切应力,只要在微小的切应力作用下,就发生流动而变形。液体在静止时不能承受剪力、抵抗剪切变形的性质称为易流动性。

2) 质量·密度·重量·重度

物体所具有的保持其原有运动状态不变的特性称为惯性。表示惯性大小的物理量度是质量。质量越大惯性也越大。液体和其他物质一样亦具有质量。

单位体积液体所含有的质量称为液体的密度,以符号 ρ 表示,其国际制单位是千克/立方米(kg/m^3)。若一均质液体质量为 m,体积为 V,其密度 ρ 为

$$\rho = \frac{m}{V} \tag{1-1}$$

对于非均质液体,由连续介质假设可为

$$\rho = \lim_{\Delta V \to 0} \frac{\Delta m}{\Delta V} \tag{1-2}$$

在一个标准大气压下,不同温度时水的密度等主要物理性质见表1-1。计算时,一般采用水的密度值为 $1\,000\,kg/m^3$,水银的密度值为 $13.6 \times 10^3\,kg/m^3$。

表1-1 水的物理特性(在一个标准大气压下)

温度/℃	密度 ρ/ (kg/m^3)	粘度 $\mu \times 10^3$/ $(Pa \cdot s)$	运动粘度 $\nu \times 10^6$/ (m^2/s)	表面张力 σ/(N/m)	汽化压强 p_V/kPa 绝对压强	弹性模量 $E \times 10^6$/ kPa	体(膨)胀系数 $\alpha_V \times 10^4$/K^{-1}	导热系数 κ/[W/$(m \cdot K)$]
0	999.8	1.781	1.785	0.075 6	0.61	2.02	—0.6	0.56
5	1 000.0	1.518	1.519	0.074 9	0.87	2.06	0.1	
10	999.7	1.307	1.306	0.074 2	1.23	2.10	0.9	0.58
15	999.1	1.139	1.139	0.073 5	1.70	2.15	1.5	0.59
20	998.2	1.002	1.003	0.072 8	2.34	2.18	2.1	0.59
25	997.0	0.890	0.893	0.072 0	3.17	2.22	2.6	
30	995.7	0.798	0.800	0.071 2	4.24	2.25	3.0	0.61
40	992.2	0.653	0.658	0.069 6	7.38	2.28	3.8	0.63

续表 1-1

温度/℃	密度 ρ/(kg/m³)	粘度 $\mu \times 10^3$/(Pa·s)	运动粘度 $\nu \times 10^6$/(m²/s)	表面张力 σ/(N/m)	汽化压强 p_V/kPa 绝对压强	弹性模量 $E \times 10^6$/kPa	体(膨)胀系数 $\alpha_V \times 10^4$/K^{-1}	导热系数 κ/(W/(m·K))
50	988.0	0.547	0.553	0.067 9	12.33	2.29	4.5	
60	983.2	0.466	0.474	0.066 2	19.92	2.28	5.1	0.65
70	977.8	0.404	0.413	0.064 4	31.16	2.25	5.7	
80	971.8	0.354	0.364	0.062 6	47.34	2.20	6.2	0.67
90	965.3	0.315	0.326	0.060 8	70.10	2.14	6.7	
100	958.4	0.282	0.294	0.058 9	101.33	2.07	7.1	0.67

万有引力特性是指任何物体之间相互具有吸引力的性质，其引力称为万有引力。地球对物体的引力称为重力，或称重量，用符号 G 表示。若物体质量为 m，则

$$G = mg \tag{1-3}$$

式中：g 为重力加速度，本书中采用 9.8 m/s^2。

单位体积液体的重量称为液体的重度，以符号 γ 表示，其单位是牛顿/立方米（N/m³）。

$$\gamma = \frac{G}{V} \tag{1-4}$$

密度与重度的关系为

$$\gamma = \rho g \tag{1-5}$$

不同液体的重度是不同的，同一液体的重度随温度和承受的压强而变化。但因水的重度随温度与压强的变化甚微，一般工程上视为常数，计算时采用 9 800 N/m³。几种常见液体的重度见表 1-2。

表 1-2　几种常见液体的重度 γ 值（标准大气压力下）

液体名称	汽油	纯酒精	蒸馏水	海水	水银
重度/N/m³	6 664～7 350	7 778.3	9 800	9 996～10 084	133 280
测定温度/℃	15	15	4	15	0

3) 粘性

当液体处在运动状态时，若液体质点之间存在着相对运动，则质点间会产生内摩擦力抵抗其相对运动，抵抗剪切变形，这种性质称为液体的粘性。此内摩擦力又称粘滞力。如果把液体看成一个整体，内摩擦力就好像固体力学中的剪（切）力，所以亦称剪力或切力。由于内摩擦力，液体部分机械能转化为热能而消失，粘性是液体的一个非常重要的性质。下面介绍牛顿平板实验所得的液体粘性及其规律——牛顿内摩擦定律。

如图 1-1(a)，设有两块水平放置的平行平板，其间充满液体。两平板间距 h 很小，平板面积 A 足够大，以致可以忽略边界条件对液流的影响。下平板固定不动，上平板受水平力 F 的作用，在自身平面内以等速 U 向右移动。由于液体质点粘附于固体壁上，故下平板上的液体质点的速度为零，而上板上的液体质点的速度为 U。当间距 h 或等速 U 不是太大

时，两板间的沿法线方向 y 轴的液体速度分布按直线变化，由零增至 U，且液体质点是有规则的一层一层向前运动而不互相混掺（这种各液层之间互不干扰的运动称为"层流运动"，在以后的章节中将详细讨论这种运动的特性），如图 1-1(a)所示。若离下平板距离为 y 处的流速为 u，在相邻的 $y+dy$ 处的流速为 $u+du$。由于两相邻液层的流速不同（也就是存在相对运动），两液层之间将成对地产生内摩擦力，如图 1-1(b)所示。这情况像液体是由一系列薄片层所组成，它们的每一层相对于邻层有一很小的滑动。现距下平板 y 处作一同上平板平行的平面，取一薄层，厚度为 dy，将 dy 薄层分成上、下两部分。上层的流速为 $u+du$，下层的流速为 u。下层的液体对上层的液体作用了一个与流速方向相反的摩擦力，上层的液体对下层的液体作用了一个与流速方向一致的摩擦力。根据牛顿第三定律，这两个力大小相等方向相反，都有抵抗其相对运动的性质。作用在上层的液体上的摩擦力有减缓其流动的趋势，作用在下层的液体上的摩擦力有加速其流动的趋势。

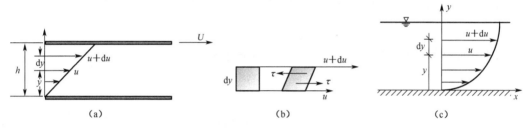

图 1-1 速度分布

将相邻液层接触面的单位面积上所产生的内摩擦力用符号 τ 表示。由于内摩擦力与作用面平行，故常称 τ 为切应力。根据前人的科学实验证明，τ 与两液层的速度差 du 成正比，与两液层之间的距离 dy 成反比，同时与液体的性质有关，可得

$$\tau \propto \frac{du}{dy}$$

引入一比例系数 μ，则

$$\tau = \mu \frac{du}{dy} \tag{1-6}$$

式中 μ 随液体种类不同而不同，称为动力粘滞系数也称粘度，单位为 Pa·s(N·s/m²)。τ 的单位为 Pa。两液层流速差与其距离的比值 $\frac{du}{dy}$ 称为流速梯度，它表示速度沿垂直于速度方向 y 轴的变化率。

式(1-6)就是著名的"牛顿内摩擦定律"，它可表述为：作层流运动的液体，相邻液层间单位面积上所作用的内摩擦力（或切应力）与流速梯度成正比，同时与液体的性质有关。

接触面上总内摩擦力 F 则为

$$F = \tau A = \mu A \frac{du}{dy} \tag{1-7}$$

在一般情况下，液体中的速度分布不一定是直线，而是曲线，如图 1-1(c)所示，牛顿内摩擦定律亦适用于上述情况。

可以证明流速梯度 $\frac{du}{dy}$ 实质上是代表液体微团的剪切变形速度。取图 1-1 中流层厚度

为 dy 的矩形薄层 abcd,将薄层放大后如图 1-2 所示。薄层上层的流速为 $u+\mathrm{d}u$,下层的流速为 u。经过 dt 时段后,薄层由原来的位置移至图 $a'b'c'd'$ 的位置。液体微团除位置改变引起平移运动外,还伴随着形状的改变,由原来的矩形变成了平行四边形,也就是产生了剪切变形(或角变形)。ad 边和 bc 边都发生了角位移 dθ,其剪切变形速度为 $\dfrac{\mathrm{d}\theta}{\mathrm{d}t}$。由于 dt 很小,dθ 亦很小,如图 1-2 可得,

$$\mathrm{d}\theta \approx \tan\mathrm{d}\theta = \frac{\mathrm{d}u\mathrm{d}t}{\mathrm{d}y}$$

即

$$\frac{\mathrm{d}u}{\mathrm{d}y} = \frac{\mathrm{d}\theta}{\mathrm{d}t} \tag{1-8}$$

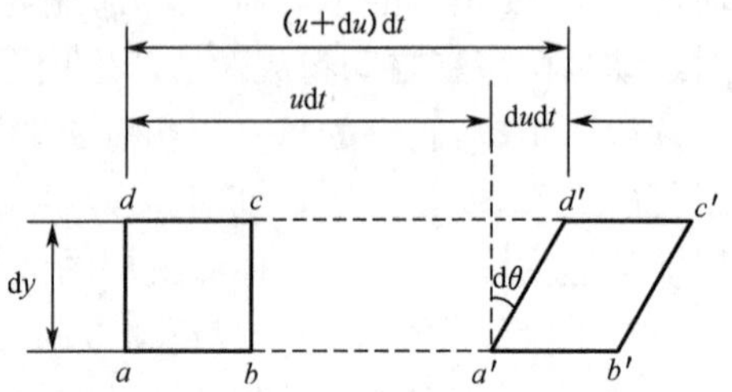

图 1-2　速度梯度

由式(1-8)可知,速度梯度 $\dfrac{\mathrm{d}u}{\mathrm{d}y}$ 就是液体微团的直角变形速度。因为它是在剪切应力的作用下发生的,所以亦称剪切变形角速度。

根据上面推导,切应力 τ 的公式(1-6)又可以表达为

$$\tau = \mu \frac{\mathrm{d}\theta}{\mathrm{d}t} \tag{1-9}$$

因此,牛顿内摩擦定律又可以表述为:液体作层流运动时,相邻液层间所产生的切应力与剪切变形速度成正比。所以液体的粘滞性可视为液体抵抗剪切变形的特性。需指出,液体在静止时,不能承受切应力以抵抗剪切变形。

在以后还会遇到液体粘度 μ 与液体密度 ρ 的比值,以 ν 表示,即

$$\nu = \frac{\mu}{\rho} \tag{1-10}$$

式中:ν 的单位为 m²/s。因为它没有力的量纲,是一个运动学要素,为了区别起见,ν 称运动粘度,μ 则称动力粘度。

液体的粘度随压强变化的影响很小,随温度的变化如表 1-3 所示。

表 1-3　一个大气压下空气的粘性系数

温度/℃	$\mu \times 10^3$/(Pa·s)	$\nu \times 10^6$/(m²/s)	温度/℃	$\mu \times 10^3$/(Pa·s)	$\nu \times 10^6$/(m²/s)
0	0.017 2	13.7	90	0.021 6	22.9
10	0.017 8	14.7	100	0.021 8	23.6
20	0.018 3	15.7	120	0.022 8	26.2
30	0.018 7	16.6	140	0.023 6	28.5
40	0.019 2	17.6	160	0.024 2	30.6
50	0.019 6	18.6	180	0.025 1	33.2
60	0.020 1	19.6	200	0.025 9	35.8
70	0.020 4	20.5	250	0.028	42.8
80	0.021	21.7	300	0.029 8	49.9

从表 1-1 和表 1-3 可看出,液体(水)的粘度随温度升高而减小,而气体则相反

(表1-3)。要从产生流体粘性的因素出发分析其原因。流体粘性既取决于分子间的引力,又取决于分子间的动量交换。对于气体而言,气体的分子间距较大,分子间的作用力(吸引力)影响很小,分子的动量交换率因温度升高而加剧,因而使切应力随之而增大;液体的分子间距较小,吸引力影响较大,随着温度的升高,吸引力减小,使切应力亦随之而减小。这亦说明液体粘性形成的机理与气体不等同。

还需指出,牛顿内摩擦定律只能适用于一般流体,对于某些特殊流体是不适用的。一般把符合牛顿内摩擦定律的流体称为牛顿流体,如水、空气、汽油、煤油、乙醇等;反之称为非牛顿流体,如聚合物液体、泥浆、血浆等,如图1-3所示。

图1-3中,横坐标为$\dfrac{\mathrm{d}u}{\mathrm{d}y}\left(\dfrac{\mathrm{d}\theta}{\mathrm{d}t}\right)$,纵坐标为$\tau$。牛顿流体,其$\tau$与$\dfrac{\mathrm{d}u}{\mathrm{d}y}$呈直线关系,在图1-3表现为通过坐标原点的一条直线,如图1-3直线A,直线的斜率为动力粘度μ;如图B为一种非牛顿流体,叫宾汉流体,如牙膏、泥

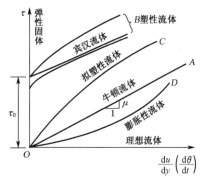

图1-3 牛顿流体与非牛顿流体

浆、血浆等,这种流体在允许塑性流动以前承受住某一初始切应力,当这一切应力达到某一值τ_0时,才开始剪切变形,但变形率是常数;C线为另一种非牛顿流体,叫拟塑性流体,如尼龙、橡胶的溶液等,其粘度随剪切变形速度的增加而减小;D线也为非牛顿流体,叫膨胀性流体,如生面团、浓淀粉糊等,其粘度随剪切变形速度的增加而增加;无粘性流体(理想流体)因没有粘性,在图中用水平轴表示;真正的弹性固体,用铅垂轴表示。本书只讨论牛顿流体。

在研究液流运动时,由于液体粘性的存在,将使液体运动的分析变得很复杂。在水力学中,为了简化分析,引入了"理想液体"的概念。理想液体和实际液体的根本区别是没有粘性。先对理想液体进行研究,然后再对粘性的作用进行专门研究后加以修正、补充。这种修正、补充大部分是以实验资料为依据的。在某些情况下,若粘性的影响不是很大,通过对理想液体的研究,可以得出实际可用的结果。理想液体只是实际液体在某种条件下的一种近似(简化)模型。

例1-1 如图1-4所示,一底面积为45 cm×40 cm,高1 cm的木块,质量为5 kg,沿涂有润滑油的斜面向下作等速运动,木块速度$u=1$ m/s,油层厚度$\delta=1$ mm。斜坡角$\theta=22.62°$,由木块所带动的油层的运动速度呈直线分布。求润滑油的粘度μ值。

图1-4 例1-1图

解: 木块重量沿斜坡分力F与切力T平衡时,等速下滑,故:

$$mg\sin\theta = T = \mu A \dfrac{\mathrm{d}u}{\mathrm{d}y}$$

$$\mu = \dfrac{mg\sin\theta}{A\dfrac{u}{\delta}} = \dfrac{5\times 9.8\times \sin 22.62°}{0.4\times 0.5\times \dfrac{1}{0.001}} = 0.104\,7(\mathrm{Pa\cdot s})$$

例1-2 如图1-5(a)所示,汽缸内壁直径$D=12$ cm,活塞直径$d=11.96$ cm,活塞长度$l=14$ cm,活塞往复运动的速度$v=1$ m/s,润滑油的$\mu=0.1$ Pa·s。试问作用在活塞上

的粘滞力是多少?

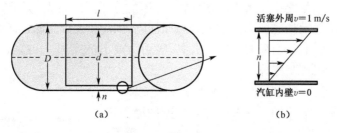

图 1-5　例 1-2 图

解:因粘性作用,粘附在汽缸内壁的润滑油速度为 0,粘附在活塞外周的润滑油与活塞速度一致。由于活塞与汽缸间距 n 很小,近似认为润滑油速度由 0 线性变化为 1 m/s,如图 1-5(b)所示。故

$$\frac{du}{dy}=\frac{v}{n}=\frac{v}{\frac{(D-d)}{2}}=\frac{1}{\frac{0.12-0.1196}{2}}=5\times10^3 \text{ (s}^{-1}\text{)}$$

由牛顿内摩擦定律:

$$T=\tau A=\mu A\frac{du}{dy}=\mu(\pi dl)\frac{du}{dy}=0.1\times5\times10^3\times\pi\times0.1196\times0.14=26.5\text{ (N)}$$

4) 压缩性和膨胀性

当作用在液体上的压强增加时,液体的体积减小,密度增加,这种性质称为液体的压缩性,这种液体称为可压缩液体。否则称为不可压缩液体。因液体压强增加后体积减小,若将其减压则有恢复原状的性质;反之亦成立,所以又称液体的弹性。温度升高,液体体积增大,密度减小,温度下降后能恢复原状,这种性质称为液体的膨胀性。

液体的压缩性的大小通常用体积压缩系数 β_p 表示。设液体体积为 V,压强增加 dp 后,体积减小 dV,则压缩系数 β_p 为

$$\beta_p=-\frac{dV/V}{dp} \tag{1-11}$$

β_p 指当温度一定时,压强增加一个单位时,所引起的液体体积的相对缩小率。负号表示压强增大,体积减小,使 β_p 为正值。β_p 的单位是 m^2/N,是压强单位的倒数。

体积压缩系数 β_p 也可用密度来表示。由于质量恒定,液体在被压缩前后质量没有改变,即 $dm=0$。因 $m=\rho V$,所以 $dm=d(\rho V)=\rho dV+Vd\rho=0$,可得 $\frac{-dV}{V}=\frac{d\rho}{\rho}$,代入式(1-11)可得

$$\beta_p=\frac{d\rho/\rho}{dp} \tag{1-12}$$

体积压缩系数 β_p 的倒数称为液体的弹性模量,用 E 表示。即

$$E=\frac{1}{\beta_p}=-V\frac{dp}{dV}=\rho\frac{dp}{d\rho} \tag{1-13}$$

E 的单位是 N/m²（或 Pa），表示液体体积或密度的相对变化所需的压强增量。弹性模量越大的液体越难压缩。

水与其他液体的体积压缩系数均很小，在实际工程中，一般认为液体是不可压缩的。在一些特殊情况下，如研究液体的振动、冲击时，需考虑液体的压缩性。本书只讨论不可压缩液体的运动规律。

液体的膨胀性大小用体积膨胀系数 α_V 表示，指在一定压强下，温度每升高 1 K（或 1℃）所引起的液体体积的相对增加率，即

$$\alpha_V = \frac{\mathrm{d}V/V}{\mathrm{d}T} \tag{1-14}$$

α_V 的单位为 K⁻¹（或 ℃⁻¹），是温度单位的倒数。

同体积压缩系数 β_p，体积膨胀系数 α_V 也可用密度来表示

$$\alpha_V = -\frac{\mathrm{d}\rho/\rho}{\mathrm{d}T} \tag{1-15}$$

因此，α_V 也可视为在一定压强下，温度增加 1 K 时，液体密度的相对减小率。

液体的体积膨胀系数很小，因此，工程上一般不考虑液体的膨胀性。但是当压力、温度的变化比较大时（如在高压锅炉中），就必须考虑液体的膨胀性。

例 1-3 当压强增加 5×10^4 Pa 时，某种液体的密度增加 0.02%，求该液体的弹性模量。

解： $m = \rho V$

$$\mathrm{d}m = \mathrm{d}(\rho V) = \rho \mathrm{d}V + V \mathrm{d}\rho = 0$$

$$\frac{V}{\mathrm{d}V} = -\frac{\rho}{\mathrm{d}\rho}$$

$$E = \frac{1}{\beta_p} = \frac{1}{-\dfrac{\mathrm{d}V}{V}\dfrac{1}{\mathrm{d}p}} = \frac{\rho}{\mathrm{d}\rho}\mathrm{d}p = \frac{1}{0.02\%} \times 5 \times 10^4 = 2.5 \times 10^8 (\mathrm{Pa})$$

5）表面张力特性

在液体自由表面的分子作用半径范围内，由于分子引力大于斥力，在表层沿表面方向产生张力，这种张力称表面张力。表面张力不仅发生在液体与气体接触的周界面上，还发生在液体与固体（水和玻璃，汞和玻璃等），或一种液体与另一种互不相混液体（汞和水等）相接触的周界面上。表面张力的大小可用表面张力 σ 来量度。σ 是自由表面上单位长度上所受的张力，单位为 N/m。σ 值随液体的种类、温度以及与它表面接触的物质而变化，不同的接触物质有不同的 σ 值。水与空气相接触的 σ 值见表 1-1。

由于表面张力的作用，如果把两端开口的玻璃毛细管竖立在液体中，液体就会在毛细管中上升或下降 h 高度，如图 1-6(a)(b)所示。这种现象称为毛细管现象。上升或下降的高度取决于液体和固体的性质。当液体（如水）与固体（如玻璃）壁面接触时，如果液体分子间的吸引力（称内聚力）小于液体与固体分子间的吸引力（称附着力），液体将附着、湿润壁面，沿壁面向上伸展，致使液面向上弯曲成凹形；继由表面张力的作用，使液面再有所上升，直到表面张力的向上铅垂分量和上升液柱的重量相平衡为止，如图 1-6(a)所示。当液体（如水银）与固体（如玻璃）壁面接触时，如果液体的内聚力大于液体与固体的附着力，液体将不附

着、不湿润壁面，趋于自身收缩成一团，沿壁面向下收缩，致使液面向下弯曲成凸形；继由表面张力的作用，使液面再有所下降，如图1-6(b)所示。

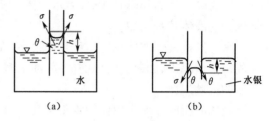

图1-6 毛细管现象

在实际工程中，液体只要有曲面的存在就会有表面张力的附加压力作用。例如，液体中的气泡、气体中的液滴、液体的自由射流、液体表面和固体壁面相接触等。所有这些情况，都会出现曲面，也会引起表面张力，从而产生附加压力。不过在一般情况下，这种影响是比较微弱的。因此，表面张力的影响在一般实际工程中是被忽略的。但是在水滴和气泡的形成、液体的雾化、气液两相流的传热与传质的研究中，将是重要的不可忽略的因素。

6）汽化压强

液体的分子逸出液面变为蒸汽向空间扩散的过程称为汽化。汽化的逆过程称凝结，蒸汽凝结为液体。在封闭容器中的液体，汽化与凝结过程同时存在，当这两个过程达到动平衡时，宏观的汽化现象也停止，此时液体的压强称为饱和蒸汽压强或汽化压强。汽化压强的产生是由于蒸汽分子运动的结果。液体的汽化压强与温度有关，水的汽化压强见表1-1。

汽化压强值在工程中有着实际的意义。因为液体（如水）能吸收和溶解与其所接触的气体，在常温、常压下，这部分溶解于水中的气体不影响水的流动。但是，当水中某处的绝对压强低于当地的汽化压强时，溶解于水中的气体将分离出来，和水汽化的蒸汽一起向高处集中，可能在该处使水流畅通流动发生困难，甚至导致流动连续性的破坏。例如，在工程中利用虹吸管将水渠中的水输送到集水池时，将可能发生这种现象。为了避免这种现象，要控制虹吸管最高点管段离水渠水面的位置高度。另一种情况，水应汽化而生成大量气泡，这些气泡随同水流从低压区流向高压区，在高压作用下，气泡突然破裂溃灭，周围的高压水便以极高的速度冲向气泡溃灭点，造成很大的压强，形成强大的冲击力。这种集中在极小面积上的强大冲击力如作用在水力机械金属部件（叶片）表面上，就会使部件损坏。例如，在工程中利用离心式水泵取水、供水时，将可能发生这种现象。为了避免这种现象，要控制水泵吸水管管段最高点离取水池的安装高度。

以上讨论了液体的主要物理性质，都在不同程度上影响着液体的运动，但是它们对水力学的研究和应用的影响程度是不一样的，在有些情况下，某种物理性质占支配地位，在另一些情况下，另一种物理性质占支配地位，有的仅在一些特殊情况下要加以考虑。就一般情况而言，重力、粘滞力对液体运动的影响起着重要作用。在水力学中所称的液体（实际液体）一般指易流动的、不能抵抗拉力的、具有质量的、粘性的、不可压缩的、均质的连续介质。在以后的叙述或讨论中，如没有特别说明，即认为是对上述液体而言。

1.3 作用在液体上的力

处于平衡或运动状态的液体，都受着各种力的作用，按其物理性质来分，有重力、惯性力、弹性力、摩擦力、表面张力等。如果按其作用方式分类，可分为质量力和表面力两大类。

1.3.1 质量力

质量力是作用在液体的每一个质点上,其大小与液体的质量成正比。对于均质液体,质量力的大小与受作用液体的体积成正比,这时的质量力又称体积力。

重力、惯性力就属于质量力。惯性力是液体作加速度运动,根据达朗贝尔原理虚加于液体质点上的作用力。它的大小等于质量与相应加速度的乘积,方向与加速度的方向相反。在求解一些水力学问题时引入惯性力,根据达朗贝尔原理,就可用水静力学方法处理水动力学的问题。质量力的单位为 N。

质量力除用总作用力来度量外,也常用单位质量力来度量。单位质量力是指作用在单位质量液体上的质量力。设有一均质液体的质量为 m,作用在其上的总质量力为 F,则其所受的单位质量力为 f,即

$$f = \frac{F}{m} \tag{1-16}$$

设总质量力在空间坐标上的投影分别为 F_x、F_y、F_z,单位质量力 f 在相应坐标上的投影为 f_x、f_y、f_z,则有

$$\left. \begin{array}{l} f_x = \dfrac{F_x}{m} \\ f_y = \dfrac{F_y}{m} \\ f_z = \dfrac{F_z}{m} \end{array} \right\} \tag{1-17}$$

若以坐标轴 z 轴铅垂向上为正,则在重力场中作用于单位质量液体上的重力在各坐标轴上的分量分别为 $f_x = 0$、$f_y = 0$、$f_z = -g$。

1.3.2 表面力

表面力是指作用于液体的表面,并与受作用的表面面积成比例的力。例如固体边界对液体的摩擦力,边界对液体的反作用力,一部分液体对相邻的另一部分液体(在接触面上)产生的水压力,都属于表面力。表面力可分为垂直于作用面的压力和沿作用面方向的切力。表面力的单位为 N。

表面力的大小除用总作用力来度量外,也常用单位面积上所受的表面力(即应力)来度量。若表面力与作用面垂直,此应力称为压应力或压强。若表面力与作用面平行,此应力称为切应力。

1.4 水力学的研究方法

水力学的研究方法有三种,即理论分析、实验研究和数值计算。三种方法互相补充,相辅相成。

1.4.1 理论分析方法

理论分析是根据机械运动的普遍规律,如质量守恒定律、能量守恒定律、动量定律及动量矩定律,结合液体运动的特点,通过数理分析的方法建立水力学的理论体系,加上一定的初始条件和边界条件后求解这些方程,得到描述水流运动规律的具体表达式。

理论分析方法揭示了客观实际液体运动的物理本质和各物理量之间的内在联系及规律,具有重要的指导意义和普遍的适用性。另一方面,理论分析方法往往只能局限于比较简单的物理模型,对于更为复杂、更符合实际的液体运动方程组,由于液体运动的边界条件的复杂性,目前还没有普遍解,且难于求解。因此,单纯的理论分析解决复杂水流问题在数学上还存在一定的困难。

1.4.2 实验研究法

1) 现场观测实验

对工程中的实际液体运动,直接进行观测,收集第一性资料,为检测理论分析或总结某些基本规律提供依据。如天然河道的水位、流速、闸、堰等的过水能力的观测。现场观测也称原型观测。其优点是观测的结果能反映实际,比较可靠,缺点是难于实施,人为控制,不易改变某些变化参数,因此具有一定的局限性,需要做室内实验。

2) 实验室模型实验

模型实验是以相似理论或量纲分析法(第 9 章将介绍此内容)为指导,将实际工程(原型)缩小(或放大)为模型水流,在模型上预演相应的液体运动,测量有关数据,然后将实验结果按照一定的相似律换算到原型上,用于满足实际工程的需要。它的优点是不受场地时间的限制,实验周期较短。

实验方法是科学研究中的一种基本方法,它可根据人们一定的研究或应用的目的,在人为控制的条件下揭示液体运动的规律。它既是获得感性认识的基本途径,又是发现、发展和检验理论及科技成果的实践基础。但是,在模型实验中,当再现一批复杂条件下的液体运动现象和规律时,常由于模型试验在理论上和技术上尚有不足,致使与客观实际仍有一定的差距。另外,实验设备、装置、仪表等费用都较昂贵,实验所花的时间和经费亦较多。

1.4.3 数值计算法

水力学中的许多问题都是用偏微分方程来描述的,这些偏微分方程又很难求得理论上的解析解。但是,按照一定的数值计算方法可以将偏微分方程离散为线性代数方程组,通过计算机进行求解。随着计算机的普遍应用,求解多元的线性代数方程组已经不成问题。尤其是对边界条件的改变或者若干个设计方案的比较,对于计算机而言,只要改变输入数据或者修改程序中的部分计算语句即可,然后进行重复的或者相似的计算。同上面讲述的实验方法相比,它可以推动理论分析的发展,提高实验的水平和资料分析的速度。

理论分析、实验和数值计算这三种方法各有优缺点。简言之,实验用来检验理论分析和数值计算结果的正确与可靠性,并为简化物理、数学模型和建立液体运动规律提供依据,这种作用,不管理论分析和数值计算发展得多么完善,都是不可代替的。理论分析则能指导实验和数值计算,使它们进行得富有成效,并可把部分实验结果推广到一整类没有做过实验的现象中去。数值计算可对一系列复杂流动进行既快又省的计算、研究工作。理论分析、实验、数值计算这三种方法互为补充,相互促进,使水力学得到飞速的发展。

思考题

1-1 液体的连续介质假设是什么？它有什么重要的意义？
1-2 液体的牛顿内摩擦定律的物理意义是什么？
1-3 液体和气体的粘度值随温度变化的规律有什么不同？为什么？
1-4 牛顿流体与非牛顿流体、理想流体与实际流体的概念是什么？为什么要引进理想流体的概念？
1-5 作用在液体上的力分为哪两类？分别包括哪几种力？

习 题

1-1 体积为 0.5 m³ 的油料,质量为 4 410 N,试问该油料的密度是多少？
1-2 某液体的动力粘度为 0.005 Pa·s,其密度为 850 kg/m³,试求其运动粘度。
1-3 一个圆柱体沿管道内壁下滑,圆柱体直径 $d=100$ mm,长 $L=300$ mm,自重 $G=10$ N。管道直径 $D=101$ mm,倾斜角 $\theta=45°$,内壁涂有润滑油,如图所示。测得圆柱体下滑速度为 $u=0.23$ m/s,求润滑油的动力粘性系数 μ。
1-4 一圆锥体绕其铅垂中心轴作等速旋转,如图所示。已知圆锥体与固定壁面的距离 $\delta=1$ mm,全部为润滑油($\mu=0.1$ Pa·s)所充满,锥体底部半径 $R=0.3$ m,高 $H=0.5$ m。当旋转角速度 $\omega=16$ rad/s 时,试求所需的转动力矩 M。

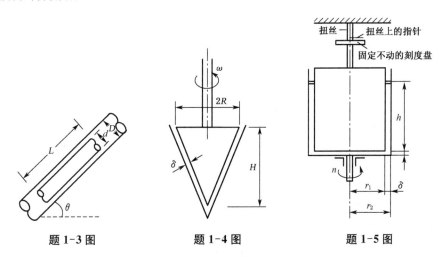

题 1-3 图 　　　题 1-4 图 　　　题 1-5 图

1-5 设粘度测定仪如图所示。已知内圆筒外直径 $d=0.15$ m,外圆筒内直径 $D=0.1505$ m,内圆筒沉入外圆筒所盛液体(油)的深度 $h=0.25$ m,外圆筒等转速 $n=90$ r/min,测得转动力矩 $M=2.94$ N·m。内圆筒底部比外圆筒侧壁所受的阻力小得多,可以略去不计。试求液体(油)的粘度 μ 值。
1-6 20℃体积为 2.5 m³ 的水,当温度升到 80℃时,其体积增加多少？

第 2 章 水静力学

水静力学是研究液体处于静止(包括相对静止)状态下的力学平衡规律及其在工程中的应用。静止状态是指液体质点之间不存在相对运动,因而液体的粘性不显示出来,表面力只有压应力。因为这个压应力发生在静止液体中,所以称液体静压强,以区别于运动液体中的压应力(称动压强)。下面先讨论液体静压强的特性。

2.1 液体静压强的特性

2.1.1 静水压强

在静止液体中,围绕某点取一微小受压作用面,设其面积为 ΔA,作用于该面上的压力为 ΔP,则单位面积上所受的平均静水压强为:

$$\bar{p} = \frac{\Delta P}{\Delta A} \tag{2-1}$$

当 ΔA 无限缩小至趋于某点时,平均压强 $\frac{\Delta P}{\Delta A}$ 的极限值定义为该点的静水压强,用符号 p 表示,其数学表达式为:

$$p = \lim_{\Delta A \to 0} \frac{\Delta P}{\Delta A} \tag{2-2}$$

静水压强 p 具有应力的量纲。在国际单位制中,静水压强 p 的单位为 $Pa(N/m^2)$。

2.1.2 静水压强的特性

静水压强有两个重要的特性。
1) 静水压强的方向与受压面垂直并指向受压面。
在静止液体中取出一块液体 M,如图 2-1(a)所示。现用 $B-C$ 面将 M 分成 Ⅰ、Ⅱ 两个部分,若取出第 Ⅱ 部分液体进行讨论,在分割面 $B-C$ 上,Ⅰ 部分液体对 Ⅱ 部分液体有静水压力作用。设某点 D 所受的静水压强为 p,围绕 D 点所取的微分面 dA 上所受的静水压力为 dP。若 dP 不垂直于作用面而与通过 D 点的切线相交成 α 角,如图 2-1(b)所示,则 dP 可分解为垂直于 dA 的作用力 dP_n 与平行于通过 D 点切线的作用力 dP_τ。然而,在第 1 章中指出,静止液体不能承受剪切变形,而 dP_τ 的存在必然破坏液体的平衡状态。所以,静水压力 dP 及相应的静水压强 p 必须与其作用面相垂直,即 $\alpha = 90°$。

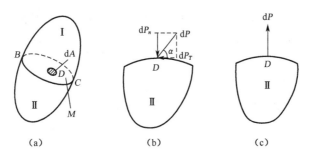

图 2-1 静压强的方向

同样,如果与作用面垂直的静水压力 dP 不是指向作用面,见图 2-1(c),而是指向作用面的外法线方向,则液体将受到拉力,平衡也要受到破坏。

以上讨论表明,在平衡液体中静水压强只能是垂直并指向作用面,即静水压力只能是垂直的压力。

2) 静止液体中任一点上液体静压强的大小与其作用面的方位无关,即同一点各方向的静压强大小均相等。这可证明如下:

在静止液体中任取一点 M,取一包括 M 点在内的微小四面体 $ABCM$,如图 2-2 所示。为简单起见,取四面体正交的三个面分别与坐标轴垂直,各边长度分别为 dx、dy 和 dz;斜面 ABC 为任意方向。四面体四个表面上受到周围液体的静水压力,且四个作用面的方向各不相同,若能证明当微小四面体无限缩小至 M 点时,四个作用面上的静水压强大小均相等,则静水压强的第二个特性就得到证明了。因此,现分析作用于四面体上力的平衡。

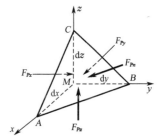

图 2-2 平衡液体中的微元四面体

四面体是从平衡液体中分割出来的,它在所有外力作用下必处于平衡状态。此外力包括:一部分是作用在四个表面上的表面力,即周围液体作用的静水压力;另一部分是质量力,在静止液体中质量力只有重力,相对静止液体中质量力还包括惯性力。

如图 2-2,作用于四面体上的表面力只有垂直于各个表面上的压力。作用在各个面上各点的压强是不同的,但是对于同一平面而言,从函数的连续性可知,在无限小的面积范围内,各点压强的差别也是无限小的。因此,在现在或以后的讨论中都将认为同一微小面积上的压强是均匀分布的。设作用在 BMC、AMC、AMB 和 ABC 四个面上的静水压强为 p_x、p_y、p_z 和 p_n,总压力分别为 $F_{P_x} = p_x \times \frac{1}{2}\mathrm{d}y\mathrm{d}z$,$F_{P_y} = p_y \times \frac{1}{2}\mathrm{d}x\mathrm{d}z$,$F_{P_z} = p_z \times \frac{1}{2}\mathrm{d}x\mathrm{d}y$,$F_{P_n} = p_n \mathrm{d}A_n$。式中 d$A_n$ 为斜面 ABC 的面积,n 为其外法线方向。(n, x)、(n, y)、(n, z) 为面 ABC 的外法线与 x、y、z 轴的夹角。则 $\mathrm{d}A_n\cos(n, x) = \frac{1}{2}\mathrm{d}y\mathrm{d}z$,$\mathrm{d}A_n\cos(n, y) = \frac{1}{2}\mathrm{d}x\mathrm{d}z$,$\mathrm{d}A_n\cos(n, z) = \frac{1}{2}\mathrm{d}x\mathrm{d}y$。

作用于四面体上的质量力为重力。设四面体所受的单位质量力为 f,由几何学可知,四

面体的体积为 $\frac{1}{6}\mathrm{d}x\mathrm{d}y\mathrm{d}z$，则总质量力 $F = f\rho \frac{1}{6}\mathrm{d}x\mathrm{d}y\mathrm{d}z$，它在各坐标轴方向的分量分别为 $F_x = f_x\rho \frac{1}{6}\mathrm{d}x\mathrm{d}y\mathrm{d}z$，$F_y = f_y\rho \frac{1}{6}\mathrm{d}x\mathrm{d}y\mathrm{d}z$，$F_z = f_z\rho \frac{1}{6}\mathrm{d}x\mathrm{d}y\mathrm{d}z$。式中 f_x、f_y、f_z 分别是单位质量力在 x、y、z 轴上的分量。

根据平衡条件，四面体处于静止状态下，各坐标轴方向的作用力之和均分别为零。现以 x 轴方向为例，得：

$$F_{P_x} - F_{P_n}\cos(n, x) + F_x = 0$$

将上面有关各式代入后，得

$$\frac{1}{2}p_x\mathrm{d}y\mathrm{d}z - \frac{1}{2}p_n\mathrm{d}y\mathrm{d}z + \frac{1}{6}\rho f_x\mathrm{d}x\mathrm{d}y\mathrm{d}z = 0$$

当 $\mathrm{d}x$、$\mathrm{d}y$ 和 $\mathrm{d}z$ 趋于零，即四面体缩小到 M 点时，上式中左端第三项的质量力与前两项的表面力相比为高阶无穷小，可以忽略不计，因而可得

$$p_x = p_n$$

同理，在 y 轴、z 轴方向分别可得 $p_y = p_n$，$p_z = p_n$。所以

$$p_x = p_y = p_z = p_n \tag{2-3}$$

由于 n 方向为任意方向，所以上式表明了静水压强的第二个特性，即静止液体中任一点上压强的大小与通过此点的作用面的方位无关，只是该点坐标的连续函数，即：

$$p = p(x, y, z) \tag{2-4}$$

2.2 液体的平衡微分方程——欧拉平衡微分方程

在介绍了液体静压强特性后，就可研究静止液体处于力学平衡的一般条件，着手建立液体的平衡微分方程，从而得到液体中静压强的分布规律。

2.2.1 液体的平衡微分方程

液体的平衡微分方程式是表征液体处于平衡状态时作用于液体上各种力之间的关系式。

如图 2-3 所示，在静止液体中取一以任意点 M 为中心微小六面体，各边长分别为 $\mathrm{d}x$、$\mathrm{d}y$、$\mathrm{d}z$，并与相应的坐标轴平行。作用在六面体上的力只有质量力和表面力。

1) 质量力

设作用于六面体的单位质量力在 x、y、z 轴方向的分量分别为 f_x、f_y、f_z，六面体的质量为 $\rho\mathrm{d}x\mathrm{d}y\mathrm{d}z$，则沿 x 轴方向的质量力为 $f_x\rho\mathrm{d}x\mathrm{d}y\mathrm{d}z$。

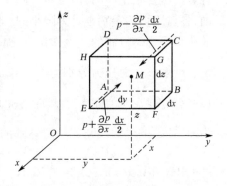

图 2-3 平衡液体中的微元六面体

2) 表面力

作用在六面体上的表面力只有周围液体对它的压力。设 M 点的坐标为 x、y、z,压强为 p。由于压强是坐标的连续函数,当坐标有微小变化时,压强也发生变化,可用泰勒级数表示为:

$$p(x+\Delta x, y+\Delta y, z+\Delta z) = p(x, y, z) + \left(\frac{\partial p}{\partial x}\Delta x + \frac{\partial p}{\partial y}\Delta y + \frac{\partial p}{\partial z}\Delta z\right) + \frac{1}{2!}\left(\frac{\partial^2 p}{\partial x^2}\Delta x^2 + \frac{\partial^2 p}{\partial y^2}\Delta y^2 + \frac{\partial^2 p}{\partial z^2}\Delta z^2 + 2\frac{\partial^2 p}{\partial x \partial y}\Delta x \Delta y + 2\frac{\partial^2 p}{\partial y \partial z}\Delta y \Delta z + 2\frac{\partial^2 p}{\partial z \partial x}\Delta z \Delta x\right) + \cdots$$

以 x 轴为例,忽略级数展开后的高阶微量,得六面体边界面 $ABCD$ 中心点 L 点与边界面 $EFGH$ 中心点 R 点的压强,分别为:

$$p_L = p - \frac{1}{2}\frac{\partial p}{\partial x}\mathrm{d}x$$

$$p_R = p + \frac{1}{2}\frac{\partial p}{\partial x}\mathrm{d}x$$

式中:$\frac{\partial p}{\partial x}$ 为压强沿 x 轴方向的变化率。

由于六面体中各面的面积微小,可以认为平面各点所受的压强与该面中心的压强相等,可得作用在前后两个平面的压力分别为:

$$P_L = \left(p - \frac{1}{2}\frac{\partial p}{\partial x}\mathrm{d}x\right)\mathrm{d}y\mathrm{d}z$$

$$P_R = \left(p + \frac{1}{2}\frac{\partial p}{\partial x}\mathrm{d}x\right)\mathrm{d}y\mathrm{d}z$$

总压力即表面力为:

$$\left(p - \frac{1}{2}\frac{\partial p}{\partial x}\mathrm{d}x\right)\mathrm{d}y\mathrm{d}z - \left(p + \frac{1}{2}\frac{\partial p}{\partial x}\mathrm{d}x\right)\mathrm{d}y\mathrm{d}z$$

因为微小六面体处于平衡状态,所以各作用力在 x 轴方向的分量之和应等于零,即:

$$\left(p - \frac{1}{2}\frac{\partial p}{\partial x}\mathrm{d}x\right)\mathrm{d}y\mathrm{d}z - \left(p + \frac{1}{2}\frac{\partial p}{\partial x}\mathrm{d}x\right)\mathrm{d}y\mathrm{d}z + f_x \rho \mathrm{d}x\mathrm{d}y\mathrm{d}z = 0$$

将上式各项除以 $\rho \mathrm{d}x\mathrm{d}y\mathrm{d}z$,化简移项后得:

$$f_x - \frac{1}{\rho}\frac{\partial p}{\partial x} = 0$$

同理,在 y、z 轴方向上可得:

$$\left.\begin{aligned} f_x - \frac{1}{\rho}\frac{\partial p}{\partial x} = 0 \\ f_y - \frac{1}{\rho}\frac{\partial p}{\partial y} = 0 \\ f_z - \frac{1}{\rho}\frac{\partial p}{\partial z} = 0 \end{aligned}\right\} \qquad (2\text{-}5)$$

式(2-5)称为液体平衡微分方程,它指出液体处于平衡状态时,单位质量液体所受的表面力与质量力彼此相等。该方程是 1775 年首先由瑞士学者欧拉提出的,故又称为欧拉平衡微分方程。该方程对于不可压缩液体和可压缩液体均适用。

2.2.2 液体平衡微分方程的积分

为求得平衡液体中静压强分布规律的具体表达式,须对欧拉平衡微分方程进行积分。将式(2-5)中各式依次乘以 dx、dy、dz,并将它们相加,得:

$$\frac{\partial p}{\partial x}dx + \frac{\partial p}{\partial y}dy + \frac{\partial p}{\partial z}dz = \rho(f_x dx + f_y dy + f_z dz) \tag{2-6}$$

上式等号左边是连续函数 $p(x, y, z)$ 的全微分 dp,则上式可写为:

$$dp = \rho(f_x dx + f_y dy + f_z dz) \tag{2-7}$$

上式为液体平衡微分方程的另一表达式(综合式),适用于可压缩和不可压缩液体。

如果已知静止液体中的质量力,将上式进行积分便可以得到静止液体中的压强分布。

$$p = \int \rho(f_x dx + f_y dy + f_z dz)$$

上述方程是线积分方程,一般其积分结果与积分路径有关,当被积函数满足一定条件时,其积分值与路径无关。

式(2-6)中,等号左边是一个坐标函数 p 的全微分,因此,该式等号右边也必须是某一个坐标函数 $W(x、y、z)$ 的全微分,即

$$f_x dx + f_y dy + f_z dz = dW \tag{2-8}$$

因

$$dW = \frac{\partial W}{\partial x}dx + \frac{\partial W}{\partial y}dy + \frac{\partial W}{\partial z}dz$$

由此得

$$\left. \begin{array}{l} f_x = \dfrac{\partial W}{\partial x} \\[4pt] f_y = \dfrac{\partial W}{\partial y} \\[4pt] f_z = \dfrac{\partial W}{\partial z} \end{array} \right\} \tag{2-9}$$

由物理学知,若存在某一个坐标函数,它对各坐标的偏导数分别等于力场的力在对应坐标轴上的分量,则这函数称为力函数或势函数,而这样的力称为有势的力。由式(2-9)知,函数 W 正是势函数,而质量力则是有势的力,例如,重力和惯性力都是有势的力。将式(2-8)代入式(2-7)得

$$dp = \rho dW \tag{2-10}$$

上式为可压缩液体的平衡微分方程。

对于不可压缩均质液体来讲,其密度 ρ 为常数,积分上式得

$$p = \rho W + C$$

积分常数 C 由边界条件来确定。设已知边界点上的势函数为 W_0 和压强为 p_0,则得 $C = p_0 - \rho W_0$。将 C 值代入上式得

$$p = p_0 + \rho(W - W_0) \tag{2-11}$$

上式即为不可压缩均质液体平衡微分方程积分后的普遍关系式。它表明不可压缩均质液体要维持平衡,只有在有势的质量力作用下才有可能;任一点上的压强等于外压强 p_0 与有势的质量力所产生的压强之和。

2.2.3 等压面

液体中各点的压强大小一般是不相等的,液体中压强相等的点所组成的面,称等压面。例如自由表面就是等压面。由于等压面上的压强 $p =$ 常数,且 $\rho \neq 0$,根据式(2-10)得:

$$f_x \mathrm{d}x + f_y \mathrm{d}y + f_z \mathrm{d}z = 0 \tag{2-12}$$

式中 $\mathrm{d}x$、$\mathrm{d}y$、$\mathrm{d}z$ 可设想为液体质点在等压面上的任一微小位移 $\mathrm{d}s$ 在相应坐标轴上的投影。因此,式(2-12)表明,当液体质点沿等压面移动距离 $\mathrm{d}s$ 时,质量力所作的微功为零。因质量力和位移 $\mathrm{d}s$ 都不为零,所以,必然是等压面和质量力正交。这是等压面的一个重要特性。

因此,式(2-12)可写成

$$F \cdot \mathrm{d}s = 0 \tag{2-13}$$

式(2-13)为等压面的微分方程,根据两矢量标积的性质,标积为零表明两矢量相互垂直,$F \perp \mathrm{d}s$,即质量力垂直于等压面。如质量力仅为重力时,等压面则为水平面。

2.3 水静力学基本方程

2.3.1 重力作用下的水静力学基本方程

在实际工程中,作用于平衡液体上的质量力常常只有重力,即所谓的静止液体。在这种情况下,作用于单位质量液体上的质量力在各坐标轴方向的分量为 $f_x = 0$,$f_y = 0$,$f_z = -g$,代入式(2-7)得:

$$\mathrm{d}p = \rho(f_x \mathrm{d}x + f_y \mathrm{d}y + f_z \mathrm{d}z) = -\rho g \mathrm{d}z$$

对于不可压缩均质液体,ρ 为常数,积分得:

$$p = -\rho g z + C_1$$

或

$$z + \frac{p}{\rho g} = C \tag{2-14}$$

其中：C 为积分常数，由边界条件确定。

对于静止液体中任意两点来讲，上式可写为：

$$z_1 + \frac{p_1}{\rho g} = z_2 + \frac{p_2}{\rho g} \quad (2-15)$$

或

$$p_2 = p_1 + \rho g(z_1 - z_2) = p_1 + \rho g h \quad (2-16)$$

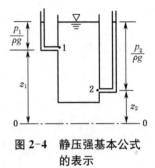

图 2-4 静压强基本公式的表示

式中：z_1、z_2 分别为任意两点在 z 轴上的铅垂坐标值，如图 2-4 所示，若基准面选定了，其值亦就定了；p_1、p_2 分别为上述两点的静压强；h 为上述两点间的铅垂高度差。上述两式即为液体静力学基本方程。在水力学中又称水静力学基本方程。

在自由表面上，$z = z_0$，$p = p_0$，则 $C = Z_0 + \frac{p_0}{\rho g}$。代入式(2-14)中，即可得出静止液体中任意点的静水压强计算公式（即水静力学基本方程）：

$$p = p_0 + \rho g(z_0 - z)$$

或

$$p = p_0 + \rho g h \quad (2-17)$$

若自由表面上 $p_0 = p_a$（p_a 为当地大气压强），则

$$p = \rho g h \quad (2-18)$$

式中：$h = z_0 - z$ 表示该点在自由液面以下的淹没深度。

式(2-17)就是计算静水压强的基本公式。它表明，静止液体内任意点的静水压强由两部分组成：一部分是自由液面上的气体压强 p_0（当自由液面与大气相通时，$p_0 = p_a$），它遵从帕斯卡定律等值地传递到液体内部各点；另一部分是 $\rho g h$，相当于单位面积上高度为 h 的水柱重量。

从式(2-17)还可以看出，淹没深度相等的各点静水压强相等，故水平面即是等压面。但必须注意，这一结论适用于质量力只有重力的同一种连续介质。对于不连续的液体，如液体被阀门隔开，见图 2-5(a)，1—2 非等压面；或者同一水平面穿过了两种不同介质，见

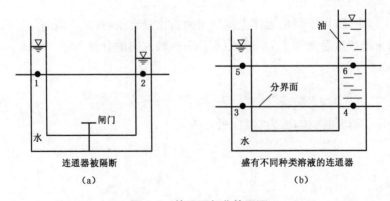

图 2-5 等压面与非等压面

图 2-5(b),5—6 非等压面,可见位于同一水平面上的各点,压强并不一定相等,即水平面不一定是等压面。因此,互相连通的同种静止液体只有在重力作用下等压面才是水平面。如图 2-5(b),3—4 为等压面。

从水静力学基本方程可以推出在重力作用下静止液体的几个性质:
(1) 静止液体中的压强与水深呈线性关系;
(2) 静止液体中任意两点的压强差仅与它们的垂直距离有关;
(3) 静止液体中任意点压强的变化,将等值地传递到其他各点。

2.3.2 压强的计量单位和表示方法

地球表面大气所产生的压强称为大气压强。海拔高程不同,大气压强也有所差异。在工程技术中,计量压强的大小,可以从不同的基准算起,因而有两种不同的表示方法。

以绝对真空作为压强的零点,这样计量的压强值称为绝对压强,以 p' 表示。以当地大气压强 p_a 作为零点起算的压强值,称为相对压强,以 p 表示。如图 2-6 所示。因为不同高程的大气压强值是不同的,在不考虑大气压强随高程变化的情况下,可认为绝对压强值与相对压强值之间只差一个大气压,即

$$p = p' - p_a \tag{2-19}$$

在水工建筑物中,水流和建筑物表面均受大气压强作用,在计算建筑物受力时,不需考虑大气压强的作用,因此常用相对压强来表示。在今后对水流的讨论和计算中,一般都指相对压强,亦可用绝对压强。要注意这一点,在对气体的讨论和计算中(如气体状态方程等),压强都是指绝对压强,所以,如果没有说明,气体压强都是指绝对压强。

绝对压强的数值总是正的,而相对压强的数值要根据绝对压强高于或低于当地大气压强而决定其正负,如图 2-6 所示。如果液体中某点的绝对压强小于大气压强,如图 2-6 中 B 点,则相对压强为负值,称为负压。负压的绝对值称为真空压强,以 p_v 表示,指液体中某点的绝对压强小于大气压强的部分,而不是指该点的绝对压强本身,即

$$p_v = |p' - p_a| = p_a - p' \tag{2-20}$$

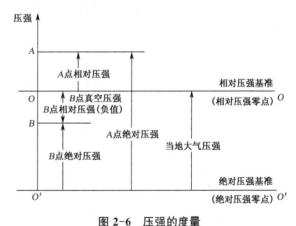

图 2-6 压强的度量

真空压强用液柱高度表示时称为真空度,记为 h_v,即

$$h_v = \frac{p_v}{\rho g} = \frac{p_a - p'}{\rho g} \tag{2-21}$$

式中密度 ρ 可以是水或水银的密度。

在工程技术中,常用三种计量单位来表示压强的数值。第一种单位是从压强的基本定义出发,用单位面积上的力来表示,单位为 Pa。第二种单位是用大气压的倍数来表示。国

际上规定一个标准大气压相当于 760 mm 水银柱对柱底部所产生的压强,即 1 atm＝1.013×10^5 Pa。在工程技术中,常用工程大气压来表示压强,一个工程大气压相当于 736 mm 水银柱对柱底部所产生的压强,即 1 at＝9.8×10^4 Pa。第三种单位是用液柱高度来表示,常用水柱高度或水银柱高度来表示,其单位为 mH$_2$O 或 mmHg。这种单位可由 $p=\rho g h$ 得 $h=\frac{p}{\rho g}$。因此,液柱高度也可以表示压强,例如一个工程大气压相应的水柱高度为

$$h=\frac{p}{\rho g}=\frac{9.8\times 10^4}{10^3\times 9.8}\text{ mH}_2\text{O}=10\text{ mH}_2\text{O}$$

相应的水银柱高度为

$$h'=\frac{p}{\rho g}=\frac{9.8\times 10^4}{13.6\times 10^3\times 9.8}\text{ mHg}\approx 736\text{ mmHg}$$

例 2-1 求一淡水池中离自由水面 3 m 处的相对压强与绝对压强(当地大气压强为 98 kN/m^2),如图 2-7。

解:(1) 相对压强 $p=\rho g h=1\,000\times 9.8\times 3=29.4$ (kN/m^2)

(2) 绝对压强 $p'=p_a+\rho g h=98+29.4=127.4$ (kN/m^2)

例 2-2 某点处绝对压强为 49 kPa,试将其换算成相对压强和真空度(当地大气压强的绝对压强值为 98 kN/m^2)。

解:(1) 相对压强 $p=p'-p_a=49-98=-49$ (kPa)

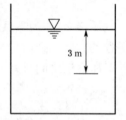

图 2-7 例 2-1 图

(2) 真空度 $h_v=\frac{p_v}{\rho g}=\frac{p_a-p'}{\rho g}=\frac{(98-49)\times 10^3}{1\,000\times 9.8}=5$ (mH$_2$O)

2.3.3 液体静力学基本方程的物理意义和几何意义

公式(2-15)是静力学的主要方程,现说明它的物理意义和几何意义。

1) 液体静力学基本方程的物理意义

先讨论方程式中的 z 项。由物理学知,如某一点重量为 G 的液体,位于某一基准面上的高度为 z 的点,则 Gz 为该液体对基准面来讲具有的位能,而 $z=\frac{Gz}{G}$。所以,z 的物理意义是:单位重量液体从某一基准面算起所具有的位能,因为是对单位重量而言,所以称单位位能。

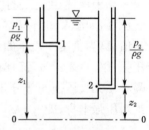

图 2-8 静压强基本公式的几何意义

再讨论 $\frac{p}{\rho g}$ 项。$\frac{p}{\rho g}$ 为压强高度,代表单位重量液体所具有的压能。若液体中某点(如图 2-8 中 1 点)的压强为 p,当在该处设置一开口的玻璃管(测压管)时,重量为 G 的液体在压强 p 的作用下,将沿测压管上升一个高度 $h_p=\frac{p}{\rho g}$ 才能静止下来,从此现象可以看出,作用在液体上的压强也有做功的能力,所以作用的压强亦可视为该液体的一种能量,称压能。压能的大小为 Gh_p,而 $\frac{p}{\rho g}=h_p=\frac{Gh_p}{G}$。所以,$\frac{p}{\rho g}$ 是单位重量液体所具有的压强势能,称单位压能。

因此，液体静力学基本方程的物理意义是静止液体中任一点的单位位能和单位势能之和，即任一点的单位重量液体所具有的总势能相等。

2) 液体静力学基本方程的几何意义

液体静力学基本方程中的各项，从量纲来看都是长度，是可以直接测量的高度，可用几何高度来表示它的意义。在水力学中常用水头来表示一个高度。z 项称位置水头；当 p 为相对压强时，$\dfrac{p}{\rho g}$ 称压强水头；$z+\dfrac{p}{\rho g}$ 称测压管水头。静力学基本方程的几何意义是静止液体中任一点的位置水头与压强水头之和，即测压管水头为常数。

2.3.4 静水压强的测量

测量液体的压强是工程上非常普遍的要求，测量的方法很多，仪器种类也很多。常用的有弹簧金属式、电测式和液位式三种。

1) 弹簧金属式

弹簧金属式测压装置可用来测量相对压强和真空度。它内装有一根横截面为椭圆形，一端开口，另一端封闭的黄铜管，如图 2-9 所示。开口端通过黄铜管与被测液体相连通。压力表工作时，管子上端在压力作用下会伸缩，同时，就带动联动结构的指针。从而可读出压强的数值。金属压力表测出的压强是相对压强。

2) 电测式

电测式装置可将压力传感器连接在被测液体中，液体压力的作用使金属片变形，从而改变金属片的电阻，这样通过传感器将压力转变成电信号，达到测量压力的目的。

3) 液位式

液位式测压计的基本原理是用已知密度的液体高度产生的压强与被测压强相平衡，由液柱高度或高度差来确定被测压强的大小。常用的液位式测压计有以下几种：

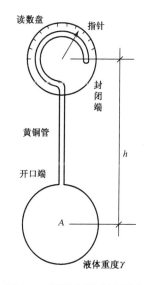

图 2-9 弹簧金属式测压计

(1) 测压管

测压管是一支两端开口的玻璃管，下端与被测液体相连，上端与大气相通。由于液体相对压强的作用，使测压管内液面上升。如图 2-10(a)所示。若要测 A 点的压强，则由被测点 A 量起到测压管内液面高度 h_A 便可算出 A 点的相对压强。根据静力学的基本原理即得：

$$p = \rho g h_A$$

用测压管测量压强，被测点的相对压强一般不宜太大，因为如果相对压强为 0.1 大气压，水柱的高度为 1 m，压强再大，测读不便。此外，为避免表面张力的影响，测压管的直径不能过细，一般直径 $d \geqslant 5$ mm。若被测点处压强较小，可使用倾斜的测压管，如图 2-10(b)所示。

(2) U 形测压管

U 形测压管一般是一根两端开口的 U 形玻璃管，管径不小于 10 mm，在管子的弯曲部分盛有与待测液体不相混掺的某种液体,如测量气体压强时可盛水或酒精,测量液体压强时可盛水银等。U 形测压管一端与待测点 A 处的器壁小孔相接通,另一端与大气相通。如图 2-11 所示。测点 A 在压强的作用下,U 形管中水银的液面产生变化,通过测出水银的液面高差 h_m 就可换算被测点的压强。

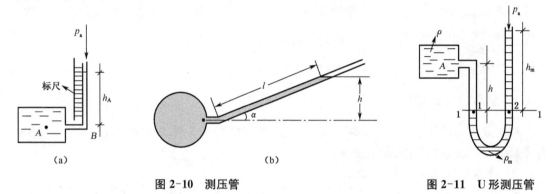

图 2-10 测压管　　　　　　　　　　　图 2-11 U 形测压管

为计算 A 点的压强,取等压面 1—2,$p_1 = p_A + \rho g h$,$p_2 = p_a + \rho_m g h_m$

因 $p_1 = p_2$,故　　　$p_a + \rho_m g h_m = p_A + \rho g h$

则 A 点的绝对压强为:$p_A' = p_a + \rho_m g h_m - \rho g h$

A 点的相对压强为:$p_A = \rho_m g h_m - \rho g h$

从测压管中读出 h_m、h 值,即可求得 A 点压强值。

U 形测压管亦可以测量液体中某点的真空压强,所不同的是 U 形测压管(水银真空计)的左肢液面将高于右肢液面,如图 2-12 所示。

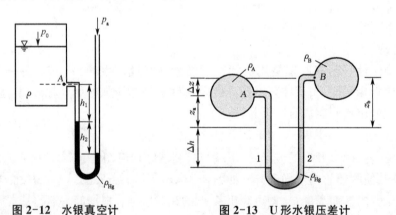

图 2-12 水银真空计　　　　　　图 2-13 U 形水银压差计

(3) U 形管压差计

上述讲的 U 形测压管也是压差计的概念,所不同的是 U 形测压管测的是被测点与大气压的差值,即相对压强;压差计测的是两个被测点之间的压差值。若被测点之间压差较大,可使用 U 形水银压差计。如图 2-13 中,左、右两容器内各盛一种介质(液体或气体),其密度分别为 ρ_A、ρ_B,今使用水银 U 形压差计测量两容器中 A、B 两点之压差。测量时将压差计安放直立,把压差计与容器连通后,差压计中水银液面之高差为 Δh,其余有关数据见图中说明,因 1—2 平面是等压面,于是左肢:　　　$p_1 = p_A + \rho_A g z_a + \rho_A g \Delta h$

右肢： $p_2 = p_B + \rho_B g z_b + \rho_{Hg} g \Delta h$

由两式相等得： $p_A - p_B = \rho_B g z_b + \rho_{Hg} g \Delta h - \rho_A g z_a - \rho_A g \Delta h$ (2-22)

上式即为 A、B 两点压强差的计算公式。

若 A、B 为同一种液体，则 $\rho_A = \rho_B = \rho$，整理上式，得

$$p_A - p_B = (\rho_{Hg} g - \rho g)\Delta h + \rho g(z_b - z_a) \quad (2-23)$$

测压管水头差为： $\left(z_a + \dfrac{p_A}{\rho g}\right) - \left(z_b + \dfrac{p_B}{\rho g}\right) = \dfrac{\rho_{Hg} - \rho}{\rho}\Delta h$

若两容器中盛有同一种液体，且 A、B 位于同一高程（$\Delta z = 0$，$z_a = z_b$）时，A、B 间压差为：

$$p_A - p_B = (\rho_{Hg} g - \rho g)\Delta h \quad (2-24)$$

若被测点 A、B 之压差甚小，为了提高测量精度，可将 U 形压差计倒装，并在 U 形管中注入不与容器中介质相混合的轻质液体，然后按同样方法建立 A、B 两点间压差。

例 2-3 设水银压差计与三根有压水管相连接，如图 2-14 所示。已知 A、B、C 三点的高程相同，压差计水银液面的高程，自左肢向右肢分别为 0.21 m、1.29 m 和 1.78 m，试求 A、B、C 三点之间的压强差值。

解：1—1 水平面为等压面。设压差计左肢内水银液面距 A 点的高度为 h，则

$$p_A + \rho g h = p_B + \rho g[h - (1.29 - 0.21)] + \rho_{Hg} g(1.29 - 0.21)$$
$$= p_C + \rho g[h - (1.78 - 0.21)] + \rho_{Hg} g(1.78 - 0.21)$$

因此

$$p_A - p_B = (\rho_{Hg} g - \rho g)(1.29 - 0.21)$$
$$= (133.28 - 9.8) \times 10^3 \times (1.29 - 0.21) = 133.36 \times 10^3 (\text{Pa})$$

$$p_A - p_C = (\rho_{Hg} g - \rho g)(1.78 - 0.21)$$
$$= (133.28 - 9.8) \times 10^3 \times (1.78 - 0.21) = 193.86 \times 10^3 (\text{Pa})$$

$$p_B - p_C = (193.86 \times 10^3 - 133.36 \times 10^3) = 60.5 \times 10^3 (\text{Pa})$$

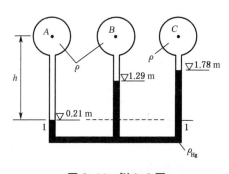
图 2-14 例 2-3 图

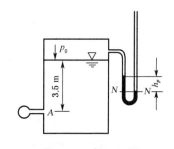
图 2-15 例 2-4 图

例 2-4 一密闭容器（图 2-15），侧壁上装有 U 形管水银测压计，$h_p = 20$ mm。试求安装在水面下 3.5 m 处 A 点的压力的数值。

解：U 形管测压计的右支管开口通大气，做等压面 $N-N$，则

$$p_0 = -\rho_{Hg} g \times h_p$$

又

$$p_A = p_0 + \rho_{H_2O} g \times 3.5$$

则

$$p_A = \rho_{H_2O} g \times 3.5 - \rho_{Hg} g \times h_p$$
$$= 1\,000 \times 9.8 \times 3.5 - 13.6 \times 1\,000 \times 9.8 \times 0.2 = 7.644 \times 10^3 (\text{Pa})$$

2.4 作用在平面上的静水总压力

在实际工程中，常需求解作用在容器或建筑物平面上的液体总压力，包括它的大小、方向和作用点。确定静止液体作用在平面上的总压力的方法，有图解法和解析法。这两种方法的原理和结果是一样的，都是根据液体中静压强的分布规律来计算的。

2.4.1 图解法

1) 静压强分布图

在实际工程中，所遇到的建筑物表面的平面图形常是水平底边的矩形，求解作用在这种矩形平面上的液体总压力，用图解法比较简便。在介绍图解法之前先介绍静压强分布图。表示各点静压强大小和方向即静压强的分布规律的图称静压强分布图。在实际工程中，常用静压强分布图来分析问题和进行计算。对于液体来讲，计算时常用相对压强。因此，当液体的表面压强是大气压强时，相对压强 $p = \rho g h$。由于 ρg 是常数，故压强 p 与 h 呈线性关系。根据静水压强的特性及水静力学基本方程式算出某些特殊点的静水压强的大小，并用一定比例的线段长度表示，即可定出压强的分布线，再用箭头标出静水压强的方向。

设铅垂线 AB 为承受静压强的容器侧壁的侧影，如图 2-16 所示。AB 线上各点的静压强大小为 $\rho g h_i$，且方向垂直于 AB 线，如图所示。在 AB 线的每一点各绘制一垂直 AB 线的 $\rho g h_i$ 线段，等于各该点处的静压强，这些线段的终点将处在一条直线 AC 上。三角形 ABC 图就是铅垂线 AB 上的静压强分布图。由于压强 p 与 h 呈线性关系，因此，在绘制压强分布图时，只需在 A、B 两端点上绘出静压强值后，连以直线即可。

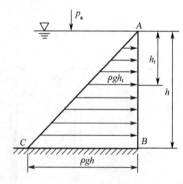

图 2-16 静压强分布图

如图 2-17 所示的挡水面 ABC 为折线。在 B 点有两个不同方向的压强分别垂直于 AB、BC。根据压强的特性，这两个压强大小相等，都等于 $\rho g h_1$，其压强分布图如图所示。

如图 2-18 所示为一矩形平面闸门，两侧有水，其水深分别为 H_1 和 H_2。这种情况由于受力方向不同，可先分别绘出受压面的压强分布图，然后将两图叠加，消去大小相等方向相反的部分，余下的梯形即为静水压强分布图。

受压面为平面时，静压强分布图的外包线为直线，如图 2-16。当受压面为曲面时，曲面的长度与水深不成直线函数关系，静压强分布图的外包线为曲线，如图 2-19。

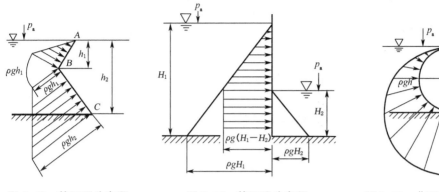

图 2-17 静压强分布图　　图 2-18 静压强分布图　　图 2-19 曲面上静压强分布图

2) 图解法

用图解法求作用在平面上的液体总压力是基于静水压强分布图的基础之上的，用图解法比较简便。

设有一承受液体总压力的水平底边矩形平面 ABCD，高为 H，宽为 b。该平面垂直于纸面，平面的另一侧（右侧）为大气，如图 2-20(a) 所示。矩形平面如图 2-20(b) 所示。根据绘制静压强分布图的方法，绘出 AB 垂线上的静压强分布图 ABE。由于沿矩形平面顶宽 AC 线上任意点的铅垂线上的静压强分布图和 AB 线上的是一样的，即可得整个矩形平面上静压强分布图的直角三棱柱体图 ABECDF，如图 2-20(c) 所示。此直角三棱柱体体积称静压强分布图的体积。取平面 ABCD 上微元面积 dA，在微元面积 dA 范围内各点的压强的差别可视为无限小，设在 dA 上的压强为 p，dA 上的压力则为 dP = pdA。pdA 即为图 2-20(c) 中的小微元柱体体积。根据合力为各分力的总和原则，作用在矩形平面上的液体总压力 P 的大小即为三棱柱体 ABECDF 的体积。它等于 AB 垂线上的静压强分布图 ABE 的面积 Ω 与矩形平面顶宽 b 的乘积，即

$$P = \Omega b = \frac{1}{2}\rho g H \times H \times b = \frac{1}{2}\rho g H^2 b \tag{2-25}$$

上式同样适用于矩形平面与水面倾斜成任意角度的情况。

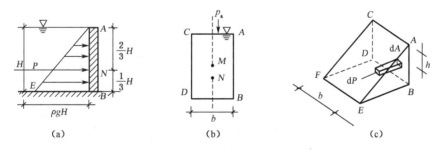

图 2-20 图解法求平面静水总压力

矩形平面上静水总压力的作用线通过压强分布体的重心（也就是矩形半宽处的压强分

布图的形心),垂直指向作用面,作用线与矩形平面的交点称压力中心 N。

对于静压强分布图为三角形的情况:其压力中心位于水面下 $\frac{2}{3}H$ 处,如图 2-20(a)所示。

例 2-5 如图 2-21,某挡水矩形闸门,门宽 $b=2\,\mathrm{m}$,一侧水深 $h_1=4\,\mathrm{m}$,另一侧水深 $h_2=2\,\mathrm{m}$,试用图解法求该闸门上所受到的静水总压力。

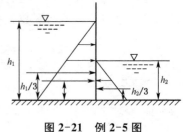

图 2-21 例 2-5 图

解:首先分别求出两侧的水压力,然后求合力。

$$P_{\text{左}} = \Omega_{\text{左}} b = \frac{1}{2}\rho g h_1 h_1 b = \frac{1}{2}\times 1\,000\times 9.8\times 4\times 4\times 2 = 156.8\,(\mathrm{kN})$$

$$P_{\text{右}} = \Omega_{\text{右}} b = \frac{1}{2}\rho g h_2 h_2 b = \frac{1}{2}\times 1\,000\times 9.8\times 2\times 2\times 2 = 39.2\,(\mathrm{kN})$$

$$P = P_{\text{左}} - P_{\text{右}} = 156.8 - 39.2 = 117.6\,(\mathrm{kN}) \qquad \text{方向向右} \rightarrow$$

依力矩定理:$P\times e = P_{\text{左}}\times \dfrac{h_1}{3} - P_{\text{右}}\times \dfrac{h_2}{3}$ 可解得:$e = 1.56\,\mathrm{m}$

所以该闸门上所受的静水总压力为 117.6 kN,方向向右,作用点距门底 1.56 m 处。

2.4.2 解析法

解析法适用于置于水中任意方位和任意形状的平面。设任一平面 EF 位于水面之下,与水平面成任意角度 α,并垂直于纸面。平面的右侧为大气,EF 线为平面侧投影线。取平面的延续面与水面的交线为横坐标 Ox(垂直于纸面);垂直于 Ox 轴沿平面向下取纵坐标轴 Oy。平面上任一点的位置可由该点坐标 (x,y) 确定。

为了便于分析,将 xOy 平面绕 Oy 轴旋转 $90°$ 置于纸面,如图 2-22 右部分所示。设平面的面积为 A,形心为 C,形心在水面下的深度为 h_C。现求作用于平面 EF 上的静水总压力的大小、方向和作用点。

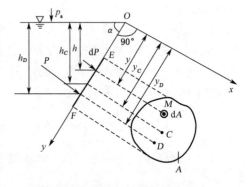

图 2-22 解析法求平面静水总压力

按照静水压强的分布规律,倾斜的任意平面 EF 上各点的压强随水深 h 的不同而不同。若把面积 A 分成许多微小面积 dA,则每一微小面积 dA 上的压强可视为相等。设 dA 中心点的纵坐标为 y,水深为 h,则静水压强为 $\rho g h$,作用在 dA 面积上的液体总压力为

$$dP = p\,dA = \rho g h\,dA$$

dP 的方向垂直于 dA,并指向平面。由图 2-22 可见 $h = y\sin\alpha$,作用在整个受压平面面积为 A 上的液体总压力为

$$P = \int dP = \int_A \rho gh\, dA = \int_A \rho gy \sin\alpha\, dA = \rho g\sin\alpha \int_A y\, dA$$

由物理学知,上式中的 $\int_A y\,dA$ 是受压平面对 Ox 轴的静面矩,微小面积 dA 对某一轴的静面矩之和 $\int_A y\,dA$ 等于面积 A 对同一轴的静面矩 $y_C A$,即 $\int_A y\,dA = y_C A$。所以

$$P = \rho g\sin\alpha y_C A = \rho g h_C A = p_C A \tag{2-26}$$

式中 y_C 为形心 C 的纵坐标,h_C 为形心 C 在自由表面下的深度;p_C 为受压平面形心点 C 的静压强。上式表明,作用在任意形状平面上的液体总压力大小,等于该平面的淹没面积与其形心处静压强的乘积,而形心处的静压强就是整个受压平面上的平均压强。

静水总压力的方向垂直指向受压面。

静水总压力的作用点称为压力中心,以 D 表示。为了确定 D 的位置,必须求其坐标 x_D 和 y_D。可根据物理学中合力矩定理(即合力对任一轴的力矩等于各分力对该轴力矩之代数和)求出,即对 x 轴取力矩得

$$P \times y_D = \int y\,dP = \int_A y\rho gy\sin\alpha\,dA = \rho g\sin\alpha \int_A y^2\,dA = \rho g\sin\alpha I_x$$

式中 $I_x = \int_A y^2\,dA$,为受压平面面积对 Ox 轴的惯性矩。所以

$$y_D = \frac{\rho g\sin\alpha I_x}{P} = \frac{\rho g\sin\alpha I_x}{\rho g\sin\alpha y_C A} = \frac{I_x}{y_C A} \tag{2-27}$$

根据惯性矩的平行移轴定理,有:

$$I_x = I_C + y_C^2 A$$

式中:I_C 为受压平面面积对通过其形心,且与 x 轴平行的轴的惯性矩(又称转动惯量)。所以

$$y_D = \frac{I_C + y_C^2 A}{y_C A} = y_C + \frac{I_C}{y_C A} \tag{2-28}$$

同理,对 y 轴取力矩,可得压力中心 D 到 y 轴的距离 x_D。在实际工程中,受压平面多是轴对称面(对称轴与 y 轴平行),总压力 P 的作用点必位于对称轴上。因此,只需确定 y_D 的值,压力中心 D 点的位置就确定了。

现将几种常见平面图形的面积 A、形心位置 y_C 及惯性矩 I_C 的数值列于表 2-1,供计算时查用。表中所列图形均是平面上缘与液面相平的情况。

表 2-1 几种常见平面图形的 A、y_C 及 I_C 值

名称	几何图形	面积 A	形心位置 y_C	惯性矩 I_C
矩形		bh	$\dfrac{h}{2}$	$\dfrac{bh^3}{12}$

续表 2-1

名称	几何图形	面积 A	形心位置 y_C	惯性矩 I_C
三角形		$\dfrac{bh}{2}$	$\dfrac{2}{3}h$	$\dfrac{bh^3}{36}$
梯形		$\dfrac{h(a+b)}{2}$	$\dfrac{h}{3}\left(\dfrac{a+2b}{a+b}\right)$	$\dfrac{h^3}{33}\left(\dfrac{a^2+4ab+b^2}{a+b}\right)$
圆		πr^2	r	$\dfrac{\pi r^4}{4}$
半圆		$\dfrac{\pi r^2}{2}$	$\dfrac{4r}{3\pi}$	$\dfrac{9\pi^2-64}{72\pi}r^4$

例 2-6 矩形平板一侧挡水，与水平面的夹角 α 为 $30°$，平板上边与水面齐平，水深 h 为 3 m，平板宽 b 为 5 m（图 2-23）。试分别用解析法和图解法求作用在平板上的静水压力。

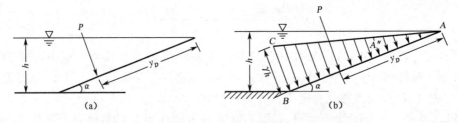

图 2-23 例 2-6 图

解：(1) 解析法

总压力的大小由式(2-26)可得：

$$P = p_C A = \rho g h_C A = 9.8 \times 10^3 \times \dfrac{1}{2} \times 3 \times 5 \times \dfrac{3}{\sin 30°} \approx 441 \text{(kN)}$$

方向为受压面内法线方向。

作用点由式(2-28)得：

$$y_D = y_C + \frac{I_C}{y_C A} = \frac{l}{2} + \frac{\frac{bl^3}{12}}{\frac{l}{2} \times bl} = \frac{6}{2} + \frac{\frac{6}{12}}{\frac{1}{2}} = 4 \text{(m)}$$

(2) 图解法

绘出压强分布图 ABC，如图 2-23(b) 所示，作用力的大小等于压强分布图的体积，即

$$P = b \times A^* = b \times \frac{1}{2} \rho g h \frac{h}{\sin 30°} = 5 \times \frac{1}{2} \times 9.8 \times 10^3 \times 3 \times \frac{3}{\frac{1}{2}} = 441 \text{(kN)}$$

方向为受压面内法线方向。

总压力作用点为压强分布图的形心，即

$$y_D = \frac{2}{3} \times \frac{h}{\sin 30°} = \frac{2}{3} \times \frac{3}{\frac{1}{2}} = 4 \text{(m)}$$

例 2-7 如图 2-24 所示，一矩形闸门宽度为 b，两侧均受到密度为 ρ 的液体的作用，两侧液体深度分别为 h_1、h_2，试求作用在闸门上的液体总压力和压力中心。

解：参考坐标系如图所示。对于闸门左侧，由式(2-26)和(2-28)得

$$F_1 = \rho g h_{C1} A_1 = \rho g h_1^2 b / 2$$

$$y_{D1} = y_{C1} + \frac{I_{C1}}{y_{C1} A_1} = \frac{1}{2} h_1 + \frac{bh_1^3/12}{bh_1^2/2} = \frac{2}{3} h_1$$

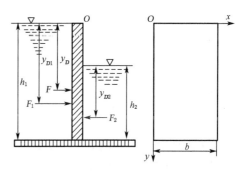

图 2-24 例 2-7 图

同理，对于闸门右侧得
$$F_2 = \rho g h_{C2} A_2 = \rho g h_2^2 b / 2$$

$$y_{D2} = y_{C2} + \frac{I_{C2}}{y_{C2} A_2} = \frac{1}{2} h_2 + \frac{bh_2^3/12}{bh_2^2/2} = \frac{2}{3} h_2$$

两侧总压力的合力为 $\quad F = F_1 - F_2 = \rho g (h_1^2 - h_2^2) b / 2$

方向向右。设合力 F 的作用点的淹没深度为 y_D，根据合力矩定理，对 Ox 轴取矩，有

$$F y_D = F_1 y_{D1} - F_2 (h_1 - h_2 + y_{D2})$$

$$y_D = \frac{\rho g h_1^2 b/2 \times 2h_1/3 - \rho g h_2^2 (h_1 - h_2 + 2h_2/3)/2}{\rho g b (h_1^2 - h_2^2)/2} = \frac{2}{3} h_1 - \frac{h_2^2}{3(h_1 + h_2)}$$

显然合力作用点的 x 坐标为 $b/2$。

2.5 作用在曲面上的静水总压力

在工程中，承受静水压力的面可以是平面，也可以是曲面。作用在曲面上各点的静水压

强垂直指向作用面，构成了一个空间力系。实际工程中遇到的曲面，如拱坝坝面、弧形闸墩或边墩、弧形闸门等，这些曲面多数为以母线平行的二向曲面（或称柱面）。所以这里着重分析二向曲面的静水总压力计算。

如图 2-25 所示，设圆柱形曲面的母线与纸面垂直，与纸面的交线为 AB。取坐标平面 xOy 与水面重合，y 轴平行于母线，z 轴铅垂向上。

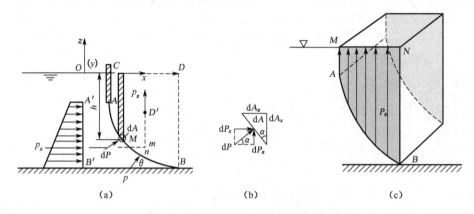

图 2-25　作用在曲面上的静水总压力

在曲面上取任一点 M（如图 2-25 AB 曲线上），其形心点对应的水深为 h，围绕 M 点取一微小面积 $\mathrm{d}A$，如图所示。作用在微小面积上的液体总压力 $\mathrm{d}P$ 为

$$\mathrm{d}P = p\mathrm{d}A = \rho g h \mathrm{d}A$$

$\mathrm{d}P$ 的方向垂直于微小面积 $\mathrm{d}A$，并与水平方向成 α 角，如图 2-25(b)。由于曲面上各微小面积上的压力 $\mathrm{d}P$ 均垂直于各自的微小面积，即 $\mathrm{d}P$ 的方向是变化的，因此求 P 不便直接积分，必须对 $\mathrm{d}P$ 先进行分解。将 $\mathrm{d}P$ 分解为水平分力 $\mathrm{d}P_x$ 和铅垂分力 $\mathrm{d}P_z$，分别为

$$\mathrm{d}P_x = \mathrm{d}P\cos\alpha = \rho g h \mathrm{d}A\cos\alpha = \rho g h \mathrm{d}A_x$$

$$\mathrm{d}P_z = \mathrm{d}P\sin\alpha = \rho g h \mathrm{d}A\sin\alpha = \rho g h \mathrm{d}A_z$$

式中 $\mathrm{d}A_x$ 和 $\mathrm{d}A_z$ 分别为 $\mathrm{d}A$ 在铅垂平面与水平面上的投影。

整个曲面所受的水平分力 P_x 等于各微小面积上水平分力 $\mathrm{d}P_x$ 的总和，即

$$P_x = \int_A \mathrm{d}P_x = \int_A \rho g h \mathrm{d}A\cos\alpha = \int_{A_x} \rho g h \mathrm{d}A_x = \rho g \int_{A_x} h \mathrm{d}A_x$$

式中 $\int_{A_x} h \mathrm{d}A_x = h_c A_x$，为曲面在铅垂平面上的投影面积 A_x 对 y 轴的面积矩，等于该投影面积 A_x 的形心 C 对应的深度 h_c 与面积 A_x 的乘积。因此，x 方向的总压力为

$$P_x = \rho g h_c A_x \tag{2-29}$$

上式表明，作用在圆柱形曲面上的液体总压力水平总分力的大小等于该淹没曲面的铅垂投影面积 A_x 所受的液体总压力。圆柱形曲面的铅垂投影面积是矩形平面，因此，静水总压力的水平分力的大小、方向和作用点均可用前节所述的图解法或解析法求解。

整个曲面所受的铅垂分力 P_z 等于各微小面积上铅垂分力 $\mathrm{d}P_z$ 的总和，即

$$P_z = \int \mathrm{d}P_z = \int_{A_z} \rho g h \mathrm{d}A_z = \rho g \int_{A_z} h \mathrm{d}A_z \tag{2-30}$$

上式右边的积分式的积分比较困难，但从图 2-25(c)中可以看出，$\int_{A_z} h \mathrm{d}A_z$ 是以曲面本身与其在自由表面(或自由表面的延续面)上的投影面积 A_z 之间的铅垂柱体的体积，即整个曲面所托的水体体积。这个几何体称压力体，其重量称压力体的重量 G。

令

$$V = \int_{A_z} h \mathrm{d}A_z$$

则式(2-30)可改写为

$$P_z = \rho g V = G \tag{2-31}$$

上式表明：作用在圆柱形曲面上液体总压力 P 的铅垂总分力的大小等于压力体体积的液体重量。

压力体只是作为计算曲面上垂直压力的一个数值当量，它不一定是由实际液体所构成，如图 2-25(c)所示的曲面，其压力体内阴影部分中并不存在液体。但一些情况下，压力体也可以为液体所充实，如图 2-26 所示。

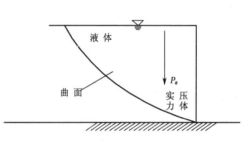

图 2-26 实压力体

如果压力体被大气充满，亦就是曲面背向液体，如图 2-25 所示，P_z 等于实际上没有液体存在的压力体体积的液体重量，这种压力体称为虚构压力体，虚构压力体的 P_z 方向是向上的，如图 2-25(c)中 P_z 方向所示。如果压力体被液体所充满，如图 2-26 所示，这种压力体称为实压力体，实压力体的 P_z 方向是向下的，如图 2-26 中 P_z 方向所示。

作用在曲面上的液体总压力 P 值为

$$P = \sqrt{P_x^2 + P_z^2} \tag{2-32}$$

液体总压力 P 的作用线与水平方向的夹角 θ 为

$$\theta = \arctan \frac{P_z}{P_x} \tag{2-33}$$

P 的作用线必通过 P_z 和 P_x 作用线的交点，但这个交点不一定在曲面上。

以上讨论虽然是对二向曲面来讲的，但是所得结论完全可以应用于任意的三向曲面，只是对于三向曲面除了在 Oyz 面上有投影外，在 Oxz 面上也有投影，因此水平总分力除了 x 方向的 P_x 外，还有 y 方向的 P_y。

P_z 是压力体所托起液体的重量，因此压力体的绘制对 P_z 的求解至关重要。现对压力体的绘制进行介绍。

压力体由下列周界面所围成，如图 2-27 所示：

(1) 受压曲面本身;
(2) 自由液面或液面的延长面;
(3) 通过曲面的四个边缘向液面或液面的延长面所作的铅垂平面。

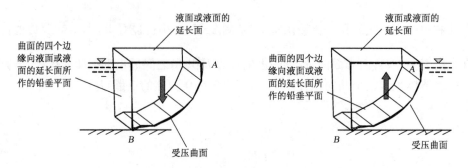

图 2-27　压力体的绘制

当曲面为凹凸相间的复杂柱面时,可在曲面与铅垂面相切处将曲面分开,分别绘出各部分的压力体,并定出各部分垂直分力的方向,然后合成起来即可得出总的垂直分力的方向。图 2-28 的曲面 ABCD,可分成 ABC 及 CD 两部分,其压力体及相应 P_z 的方向如图 2-28(a)、(b)所示,合成后的压力体如图 2-28(c)所示。曲面 ABCD 所受静水总压力垂直分力 P_z 的大小及其方向,即不难由图 2-28(c)定出。

垂直分力 P_z 的作用线,应通过压力体的体积形心。

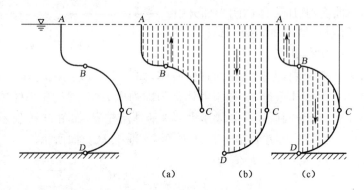

图 2-28　凹凸曲面压力体的绘制

静止液体作用在二向曲面上的总压力的计算程序:
(1) 将总压力分解为水平分力 P_x 和垂直分力 P_z;
(2) 水平分力的计算 $P_x = \rho g h_c A_x$;
(3) 确定压力体的体积;
(4) 垂直分力的计算 $P_z = \rho g V = G$,方向由虚、实压力体确定;
(5) 总压力的计算 $P = \sqrt{P_x^2 + P_z^2}$;
(6) 总压力方向的确定 $\theta = \arctan \dfrac{P_z}{P_x}$。

例 2-8　一弧形闸门如图 2-29(a)所示,闸门宽度 $b = 4$ m,圆心角 $\varphi = 45°$,半径 $R = 2$m,闸门旋转轴恰与水面齐平。求水对闸门的静水总压力。

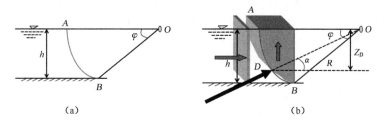

图 2-29 例 2-8 图

解：闸门前水深为 $h = R\sin\varphi = 2 \times \sin 45° = 1.414(\text{m})$

水平分力： $P_x = p_c A_x = \rho g h_c A_x = 9.8 \times \dfrac{1.414}{2} \times 1.414 \times 4 = 39.19(\text{kN})$

铅直分力： $P_z = \rho g V = \rho g \left(\dfrac{1}{8}\pi R^2 - \dfrac{1}{2}h \times h\right)b = 22.34(\text{kN})$

静水总压力的大小： $P = \sqrt{P_x^2 + P_z^2} = 45.11(\text{kN})$

静水总压力与水平方向的夹角： $\alpha = \arctan\dfrac{P_z}{P_x} = 29.68°$

静水总压力的作用点： $Z_D = R \times \sin\alpha = 2 \times \sin 29.68° \approx 1(\text{m})$

2.6 浮力·潜体及浮体的稳定

在实际工程中，常需要求解浸没于静止液体中的潜体和漂浮在液面的浮体所受的液体总压力，即所谓的浮力问题。

2.6.1 浮力的计算——阿基米德原理

当物体淹没于静止液体之中时，作用于物体上的静水总压力，等于该物体表面上所受静水压力的总和。如图 2-30 所示，设有任意形状物体淹没于水下，与计算曲面上静水总压力一样，假定整个物体表面（看做是三向曲面）上的静水总压力可分为三个方向的分力：P_x、P_y、P_z。

首先计算水平分力 P_x 和 P_y。设坐标系如图 2-30 所示。先研究物体表面所受水平方向的液体压力。将物体分成许多极其微小的水平棱柱体，其轴线平行于 x 轴，如图 2-30 右上角所示。由于水平棱柱体的左右两端面积极其

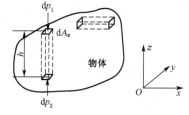

图 2-30 潜体分析图

微小，可认为同一微小面积上的压强是均匀分布；又由于所取的水平棱柱体的轴线平行于 x 轴，可认为左右两端表面在同一高程。那么，水平棱柱体两端面上各点的液体压强相等，可以得到，作用在两端微小面积上的液体压力的大小相等，且方向相反。因此，作用在物体全部表面上沿 x 轴的水平分力的合力 P_x 等于零。

用同样方法可以证明,整个物体所受 Oy 方向的静水压力 P_y 也等于零。

现讨论垂直分力 P_z。将物体分成许多极其微小的铅垂棱柱体,其轴线平行于 z 轴,如图 2-30 左侧所示。由于铅垂棱柱体的上下两端面积 dA_z 极其微小,可认为是一平面,所取的上下两端面积相等。设所取的铅垂棱柱体的高度为 h,则作用在微小铅垂棱柱体铅垂方向的液体压力的合力 dP_z 为

$$dP_z = \rho g h \, dA = \rho g \, dV$$

式中:dV 为微小铅垂棱柱体的体积。作用在物体全部表面上的铅垂向上分力的合力 P_z 为

$$P_z = \int_V \rho g \, dV = \rho g V \tag{2-34}$$

式中:ρ 为流体的密度,g 为重力加速度,V 为浸没于液体中的物体体积。由上式可见 $\rho g V$ 则为液体对淹没在其中物体的铅垂总压力 P_z,方向向上。

根据之前讨论,整个物体在 Ox、Oy 方向的静水压力 P_x、P_y 等于零,Oz 方向的铅垂总压力为 $\rho g V$。因此,以上讨论表明:作用在淹没物体上的静水总压力只有一个铅垂方向上的力,其大小等于该物体所排开的同体积的水重。这个原理是希腊科学家阿基米德于公元前 250 年所发表,故称阿基米德原理。

液体对淹没物体的作用力,由于方向向上故也称上浮力,上浮力的作用点在物体被淹没部分体积的形心,该点成为浮心。

在证明阿基米德原理的过程中,假定物体全部淹没于水下,但所得结论,对部分淹没于水中的物体,也完全适用。

2.6.2 物体在静止液体中的浮沉

一切浸没在液体中或漂浮在液面的物体,除受重力 G 作用外,还受到液体上浮力 F_B 的作用。重力的作用线通过重心而铅垂向下,浮力的作用线通过浮心而铅垂向上。根据 G 与 F_B 的大小,有下列三种可能性:

(1) 当 $G > F_B$ 时,物体将会下沉,直至沉到底部才停止下来,这样的物体称为沉体。

(2) 当 $G < F_B$ 时,物体将会上浮,一直浮出水面,且使物体所排开的液体重量和自重刚好相等后,才保持平衡状态,这样的物体称为浮体。

(3) 当 $G = F_B$ 时,物体可以潜没于水中的任何位置而保持平衡,这样的物体称为潜体。

物体的沉浮,是由它所受的重力和上浮力的相互关系来决定的。

2.6.3 潜体及浮体的稳定

潜体的平衡,是指潜体在水中既不发生上浮或下沉,也不发生转动的平衡状态。图 2-31 为一潜体,为使讨论具有普遍性,假定物体内部质量不均匀,重心 C 和浮心 D 并不在同一位置。这时,潜体在浮力及重力作用下保持平衡的条件是:

(1) 作用于潜体上的浮力和重力相等,即 $G = \rho g V$。

(2) 重力和浮力对任何一点的作用点的力矩代数和为零。要满足这一条件,必须使重心 C 和浮心 D 位于同一条铅垂线上,见图 2-31(c)。

现分析潜体平衡的稳定性。所谓平衡的稳定性是指已经处于平衡状态的潜体,如果因

为某种外来干扰使之脱离平衡位置后,恢复到它原来平衡状态的能力。

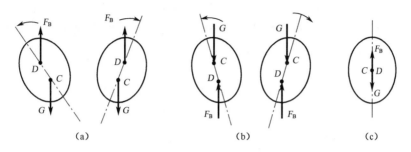

图 2-31　潜体的平衡

图 2-31(a)表示重心位于浮心之下的潜体,原来处于平衡状态,由于外来干扰,使得潜体向左或向右侧倾斜,因而有失去平衡的趋势。但倾斜之后,由重力和浮力所形成的力矩可以反抗其继续倾倒。当外来干扰撤除后,自身有恢复平衡的能力,这样的平衡状态成为稳定状态。

因此,当潜体在液体中倾斜后,能否恢复其原来的平衡状态,按照重心 C 和浮心 D 在同一铅垂线上的相对位置,有三种可能性:

(1) 重心 C 位于浮心 D 之下的潜体,即如上介绍的图 2-31(a)。

(2) 重心 C 位于浮心 D 之上的潜体,如图 2-31(b)。潜体倾斜后,重力和浮力将产生一个使潜体继续翻转的转动力矩,潜体不能恢复到原来的平衡位置。这种情况的平衡称不稳定平衡。

(3) 重心 C 与浮心 D 相重合,如图 2-31(c),此时潜体处于任何位置都是平衡的,此种平衡状态称为随遇平衡。

综上所述,潜体平衡的稳定条件是使重心位于浮心之下。

一部分淹没于水下,一部分暴露于水上的物体成为浮体。浮体的平衡条件和潜体一样,但浮体平衡的稳定要求和潜体有所不同。浮体重心在浮心之上时,其平衡仍有可能是稳定的。

2.7　液体的相对平衡

上面讨论的静止重力液体的平衡,是指液体相对于固定在地球上的不动坐标系来讲是静止的,质量力仅是重力情况下的液体平衡。如果装在容器中的液体随容器相对于地球在运动,但液体内部各质点之间以及液体与容器之间没有相对运动,若把坐标系取在容器上,则液体相对于所取的坐标系来讲,也处于静止状态,称相对静止或相对平衡。这时尽管运动容器中的液体相对于地球来讲是运动的,液体质点也具有加速度,但应用物理学中的达朗贝尔原理,仍可用液体的平衡微分方程来求解。或者说,可以用液体静力学的方法来处理这类液体动力学的问题。这时,液体所受的质量力除重力外,还有惯性力。下面以等角速度旋转容器内液体的相对平衡为例,说明这类问题的一般分析方法。

图 2-32 所示为盛有液体的上端开口的直立圆柱形容器,该容器以等角转速 ω 绕其中心

铅垂轴旋转。由于液体的粘性作用，经过一段时间后，整个液体随容器以同样角转速旋转。液体与容器以及液体内部各层之间无相对运动，液面形成一个旋转抛物面。将坐标系取在运动着的容器上，原点取在旋转轴与自由表面的交点上，z轴铅垂向上。

由于容器以等角转速旋转，则作用在液体上的质量力除重力外还有离心惯性力。设在液体内部任取一质点$A(x, y, z)$，该点到z轴的距离(半径) $r = \sqrt{x^2 + y^2}$，质量为m，则该液体质点所受的离心惯性力F_I为

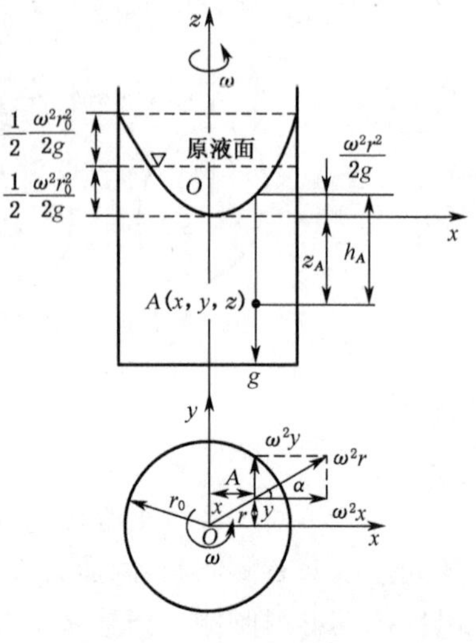

$$F_\mathrm{I} = \frac{mv^2}{r} = \frac{m}{r}(\omega r)^2 = m\omega^2 r$$

单位质量力在各坐标轴方向的分量为

$$f_x = \omega^2 r\cos\alpha = \omega^2 x$$
$$f_y = \omega^2 r\sin\alpha = \omega^2 y$$
$$f_z = -g$$

图 2-32 液体的相对平衡

在这种情况下，液体的平衡微分方程式(2-7)可写为

$$\mathrm{d}p = \rho(\omega^2 x\mathrm{d}x + \omega^2 y\mathrm{d}y - g\mathrm{d}z)$$

积分得

$$p = \rho\left(\frac{1}{2}\omega^2 x^2 + \frac{1}{2}\omega^2 y^2 - gz\right) + C = \rho\left(\frac{1}{2}\omega^2 r^2 - gz\right) + C$$

积分常数C，可根据边界条件确定。在原点处，$x = y = z = 0$，压强为p_0，所以$C = p_0$。代入上式可得

$$p = p_0 + \rho g\left(\frac{\omega^2}{2g}r^2 - z\right) \tag{2-35}$$

当$p_0 = p_a$时，若以相对压强计，则为

$$p = \rho g\left(\frac{\omega^2}{2g}r^2 - z\right) \tag{2-36}$$

上式表明了液体中压强分布的规律。

下面讨论等压面方程及其形状。取p为某一常数，由上式可得

$$z = \frac{\omega^2 r^2}{2g} - \frac{p}{\rho g} \tag{2-37}$$

上式为等压面方程。它表明等压面是一族以z为轴的旋转抛物面，不同的压强p值有一相应的等压旋转抛物面。

对于自由表面来讲，$p = 0$，自由表面方程为

$$z = \frac{\omega^2 r^2}{2g} \tag{2-38}$$

由上式可以看出,当 $r=0$ 时,$z=0$,所以 $\frac{\omega^2 r^2}{2g}$ 表示半径为 r 处的液面高出坐标平面 Oxy 的铅垂距离。由此可知,式(2-36)中的 $\left(\frac{\omega^2}{2g}r^2-z\right)$ 就是任一点在旋转后自由表面以下的深度,所以旋转后液体中在铅垂线上的压强分布和静压强一样,按直线规律分布。

容器旋转时中心液面下降,四周液面上升,坐标原点不在原静止的液面上,而是下降了一个距离。这个距离可以用旋转前后液体的总体积保持不变这一条件来确定。根据抛物线旋转体的体积等于同底同高圆柱体积的一半这一数学性质,可以得出相对于原液面来讲,液体沿壁面升高和中心的降低是相等的,如果圆柱的半径是 r_0,则它们的升高或降低值为 $\frac{1}{2}\frac{\omega^2 r_0^2}{2g}$。

以上讨论的是等角转速旋转容器内液体的相对平衡问题。若盛有液体的容器相对于地面作等加速直线运动时,液体的自由液面将由原来静止时的水平面变成倾斜面。

思考题

2-1 液体静压强的概念是什么?它有哪两个特性?

2-2 等压面的概念是什么?它有什么特性?

2-3 液体(水)的静力学基本方程的物理意义和几何意义是什么?

2-4 压强的计量单位有哪几种?绝对压强、相对压强、真空、真空度的概念是什么?它们之间有什么关系?

2-5 如图所示,两种液体盛在同一容器中,且 $\rho_1<\rho_2$,在容器侧壁装了两根测压管,试问:图中所标明的测压管中水位是否正确?为什么?

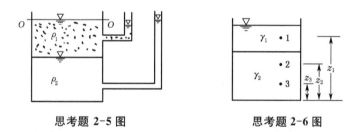

思考题 2-5 图　　　　思考题 2-6 图

2-6 图示两种液体盛在一个容器中,其中 $\gamma_1<\gamma_2$,因而可写出两个水静力学方程式:

(1) $z_1+\frac{p_1}{\gamma_1}=z_2+\frac{p_2}{\gamma_2}$

(2) $z_2+\frac{p_2}{\gamma_2}=z_3+\frac{p_3}{\gamma_2}$

试分析哪个对哪个错,并说出对或错的原因。

2-7 使用图解法和解析法求平面总静水压力时,对受压面的形状有无限制?为什么?

2-8 阿基米德原理的力学意义是什么?

2-9 潜体和浮体的平衡、稳定的条件是什么?

2-10 液体的相对平衡概念是什么?如何应用液体的平衡微分方程求解这种液体中的压强分布和等压面形状?

习 题

2-1 设水管上安装一复式水银测压计,如图所示。试问测压管中 1—2—3—4 水平液面上的压强 p_1、p_2、p_3、p_4 中哪个最大?哪个最小?哪些相等?

2-2 图示两个盛水容器,测压管中的液面分别高于和低于容器的液面,其高差 $h=2$ m。试分别求两个液面上的绝对压强。

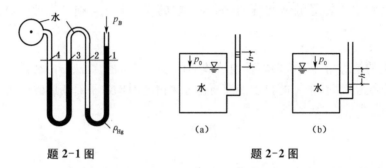

题 2-1 图　　　　　　　　题 2-2 图

2-3 设有一盛(静)水的水平底面的密闭容器,如图所示。已知容器内自由表面上的相对压强 $p_0=9.8\times10^3$ Pa,容器内水深 $h=2$ m,点 A 距自由表面深度 $h_1=1$ m。如果以容器底为水平基准面,试求液体中点 A 的位置水头和压强水头以及测压管水头。

2-4 设有一盛水的密闭容器,如图所示。已知容器内点 A 的相对压强为 4.9×10^4 Pa。如在该点左侧器壁上安装一玻璃测压管,已知水的密度 $\rho=1\,000$ kg/m³,试问需要多长的玻璃测压管?如在该点右侧器壁上安装一水银压差计,已知水银的密度 $\rho_{Hg}=13.6\times10^3$ kg/m³,$h_1=0.2$ m,试问水银柱高度差 h_2 是多大值?

2-5 设有一盛空气的密闭容器,在其两侧各接一测压装置,如图所示。已知 $h_1=0.3$ m。试求容器内空气的绝对压强值和相对压强值,以及水银真空计左右两肢水银液面的高差 h_2(空气重量略去不计)。

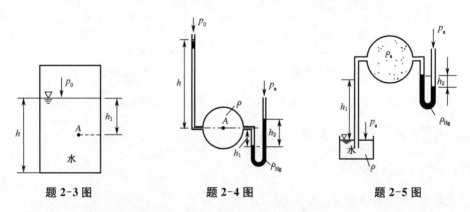

题 2-3 图　　　　　　题 2-4 图　　　　　　题 2-5 图

2-6 用双 U 形管测压计测量两点的压强差,已知 $h_1=600$ mm,$h_2=250$ mm,$h_3=200$ mm,$h_4=300$ mm,$h_5=500$ mm,$\rho_1=1\,000$ kg/m³,$\rho_2=800$ kg/m³,$\rho_3=13\,598$ kg/m³,试确定 A 和 B 两点的压强差。

2-7 设有两盛水的密闭容器,其间连以空气压差计,如图(a)所示。已知点 A、点 B 位于同一水平面,压差计左右两肢水面铅垂高差为 h,空气重量可略去不计,试以式表示点 A、B 两点的压强差值。

若为了提高精度,将上述压差计倾斜放置某一角度 $\theta=30°$,如图(b)所示。试以计算式表示压差计左右两肢水面距离 l。

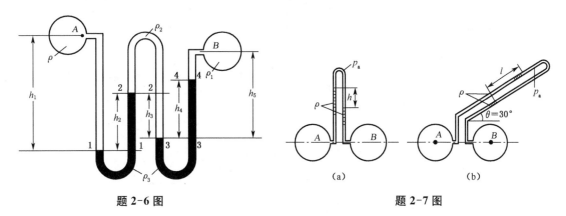

题 2-6 图　　　　题 2-7 图

2-8　设有一被水充满的容器,其中点 A 的压强由水银测压计读数 h 来确定,如图所示。若测压计向下移动一距离 Δz,如图中虚线所示。试问测压计读数是否有变化? 若有变化,Δh 又为多大?

2-9　两个容器 A、B 充满水,高度差为 a。为测量它们之间的压强差,用顶部充满油的倒 U 形管将两容器相连,如图所示。已知油的密度 $\rho_{油}=900 \ \text{kg/m}^3$,$h=0.1 \ \text{m}$,$a=0.1 \ \text{m}$。求两容器中的压强差。

2-10　设有一容器有三种各不相同的密度且各不相混的液体,如图所示。已知 $\rho_1=700 \ \text{kg/m}^3$,$\rho_2=1\,000 \ \text{kg/m}^3$,$\rho_3=1\,200 \ \text{kg/m}^3$,试求三根测压管内的液面到容器底的高度 h_1、h_2、h_3。

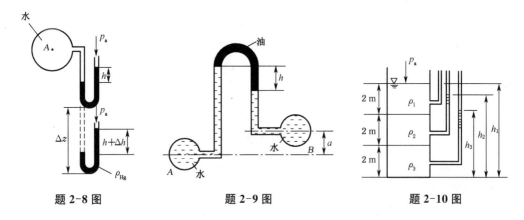

题 2-8 图　　　　题 2-9 图　　　　题 2-10 图

2-11　设在水渠中装置一水平底边的矩形铅垂闸门,如图所示。已知闸门宽度 $B=5 \ \text{m}$,闸门高度 $H=2 \ \text{m}$。试求闸门前水深 $H_1=3 \ \text{m}$,闸门后水深 $H_2=2.5 \ \text{m}$ 时,作用在闸门上的静水总压力 P(大小、方向、作用点)。

2-12　设一铅垂平板安全闸门,如图所示。已知闸门宽 $b=0.6 \ \text{m}$,高 $h_1=1 \ \text{m}$,支撑铰链 C 装置在距底 $h_2=0.4 \ \text{m}$ 处,闸门可绕 C 点转动。试求闸门自动打开所需水深 h。

2-13　设有一容器,下部为水,上部为油,如图所示。已知 $h_1=1.0 \ \text{m}$,$h_2=2.0 \ \text{m}$,$\alpha=60°$,油的密度 $\rho_0=800 \ \text{kg/m}^3$,试绘出容器壁面侧影 AB 上的静水压强分布图,并求出作用在侧壁 AB 单位宽度($b=1\text{m}$)上的静水总压力。

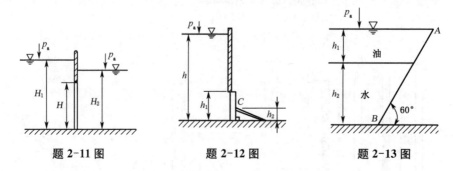

题 2-11 图　　　　　题 2-12 图　　　　　题 2-13 图

2-14　绘出如图中曲面上的压力体图并标明垂直压力的方向。

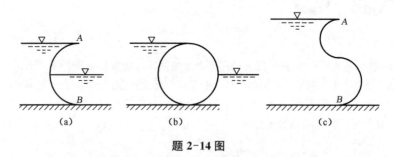

(a)　　　　　　(b)　　　　　　(c)

题 2-14 图

2-15　设有一弧形闸门,如图所示。已知闸门宽度 $b=5$ m,半径 $r=2$ m,圆心角 $\varphi=45°$,闸门转轴与水面齐平,求水对闸门的总压力。

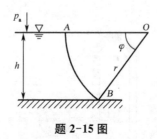

题 2-15 图

2-16　圆柱形压力罐,由螺旋将两半圆筒连接而成。半径 $R=0.5$ m,长 $l=2$ m,压力表读数 $p_\mathrm{m}=23.72$ kPa。如图所示。试求:

(1) 端部平面盖板所受的水压力;

(2) 上、下半圆筒分别所受的水压力;

(3) 连接螺栓所受的总压力。

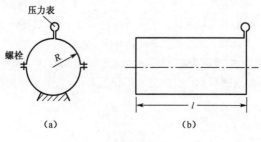

(a)　　　　　　(b)

题 2-16 图

2-17 一球形容器盛水，容器由两个半球面用螺栓连接而成，如图所示。已知球径 $D=4$ m，水深 $H=2$ m，试求作用于螺栓上的拉力。

2-18 在直径 $D=30$ cm，高 $H=50$ cm 的圆柱形容器内注入液体至高度 $h=30$ cm 处。容器绕中心轴旋转，若自由液面的边缘与容器上口等高，如图所示，求容器的旋转速度 ω。

2-19 一洒水车（如图所示）以等加速度 a 沿 x 方向行驶。求压强分布与自由液面方程。

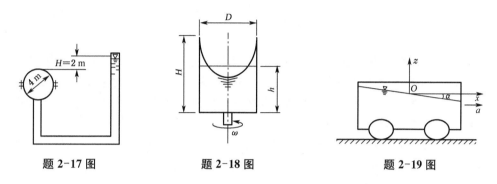

题 2-17 图　　　　　题 2-18 图　　　　　题 2-19 图

第 3 章 水运动学基础

第 2 章已经介绍了有关水静力学的基本原理及其应用。但是，在实际工程中经常遇到的是运动状态的液体，静止的液体只是一种特殊的存在形式。只有对运动状态的液体进行深入的分析研究才能得出表征液体运动规律的一般原理。从本章开始将讨论水运动学和水动力学的一些基本理论及其应用。

凡表征液体运动的各种物理量，如质量力、表面力、速度、加速度、密度、动量、能量等，都称液体的运动要素。水运动学的基本任务就是研究这些运动要素随时间和空间的变化情况，以及建立这些运动要素之间的关系式，并用这些关系式来解决工程上遇到的实际问题。由于描述液体运动的方法不同，运动要素的表示式也不同。所以，在研究液体运动时首先遇到的问题是用什么方法描述液体运动，并将它用数学式表达出来。

3.1 描述液体运动的两种方法

根据连续介质模型的假设，可以把液体看作由无数个液体质点所组成的连续介质，并且无间隙地充满它所占据的空间，所以描述液体运动的各物理量（如速度、加速度等）均应是空间点的坐标和时间的连续函数。

研究液体运动就是研究液体运动参数随空间和时间的连续变化规律及其相应的方程表达式。水力学中，采用两种不同的方法来描述液体运动，即拉格朗日法和欧拉法。

3.1.1 拉格朗日法

拉格朗日法是以流场中每个液体质点作为研究对象，描述出每个质点自始至终的运动状况，综合所有质点的运动就可获得整个液体的运动规律。这种方法又叫做质点系法。它的基本概念是由瑞士科学家欧拉提出，法国科学家拉格朗日作了独立的、完整的表达和具体运用。在某一时刻，任一液体质点的位置可表示为：

$$\left. \begin{array}{l} x = x(a, b, c, t) \\ y = y(a, b, c, t) \\ z = z(a, b, c, t) \end{array} \right\} \tag{3-1}$$

式中，(a, b, c) 为初始时刻任意液体质点的坐标。不同的 (a, b, c) 代表不同的液体质点，因为在每一时刻，每一个质点都占有唯一确定的空间位置。对于某个确定的液体质点，(a, b, c) 为常数，而 t 为变量，可得某个指定质点在任何时刻在空间所处的位置，方程式所表示的为这个液体质点运动的轨迹（方程）；对于某个确定的时刻，t 为常数，而 (a, b, c) 为变量，可得某一瞬时不同质点在空间位置的分布情况,方程式所表示的是某一瞬时由各质点所组成的整个液体的照相图案;若(a,b,c)和t均为变数,可得任意液体质点在任何时刻的运动情况,方程式所表达的是任意质点运动的轨迹。a,b,c都应看作自变量,它们和t一起都被称为拉格朗日变数。

由上式可知,液体质点的运动速度,也是(a,b,c)和t的函数,将式(3-1)对时间求偏导数可得到速度函数,即

$$u_x = \frac{\partial x}{\partial t} = \frac{\partial x(a,b,c,t)}{\partial t} \\ u_y = \frac{\partial y}{\partial t} = \frac{\partial y(a,b,c,t)}{\partial t} \\ u_z = \frac{\partial z}{\partial t} = \frac{\partial z(a,b,c,t)}{\partial t}$$

(3-2)

由上式可知,若(a,b,c)为常数,t为变量,可得到某个指定质点在任何时刻的速度变化情况;若t为常数,(a,b,c)为变量,可得某一瞬时液体内部各质点的速度分布。

同理,将式(3-2)对时间求偏导数,可得任意液体质点的加速度,即

$$a_x = \frac{\partial u_x}{\partial t} = \frac{\partial^2 x(a,b,c,t)}{\partial t^2} \\ a_y = \frac{\partial u_y}{\partial t} = \frac{\partial^2 y(a,b,c,t)}{\partial t^2} \\ a_z = \frac{\partial u_z}{\partial t} = \frac{\partial^2 z(a,b,c,t)}{\partial t^2}$$

(3-3)

综上所述,如果知道了所有液体质点的运动规律,就可对整个液体的运动过程和情况得出全面的了解。当表征液体运动规律的式(3-1)一经确定后,任意液体质点在任何时刻的速度和加速度即可确定。当加速度一经确定后,可以通过牛顿第二定律建立运动和作用于该质点上的力的关系;反之亦然。因此,用拉格朗日法来研究液体运动,就归结为求出函数$x(a,b,c,t)$、$y(a,b,c,t)$、$z(a,b,c,t)$。流场中各种物理量,如压力、密度等都可以用拉格朗日变数表示。

拉格朗日法物理概念清晰,在理论上能直接得出各质点的运动轨迹及其运动参数在运动过程中的变化,但是如要描述一流动性很大的连续介质的运动,在数学上常常会遇到很大的困难。在实际问题中,我们所关心的并不是每个液体质点的详细历程,而关心的是各流动空间点上液体物理量的变化及相互关系,例如,工程中的管道流动问题,一般只要求知道若干个控制面(空间点)上的流速、流量及压强等物理量的变化,这种着眼于空间点的描述方法称为欧拉法。

3.1.2 欧拉法

欧拉法不是研究每个液体质点的运动过程,而是研究不同时刻,在某个空间点上液体物理量的变化,设法描述出每一个空间点上液体质点运动参数,如速度、加速度等随时间变化的规律,把所有的空间点综合起来,那么整个液体的运动情况也就清楚了。至于液体质点在未到达某空间点之前是从哪里来的,到达某空间点之后又将到哪里去,则不予研究,亦不能

直接显示出来。这种方法是由欧拉提出的。

在直角坐标系中,选取坐标(x,y,z)将每一空间点区分开来。在一般情况下,在同一时刻,不同空间点上液体质点的速度是不同的;不同时刻,同一空间点上液体质点的速度亦是不同的。所以在任何时刻,任意空间点上液体质点的速度u将是空间点坐标(x,y,z)和时间t的函数,即

$$u = u(x, y, z, t) \tag{3-4}$$

$$\left.\begin{array}{l} u_x = u_x(x, y, z, t) \\ u_y = u_y(x, y, z, t) \\ u_z = u_z(x, y, z, t) \end{array}\right\} \tag{3-5}$$

式(3-4)表示某个液体质点在时间t,其空间位置为(x,y,z)时的速度。式(3-5)中u_x、u_y和u_z分别表示速度矢量$\boldsymbol{u}$在三个坐标轴上的分量。造成该空间点速度的变化不是一个液体质点引起的,而是有无穷多个液体质点在不同时刻造成的。式中x,y,z,t称欧拉变数。流场中的其他物理量如压力、密度等,也可用欧拉变数表示。

由式(3-5)可知,若(x,y,z)为常数,t为变数,可得在不同瞬时通过空间相应某一固定空间点的液体质点的速度变化情况。若t为常数,(x,y,z)为变数,可得同一瞬时通过不同空间点的液体质点速度的分布情况。应该指出,由式(3-5)确定的速度函数是定义在空间点上的,它们是空间点的坐标(x,y,z)的函数,研究的是场,如速度场、压强场、密度场等,所以欧拉法又称流场法。采用欧拉法,就可利用场论的知识。如果场的物理量不随时间而变化,为稳定场;随时间而变化,则为非稳定场。在水力学中,将上述的液体运动分别称恒定流和非恒定流。如果场的物理量不随位置而变化,为均匀场;随位置而变化,则为非均匀场。上述的液体运动分别称均匀流和非均匀流。

下面讨论用欧拉法表示的液体加速度与速度之间的关系。加速度是牛顿第二定律引出的,表示为某一液体质点其单位时间的速度变化,即速度随时间的变化,在研究某一液体质点的速度变化过程中该液体质点的位置是变化的,因此,在用速度对时间求导时,空间坐标(x,y,z)不能视为常数,而是时间t的函数。所以,加速度需按复合函数求导。从欧拉法的观点来看,在流动中不仅处在不同空间点位置上的质点可以具有不同的速度,就是同一空间点上的质点,也因时间的先后不同可以有不同的速度。如果只考虑同一空间点上,因时间的不同,由速度的变化而产生的加速度,这个加速度并不代表质点的全部加速度。因为即使各空间点的速度都不随时间而变化,但如两个相邻空间点的速度大小不同,则质点也仍应有一定的加速度。否则当质点从前一空间点流到后一空间点时,就不可能改变它的速度。需要注意的是液体质点和空间点是两个截然不同的概念,空间点指固定在流场中的一些点,而液体质点不断流过空间点,空间点上的速度指液体质点正好流过此空间点时的速度。

对速度求偏导函数后,加速度可表示为(以x方向为例)

$$a_x = \frac{\mathrm{d}u_x}{\mathrm{d}t} = \frac{\partial u_x}{\partial t} + \frac{\partial u_x}{\partial x}\frac{\mathrm{d}x}{\mathrm{d}t} + \frac{\partial u_x}{\partial y}\frac{\mathrm{d}y}{\mathrm{d}t} + \frac{\partial u_x}{\partial z}\frac{\mathrm{d}z}{\mathrm{d}t}$$

式中$\mathrm{d}x$、$\mathrm{d}y$、$\mathrm{d}z$是由于液体质点随着时间的变化在空间移动的距离即运动的轨迹,$\dfrac{\mathrm{d}x}{\mathrm{d}t}$,

$\dfrac{\mathrm{d}y}{\mathrm{d}t}$，$\dfrac{\mathrm{d}z}{\mathrm{d}t}$ 分别为运动轨迹对时间的导数即速度在三个方向上的分量，即 $\dfrac{\mathrm{d}x}{\mathrm{d}t}=u_x$，$\dfrac{\mathrm{d}y}{\mathrm{d}t}=u_y$，$\dfrac{\mathrm{d}z}{\mathrm{d}t}=u_z$，因此，

同理，得

$$\left.\begin{aligned}a_x&=\dfrac{\mathrm{d}u_x}{\mathrm{d}t}=\dfrac{\partial u_x}{\partial t}+u_x\dfrac{\partial u_x}{\partial x}+u_y\dfrac{\partial u_x}{\partial y}+u_z\dfrac{\partial u_x}{\partial z}\\ a_y&=\dfrac{\mathrm{d}u_y}{\mathrm{d}t}=\dfrac{\partial u_y}{\partial t}+u_x\dfrac{\partial u_y}{\partial x}+u_y\dfrac{\partial u_y}{\partial y}+u_z\dfrac{\partial u_y}{\partial z}\\ a_z&=\dfrac{\mathrm{d}u_z}{\mathrm{d}t}=\dfrac{\partial u_z}{\partial t}+u_x\dfrac{\partial u_z}{\partial x}+u_y\dfrac{\partial u_z}{\partial y}+u_z\dfrac{\partial u_z}{\partial z}\end{aligned}\right\} \quad (3-6)$$

可见在欧拉法中，液体质点的加速度由两部分组成，一是固定空间点上，由于时间过程而使此空间点上的质点速度发生变化的加速度，称当地加速度(或时变加速度)；另一是流动过程中质点出于位移而占据不同的空间点而发生速度变化的加速度，称迁移加速度(或位变加速度)。这两种加速度的具体含义，可举例说明如下。

一水箱的放水管中有 A、B 两点，如图 3-1 所示。在放水过程中，某水流质点占据 A 点，另一水流质点占据 B 点，经过 $\mathrm{d}t$ 时间后，两质点分别从 A 点移到 A' 点、从 B 点移到 B' 点。如果水箱水面和阀门保持不变，管内流动不随时间变化，则 A 点和 B 点的流速不随时间改变，因此当地加速度为零。在管径不变处，A 点和 A' 点的流速相同，A 点迁移加速度为零，所以 A 点没有加速度；而在管径改变处，B' 点的流速大于 B 点的流速，B 点的迁移加速

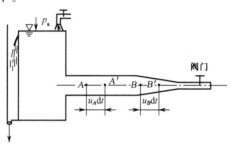

图 3-1 当地加速度与迁移加速度

度不为零。如果水箱水面随着放水过程不断下降，则管内各处流速都会随时间逐渐变小。这时，即使在管径不变的 A 处，其迁移加速度虽仍为零，但是 A 点具有当地加速度；而在管径改变的 B 处，除了有当地加速度以外，还有迁移加速度。

分析式(3-6)可知，若 (x,y,z) 为常数，t 为变数，可得不同液体质点在不同瞬时先后通过某一固定空间点的加速度的变化情况；若 t 为常数，(x,y,z) 为变数，可得在同一瞬时，通过不同空间点的液体质点的加速度的分布情况。

对于压强、密度而言，则分别为

$$\dfrac{\mathrm{d}p}{\mathrm{d}t}=\dfrac{\partial p}{\partial t}+u_x\dfrac{\partial p}{\partial x}+u_y\dfrac{\partial p}{\partial y}+u_z\dfrac{\partial p}{\partial z} \quad (3-7)$$

$$\dfrac{\mathrm{d}\rho}{\mathrm{d}t}=\dfrac{\partial \rho}{\partial t}+u_x\dfrac{\partial \rho}{\partial x}+u_y\dfrac{\partial \rho}{\partial y}+u_z\dfrac{\partial \rho}{\partial z} \quad (3-8)$$

由于欧拉法相对于拉格朗日法要简便一些，故欧拉法在水力学研究中被广泛采用。这是因为：一是利用欧拉法得到的是场，便于采用场论这一数学工具来研究液体运动规律；二是采用欧拉法，加速度是一阶导数，运动方程将是一阶偏微分方程组；而拉格朗日法，加速度是二阶导数，运动方程将是二阶偏微分方程组。一阶偏微分方程组较二阶偏微分方程组的求解为易；三是在实际工程中，并不关心每个质点的运动规律，以及实际测量液体运动要素

时,用欧拉法可将测试仪表固定在指定空间点上,这种测量方法是容易做到的。

因为欧拉法和拉格朗日法是从不同的观点出发,描述同一液体运动,所以它们的表达式是可以相互转换的,这可参阅相关参考书。在本书以后的章节中,一般描述液体运动的方法主要采用欧拉法。

3.1.3 迹线·流线·脉线

前已述及,描述液体运动有两种不同的方法。拉格朗日法是研究每个液体质点在不同时刻的运动情况,欧拉法是考察同一时刻液体质点在不同空间位置的运动情况,前者引出迹线的概念,后者引出了流线的概念。

1) 迹线

某一液体质点在运动的过程中,不同时刻所流经的空间点所连成的线称为迹线,即迹线就是液体质点运动的轨迹线。例如:在流动的水面上撒一片木屑,木屑随水流漂流的路径就是某一液体质点的运动轨迹。流场中所有的液体质点都有自己的迹线,迹线是液体运动的一种几何表示,可以用它来直观形象地分析液体的运动,清楚地看出质点的运动情况。

如图 3-2 所示,曲线 AB 代表某一液体质点运动的迹线,取其微小段 ds 即代表液体质点在 dt 时间内的位移,将 ds 在 x、y、z 轴的投影表示为 dx、dy、dz,将流速 u 在 x、y、z 轴的投影表示为 u_x、u_y、u_z,故

$$\begin{cases} dx = u_x dt \\ dy = u_y dt \\ dz = u_z dt \end{cases} \quad (3-9)$$

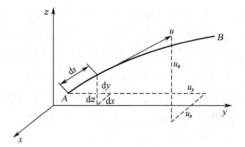

图 3-2 迹线方程

由此可得迹线的微分方程

$$\frac{dx}{u_x} = \frac{dy}{u_y} = \frac{dz}{u_z} = dt \quad (3-10)$$

或

$$\frac{dx}{u_x(x,y,z,t)} = \frac{dy}{u_y(x,y,z,t)} = \frac{dz}{u_z(x,y,z,t)} = dt \quad (3-11)$$

这里的自变量是时间 t,而液体质点的坐标 x、y、z 是时间的函数。

2) 流线

流线是流速场的矢量线,是某瞬时对应的流场中的一条曲线,此曲线上每一点的切线方向代表该点的流速方向,流线是由无限多个液体质点组成的,见图 3-3。利用流线概念就可把液体运动想象成一流线族的几何现象。

根据流线的定义,可以写出它的微分方程式。沿流线的流动方向取微元距离 dl,见图 3-4,由于 dl 无限小,可视为直线。由流线定义知,速度矢量 u 与此流线微小段 dl 重合。速度 u 和 dl 在 x、y、z 轴的分量为 u_x、u_y、u_z 和 dx、

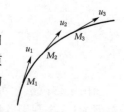

图 3-3 流线

dy、dz。它们的方向余弦为

$$\cos\alpha = \frac{dx}{dl} = \frac{u_x}{u},\ \cos\beta = \frac{dy}{dl} = \frac{u_y}{u},\ \cos\gamma = \frac{dz}{dl} = \frac{u_z}{u}$$

可以改写为

$$\frac{dl}{u} = \frac{dx}{u_x},\ \frac{dl}{u} = \frac{dy}{u_y},\ \frac{dl}{u} = \frac{dz}{u_z}$$

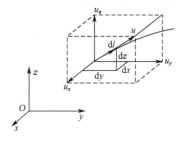

图 3-4　流线方程

所以

$$\frac{dx}{u_x} = \frac{dy}{u_y} = \frac{dz}{u_z} = \frac{dl}{u} \tag{3-12}$$

或

$$\frac{dx}{u_x(x,y,z,t)} = \frac{dy}{u_y(x,y,z,t)} = \frac{dz}{u_z(x,y,z,t)} \tag{3-13}$$

上式即为流线的微分方程，它是由两个常微分方程组成的方程组，式中 u_x、u_y、u_z 都是变量 x、y、z 和 t 的函数。因为流线是某一指定时刻的曲线，所以时间 t 不应作为自变量，只能作为一个参变量出现。欲求某一指定时刻的流线，需把 t 当作常数代入上式，然后进行积分。

根据流线的概念，可以看出流线具有以下的基本特征：一般来讲流线是不能相交的，因为在某一时刻每一个液体质点只能有一个运动方向，只能有一个速度矢量，所以通过一点只能有一条流线。如果两条流线相交于 n 点，如图 3-5 所示，则处在 n 点的质点同时有两个运动方向，这显然是不能成立的。在流场内，速度为零的点和速度为无穷大的点以及流线相切的点是例外。同理，流线亦不能转折，因为转折处同样会出现有两个速度矢量的问题。由于液体是连续介质，各运动要素在空间是连续的，所以流线只能是一条光滑的连续曲线。在充满流动的整个空间内可以绘出一族流线，所构成的流线图称流谱。

图 3-5　流线方向

恒定流(恒定流与非恒定流的概念在 3.3.1 介绍)时，由于速度的大小和方向均不随时间变化，因此，流线的空间位置不变，即流线形状保持不变，流线与流线上液体质点的迹线重合。在非恒定流时，流线会随时间变化。

例 3-1　已知直角坐标系中的流速场 $u_x = x+t$，$u_y = -y+t$，$u_z = 0$。试求 $t=0$ 时，过 $M(-1,-1)$ 点的流线及迹线。

解：由流线的微分方程

$$\frac{dx}{u_x} = \frac{dy}{u_y} = \frac{dz}{u_z}$$

代入 u_x，u_y，u_z，得

$$\frac{dx}{x+t} = \frac{dy}{-y+t}$$

其中 t 是参数，积分后得

$$(x+t)(-y+t) = C$$

其中 C 是积分常数,将已知条件 $t=0$ 时,流线过 $M(-1,-1)$ 点代入,有

$$(-1)(+1) = C$$

故

$$C = -1$$

即 $t=0$ 时,过 $M(-1,-1)$ 点的流线方程是双曲线方程

$$xy = 1$$

由迹线微分方程

$$\frac{\mathrm{d}x}{u_x} = \frac{\mathrm{d}y}{u_y} = \mathrm{d}t$$

可得

$$\begin{cases}\dfrac{\mathrm{d}x}{\mathrm{d}t} = x + t \\ \dfrac{\mathrm{d}y}{\mathrm{d}t} = -y + t\end{cases}$$

这是两个非齐次常系数线性常微分方程。它们的解是

$$x = C_1 e^t - t - 1$$
$$y = C_2 e^{-t} + t - 1$$

当 $t=0$ 时迹线过 $M(-1,-1)$ 点,代入可得

$$C_1 = 0, C_2 = 0$$

所以,过 $M(-1,-1)$ 点质点的运动规律是

$$x = -t - 1$$
$$y = t - 1$$

消去 t 后,得迹线方程

$$x + y = -2$$

可以看出,当 u_x、u_y 都是 t 的函数时,流动是非恒定的,此时,流线和迹线不相重合。

如题中考虑的是恒定流,速度与时间无关,则 $u_x = x$, $u_y = -y$, $u_z = 0$

迹线的微分方程为 $\dfrac{\mathrm{d}x}{\mathrm{d}t} = x, \dfrac{\mathrm{d}y}{\mathrm{d}t} = -y$

消去 $\mathrm{d}t$ 后得

$$\frac{\mathrm{d}x}{x} = -\frac{\mathrm{d}y}{y}$$

积分上式并将 $t=0, x=-1, y=-1$ 代入得

迹线为 $\quad xy = 1$

由此可见，恒定流的流线与流线上液体质点的迹线相重合。

3）脉线

脉线又称染色线。是这样的曲线，在某一段时间内先后流过同一空间点的所有液体质点，在既定瞬时均位于这条线上。例如，在流场选取一固定空间点，在该点装置一种设备，可使所有通过该点的质点染上颜色。经过某段时间后，染色的液体质点形成一条曲线，这一曲线即为脉线，在用实验方法研究液体运动时，脉线具有重要的意义。在恒定流时，流线和流线上体质点的迹线以及脉线都相互重合。

3.2 液体运动的基本概念

欧拉法是用流场来描述液体的运动，涉及有关流场的一些基本概念。正确理解和掌握这些概念对于深化认识液体运动规律十分重要。

3.2.1 流管·流束·过流断面·元流·总流

1）流管

在流场中任取一非流线且不自相交的封闭曲线，通过该曲线上的每一点作流场的流线，这些流线所构成的一封闭管状曲面称为流管，如图3-6所示。

2）流束

充满以流管为边界的一束液流，称流束，如图3-7。按照流线不能相交的特性，流束内的液体不会穿过流管的管壁向外流动，流管外的液体也不会穿过流管的管壁向流束内流动。当水流为恒定流时，微小流束的形状和位置不会随时间而改变。在非恒定流中，流束的形状和位置随时间而改变。

3）过流断面

沿液体流动方向，在流束上取一横断面，使它在所有各点上都和流线正交。这一断面称为过流断面，如图3-8中所示三个断面。如果液体是水，则可称过水断面。

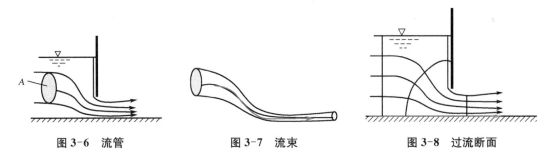

图3-6 流管　　　　图3-7 流束　　　　图3-8 过流断面

4）元流

当流束的过流断面为微元时，该流束称为元流。元流有时也称为微小流束。在元流上，由于过流断面无限小，断面上各点的运动要素相等。

5）总流

过流断面面积具有一定大小的有限尺寸的流束称总流。相应的流管称有限流管。总流可以看成是由流动边界内无数元流所组成的总和。总流的过流断面,在流线是平行直线时,是一个平面;在流线是平行非直线或直线非平行或曲线时,则是一曲面,如图3-8所示。总流同一过流断面上各点的运动要素如速度、压强等不一定都相等。

3.2.2 流量·断面平均速度

1) 流量

单位时间内通过某一过流断面的液体数量称为流量。它可以用体积流量、重量流量和质量流量表示,单位分别为 m^3/s, kN/s, kg/s。涉及不可压缩液体时,通常使用体积流量;涉及可压缩液体时,则使用重量流量或质量流量较方便。对于元流来讲,过流断面面积 dA 上各点的速度可认为均为 u,且方向与过流断面垂直。所以,单位时间内通过的液体的体积流量 dQ 为

$$dQ = u dA \tag{3-14}$$

对于总流来讲,通过过流断面 A 的流量 Q,等于无数元流流量 dQ 的总和,即

$$Q = \int dQ = \int_A u dA \tag{3-15}$$

2) 断面平均速度

总流同一过流断面上各点的速度不相等,例如液体在管道内流动,靠近管壁处速度小,管轴处速度大,如图3-9中实线所示。断面平均速度是一种设想的速度,即假设总流同一过流断面上各点的速度都相等,大小均为断面平均速度 v,如图3-9中虚线所示。以断面平均速度通过的流量等于该过流断面上各点实际速度不相等情况下所通过的流量,即

$$Q = \int_A u dA = v \int_A dA = vA \tag{3-16}$$

或

$$v = \frac{Q}{A} \tag{3-17}$$

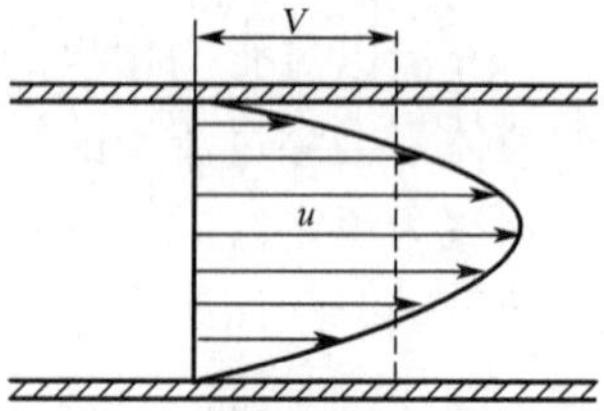

图 3-9 流速分布与平均流速

引入断面平均速度的概念,可以使水流运动的分析得到简化,因为在实际应用中,有时并不一定需要知道总流过水断面上的流速分布,仅仅需要了解断面平均流速沿流程与时间的变化情况。

3.3 液体运动的分类

自然界中的流动现象千差万别,在实际工程中也会遇到各种各样的液体运动问题,为了便于分析、研究,需将液体运动进行分类。弄清楚液体运动类型及其特性,对于正确分析和计算水力学的问题有着重要的意义。

3.3.1 恒定流和非恒定流

用欧拉法描述液体运动时,一般情况下,将各种运动要素都表示为空间坐标和时间的连

续函数。如果在流场中任何空间点上所有的运动要素都不随时间而改变,这种水流称为恒定流。也就是说,在恒定流的情况下,任一空间点上,无论哪个液体质点通过,其运动要素都是不变的,运动要素仅仅是空间坐标的连续函数,而与时间无关。例如对流速而言,

$$\left.\begin{array}{l} u_x = u_x(x, y, z) \\ u_y = u_y(x, y, z) \\ u_z = u_z(x, y, z) \end{array}\right\} \quad (3-18)$$

因此,所有的运动要素对于时间的偏导数应等于零,即

$$\left.\begin{array}{l} \dfrac{\partial u_x}{\partial t} = \dfrac{\partial u_y}{\partial t} = \dfrac{\partial u_z}{\partial t} = 0 \\ \dfrac{\partial p}{\partial t} = 0 \\ \dfrac{\partial \rho}{\partial t} = 0 \end{array}\right\} \quad (3-19)$$

如图 3-10 所示,在水库的岸边设置一泄水隧洞,当水库水位保持不变(不随时间而变化)时,隧洞中水流(在隧洞中任何位置)的所有运动要素都不会随时间改变,因而通过隧洞的水流为恒定流。枯水期,河道中水位、流速和流量随时间变化较小,可近似认为是恒定流。

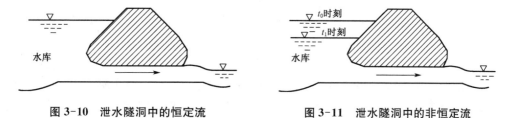

图 3-10 泄水隧洞中的恒定流　　　　图 3-11 泄水隧洞中的非恒定流

如果流场中任何空间点上任何一个运动要素是随时间而变化的,这种水流称为非恒定流。如图 3-11 所示,当水库中水位随时间而改变(上升或下降),那么隧洞中水流的运动要素也必然随时间而变化,此时洞内水流为非恒定流。洪水期,河道中水位、流速和流量随时间有显著变化,即为非恒定流。

在恒定流时,各运动要素与时间无关,流速只是坐标的函数,所以迹线方程式与流线方程式相同,都可以用微分方程式 $\dfrac{\mathrm{d}x}{u_x} = \dfrac{\mathrm{d}y}{u_y} = \dfrac{\mathrm{d}z}{u_z}$ 表示,恒定流时,迹线和流线重合。非恒定流时,各运动要素与时间有关,迹线和流线不重合流线、流管随时间而改变其位置和形状。

在恒定流中,因为不包括时间的变量,水流运动的分析较非恒定流为简单。所以在实际工程问题中,在满足一定要求的前提下,有时将非恒定流作为恒定流来处理。另外,确定水流运动为恒定流或非恒定流,与坐标系的选择有关。例如,船在静止的水中作等速直线行驶,岸上的观察者(即对于固定在岸上的坐标系来讲)看到的船体周围流动是非恒定流;但是,对于站在船上的观察者看来(即对于固定在船上的坐标系来讲)则是恒定流,它相当于船不动,水流从远处以船行速度向船流过来。所以有些非恒定流可以转换作为恒定流来讨论和处理。本书主要介绍恒定流,在今后的讨论中如没有特别说明,即指恒定流。

3.3.2 均匀流和非均匀流·渐变流和急变流

1) 均匀流

按各点运动要素(主要是速度)是否随位置而变化,可将水流运动分为均匀流和非均匀流。在给定的某一时刻,各点速度都不随位置而变化的水流运动称为均匀流。均匀流各点都没有迁移加速度,表示为平行流动,水流作均匀直线运动。均匀流的流线为相互平行的直线。均匀流具有以下的特性:

(1) 均匀流的过水断面为平面,且过水断面的形状和尺寸沿程不变。

(2) 均匀流中,同一流线上不同点的流速应相等,从而各过水断面上的流速分布相同,断面平均流速相等。例如:在直径不变的长直管道内,离进口较远处的水流运动即为均匀流。

(3) 均匀流过水断面上的动水压强分布规律与静水压强分布规律相同,即在同一过水断面上各点测压管水头为常数(证明略)。因此,过水断面上任一点动水压强或断面上动水总压力都可以按照静水压强以及静水总压力的公式来计算。

2) 非均匀流

各点运动要素(主要是速度)随位置而变化,相应点速度不相等的水流运动称非均匀流。非均匀流的所有流线不是一组平行直线;过流断面不是一平面,且其大小或形状沿程改变;各过流断面上点速度分布情况不完全相同,断面平均速度沿程变化。

按照流线是否接近于平行直线和其弯曲程度,可将非均匀流分为两种类型。

(1) 渐变流

当水流的流线虽然不是互相平行直线,但几乎近似于平行直线,即各流线之间的夹角很小,各流线的曲率半径很大,即各流线几乎是直线的水流运动,称为渐变流。

但是,究竟流线之间的夹角要小到什么程度,曲率半径要大到什么程度才能视为渐变流,一般无定量标准,要看对于一个具体问题所要求的精度。由于渐变流的流线近似于平行直线,在过水断面上动水压强的分布规律可近似地看作与静水压强分布规律相同。如果实际水流的流线不平行程度和弯曲程度太大,在过水断面上,沿垂直于流线方向就存在着离心惯性力,这时,再把过水断面上的动水压强按静水压强分布规律看待所引起的偏差就会很大。

水流是否可看作渐变流与水流的边界有密切关系,当边界为近似于平行的直线时,水流往往是渐变流,如图 3-12 所示。

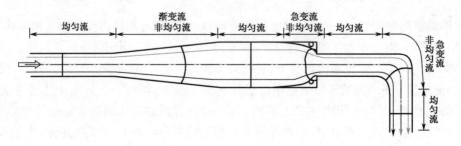

图 3-12 均匀流与非均匀流

应当指出,前面关于均匀流或渐变流的过水断面上动水压强遵循静水压强分布规律的结论,必须是对于有固体边界约束的水流才适用。如孔口或管道末端射入空气的射流,虽然在出口断面处或距离出口断面不远处,水流的流线也近似于平行的直线,可视为渐变流,但因该断面的周界上均与气体接触,断面上各点压强均为气体压强,从而过水断面上的动水压强不服从静水压强的分布规律。

(2) 急变流

各流线之间的夹角很大,或者各流线的曲率半径很小的水流称为急变流。如管道转弯、断面突然扩大或收缩以及明渠中由于建筑物的存在使水面发生急剧变化处的水流是急变流,如图 3-12。当水流为急变流时,其动水压强分布规律与静水压强分布规律不同。

3.3.3 有压流(有压管流)、无压流(明渠流)、射流

按限制总流的边界情况,可将液体运动分为有压流、无压流和射流。边界全部为固体(如为液体流动则没有自由表面)的液体运动称为有压流或有压管流。

边界部分为固体、部分为大气,具有自由表面的液体运动称为无压流或明渠流。河渠中的水流运动即为无压流。

液体经由孔口或管嘴喷射到某一空间,由于运动的液体脱离了原来限制它的固体边界,在充满液体的空间继续流动的这种液体运动称为射流。如水经孔口射出的水流运动即为射流。

3.3.4 一元流、二元流、三元流

根据流场中各运动要素与空间坐标的关系,可把液体流动分为一元流、二元流和三元流。

液体的运动要素是三个坐标变量的函数,这种运动称为三元流(亦称空间运动);如果液体的运动要素是两个坐标变量的函数,这种运动称为二元流(亦称平面运动);液体的运动要素仅是一个坐标(包括曲线坐标)变量的函数,这种运动称为一元流。实际工程中的水流运动多属于三元流。但是,由于三元流的复杂性,在数学处理上存在一定的困难,为了容易解决实际工程问题,往往根据实际问题的性质,采取抓主要矛盾的方法,将实际水流简化为二元流或者一元流来处理。在水力学中,经常运用一元分析法解决管道和渠道中的很多流动问题。例如:对于总流,其同一过流断面上各点的运动要素是不相等的,实际上不是一元流,但若把过水断面上的各点的流速用断面平均流速去代替,这时总流可看成是一元流;如果水流经过矩形顺直渠道,当渠宽很大,两侧对水流的影响可以忽略不计时,水流中任意点的速度与两个坐标变量有关,即与决定过流断面位置的流程坐标 x 和该点在过流断面上距渠底的铅垂距离坐标 z 有关,而认为与横向坐标 y 无关,因此,此流动可以看成是二元流。

3.4 液体运动的连续性方程

在连续介质假设的前提下,液体运动必须遵循质量守恒定律,该定律应用于研究液体运动时,也称之为连续性原理,它的数学表示式即为液体运动的连续性方程。用理论分析方法

研究液体运动规律时,需用到系统和控制体这两个概念。

3.4.1 系统和控制体

质量、能量、动量守恒定律或定理的原始形式都是对质点或质点系表述的,对于液体运动来讲就是流体系统,这就意味着采用拉格朗日法描述液体运动。包含着确定不变的物质的任何集合称为系统。系统以外的一切称为外界。系统的边界是把系统和外界分开的真实或假想的表面。在水力学中,系统是指由确定的液体质点所组成的流体团。系统的边界有以下几个特点:系统的边界随着液体一起运动,边界面的形状和大小可以随时间变化;系统的边界处没有质量交换,即没有液体流进或流出边界;系统的边界上受到外界作用在系统上的表面力;在系统的边界上可以有能量交换,即可以有能量进入或外出系统的边界。

如果采用欧拉法研究液体的运动规律,须引进控制体的概念。流场中确定的空间区域称之为控制体,控制体的边界面称为控制面,它总是封闭曲面。占据控制体的诸液体质点是随时间而改变的。控制面有以下几个特点:控制面相对于坐标系是固定不变的;控制面上可以有液体的质量交换,即有液体流进或流出控制面;控制面上受控制体以外物体施加在控制体内液体上的力;在控制面上可以有能量交换,即可以有能量进入或外出控制面。

3.4.2 液体运动的连续性微分方程

根据质量守恒定律推导液体运动的连续性微分方程。

在直角坐标系中,如图 3-13,取一以任意点 M 为中心的微小正交六面体,各边分别与直角坐标系各轴平行,边长分别为 dx、dy、dz。设 M 点坐标为 (x, y, z),在某时刻 t,速度为 u,在三个坐标轴上的分量分别为 u_x、u_y、u_z,液体密度为 ρ。根据泰勒级数展开,忽略展开式中的二阶以上的各项。以 x 轴为例,则六面体上面 $ABCD$ 和面 $EFGH$ 中心点处的速度和密度分别为 $u_x - \dfrac{\partial u_x}{\partial x}\dfrac{dx}{2}$ 和 $u_x + \dfrac{\partial u_x}{\partial x}\dfrac{dx}{2}$,$\rho - \dfrac{\partial \rho}{\partial x}\dfrac{dx}{2}$ 和 $\rho + \dfrac{\partial \rho}{\partial x}\dfrac{dx}{2}$·

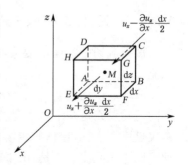

图 3-13 微元六面体

$\dfrac{dx}{2}$。由于微小六面体上各边界面面积非常小,可将微小六面体同一面上各点的速度、密度视为相等。dt 时间内微元内液体质量增量为从面 $ABCD$ 上流入的质量减去从面 $EFGH$ 上流出的质量,即

$$\left(\rho - \frac{\partial \rho}{\partial x}\frac{dx}{2}\right)\left(u_x - \frac{\partial u_x}{\partial x}\frac{dx}{2}\right)dydzdt - \left(\rho + \frac{\partial \rho}{\partial x}\frac{dx}{2}\right)\left(u_x + \frac{\partial u_x}{\partial x}\frac{dx}{2}\right)dydzdt$$

整理上式,等于 $-\dfrac{\partial(\rho u_x)}{\partial x}dxdydzdt$。

同理,在 dt 时间内,沿 y、z 轴方向流入和流出六面体的液体质量增量分别为 $-\dfrac{\partial(\rho u_y)}{\partial y}dxdydzdt$ 和 $-\dfrac{\partial(\rho u_z)}{\partial z}dxdydzdt$。

六面体原来的质量为 $\rho dxdydz$,dt 时间后,六面体的密度由原来的 ρ 变为 $\rho + \dfrac{\partial \rho}{\partial t}dt$,因

此质量变为 $(\rho+\frac{\partial \rho}{\partial t}dt)dxdydz$，后来的质量减去之前的质量得到六面体在 dt 时间内由于密度的变化而引起的质量增量为 $\frac{\partial \rho}{\partial t}dxdydzdt$。

根据质量守恒定律，在同一 dt 时段内，流进和流出六面体的液体质量之差等于六面体由于密度变化而引起的质量增量，即

$$\frac{\partial \rho}{\partial t}dxdydzdt = -\left[\frac{\partial(\rho u_x)}{\partial x}+\frac{\partial(\rho u_y)}{\partial y}+\frac{\partial(\rho u_z)}{\partial z}\right]dxdydzdt$$

化简上式，得

$$\frac{\partial \rho}{\partial t}+\frac{\partial(\rho u_x)}{\partial x}+\frac{\partial(\rho u_y)}{\partial y}+\frac{\partial(\rho u_z)}{\partial z}=0 \tag{3-20}$$

上式即为可压缩液体的连续性微分方程。它表达了任何可能实现的液体运动所必须满足的连续性条件，即质量守恒条件。

对于不可压缩均质液体，其密度 ρ 为常数，上式可化简为

$$\frac{\partial u_x}{\partial x}+\frac{\partial u_y}{\partial y}+\frac{\partial u_z}{\partial z}=0 \tag{3-21}$$

上式即为不可压缩均质液体的连续性微分方程，它适用于恒定流和非恒定流。

3.4.3 恒定总流的连续性方程

不可压缩均质液体恒定总流的连续性方程，可由式(3-21)作体积分，再由高斯(Gauss)定理，将体积分化为面积分而导出。下面介绍用有限分析法，从分析一维流动着手，通过建立元流的连续性方程，推广得到恒定总流的连续性方程。

在恒定总流中任取一元流为控制体，令过水断面1-1和断面2-2的面积分别为 dA_1 和 dA_2，相应的流速为 u_1 和 u_2，如图3-14所示。由于恒定流中流线的形状和位置不随时间变化，而元流的侧表面都是由流线所组成，在元流的侧面没有液体的流进或流出，有质量流进或流出的只有两端过水断面。在 dt 时间内，从1-1断面流入的液体质量为 $\rho_1 u_1 dA_1 dt$，从过水断面2-2流出的液体质量为 $\rho_2 u_2 dA_2$。因为是恒定流，控制体内的液体质量不随时间变化，根据质量守恒定律：在 dt 时

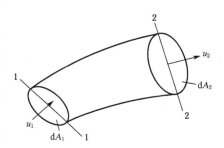

图 3-14　元流管中的恒定流

间内通过 dA_1 流入控制体的液体质量等于通过 dA_2 流出控制体的液体质量。即

$$\rho_1 u_1 dA_1 dt = \rho_2 u_2 dA_2 dt$$

对于不可压缩均质液体，密度 $\rho_1=\rho_2$
则上式化简得

$$u_1 dA_1 = u_2 dA_2 = dQ \tag{3-22}$$

上式即为不可压缩均质液体恒定元流的连续性方程

根据总流的定义,总流是由流动边界内无数元流所组成的总和。设总流过水断面 1—1 和断面 2—2 的面积分别为 A_1 和 A_2,相应的断面平均流速为 v_1 和 v_2,将式(3-22)在总流的过水断面面积 A_1、A_2 上进行积分,即

$$\int_{A_1} u_1 \mathrm{d}A_1 = \int_{A_2} u_2 \mathrm{d}A_2$$

由断面平均流速的定义可知

$$\int_{A_1} u_1 \mathrm{d}A_1 = v_1 A_1 = Q, \quad \int_{A_2} u_2 \mathrm{d}A_2 = v_2 A_2 = Q$$

因此,
$$v_1 A_1 = v_2 A_2 \tag{3-23}$$

上式即为不可压缩均质液体恒定总流的连续性方程。它表明不可压缩均质液体作恒定流动,总流的断面平均流速与过水断面面积成反比。总流连续性方程是在流量沿程不变的条件下推导出的,若沿流有流量流进或流出,即有汇流或分流的情况下,如图 3-15(a)(b)所示,质量守恒定律也同样适用。此时,恒定总流连续性方程可分别写为:

$$Q_1 = Q_2 + Q_3$$
$$Q_1 + Q_2 = Q_3$$

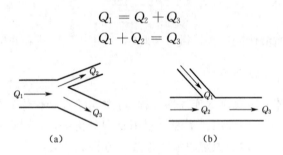

图 3-15 有分流与汇流的流管

思考题

3-1 描述液体运动的方法有哪两种?它们有什么不同?为什么水力学上常采用欧拉法?

3-2 什么是当地加速度?什么是迁移加速度?

3-3 什么是流线?它有哪些特性?在什么情况下,液体的流线和迹线相重合?

3-4 什么是元流、总流、过流断面?

3-5 恒定流和非恒定流、均匀流和非均匀流、渐变流和急变流,各种液体运动分类的原则是什么?

3-6 在水力学中为什么要引入渐变流这一概念?

3-7 不可压缩均质液体恒定总流的连续性方程有什么物理意义?

习 题

3-1 已知流场 $u_x = 2t + 2x + 2y$, $u_y = t - y + z$, $u_z = t + x - z$。求流场中点(1, 2, 3)在 $t = 3$ 时的加速度(m/s²)。

3-2 已知流速场 $u_x = xy^2$,$u_y = -\frac{1}{3}y^3$,$u_z = xy$,试求:(1)点(1,2,3)的加速度;(2)是恒定流还是非恒定流?

3-3 已知液体质点的运动,由拉格朗日变数表示为 $x=ae^{kt}$,$y=be^{-kt}$,$z=c$,式中 k 是不为零的常数。试求液体质点的迹线、速度和加速度。

3-4 已知液体运动,由欧拉变数表示为 $u_x=kx$,$u_y=-ky$,$u_z=0$,式中 k 是不为零的常数。试求流场的加速度。

3-5 已知 $u_x=yzt$,$u_y=zxt$,$u_z=0$,试求 $t=1$ 时,液体质点在(1,2,1)处的加速度。

3-6 已知平面不可压缩液体的流速分量为 $u_x=1-y$,$u_y=t$。试求(1)$t=0$ 时过(0,0)点的迹线方程;(2)$t=1$ 时,过(0,0)点的流线方程。

3-7 已知 $u_x=x+t$,$u_y=-y+t$,$u_z=0$,试求 $t=2$ 时,通过点 $A(-1,-1)$ 的流线。

3-8 三段管路串联,直径分别为 $d_1=100$ mm,$d_2=50$ mm 和 $d_3=25$ mm,已知断面3-3的平均流速为 $v_3=10$ m/s,求:v_1、v_2 和 Q。

第 4 章 水动力学基础

由于实际液体存在粘性,使得水流运动分析十分复杂,所以先介绍理想液体的动力学规律。虽然实际上并不存在理想液体,但在有些问题中,如粘性的影响很小,可以忽略不计时,则对理想液体运动研究所得的结果可用于实际液体。

4.1 理想液体的运动微分方程——欧拉运动微分方程

因为液体动力学的规律涉及了力,所以在研究理想液体运动时,首先要了解理想液体中的应力。因为理想液体不具有粘性,所以液体运动时不产生切应力,表面力只有压应力,即动水压强。理想液体的动水压强与静水压强一样也具有两个特性:动水压强的方向总是沿着作用面的内法线方向;第二,任意一点的动水压强大小与作用面的方位无关,即同一点上各个方向的动水压强大小相等。动水压强只是位置坐标和时间的函数,即 $p = p(x, y, z, t)$。证明从略。

液体是一种物质,在运动过程中也必须遵循牛顿第二定律。下面应用牛顿第二定律推导理想液体的运动微分方程。

从运动的理想液体中任取一个以 $O'(x, y, z)$ 点为中心的微分六面体,边长为 dx, dy, dz,分别平行于坐标轴 x, y, z(图 4-1)。

设 $O'(x, y, z)$ 点的流速分量为 u_x, u_y, u_z,动水压强为 $p(x, y, z, t)$。

作用于理想液体微分六面体的外力有表面力与质量力,根据牛顿第二定律,x 轴方向有

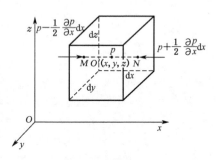

图 4-1 理想液体单元受力图

$$\left(p - \frac{1}{2}\frac{\partial p}{\partial x}dx\right)dydz - \left(p + \frac{1}{2}\frac{\partial p}{\partial x}dx\right)dydz + f_x\rho dxdydz = \rho dxdydz\frac{du_x}{dt}$$

将上式各项都除以 $\rho dxdydz$(即对单位质量而言),整理得

$$\left.\begin{aligned} f_x - \frac{1}{\rho}\frac{\partial p}{\partial x} &= \frac{du_x}{dt} \\ f_y - \frac{1}{\rho}\frac{\partial p}{\partial y} &= \frac{du_y}{dt} \\ f_z - \frac{1}{\rho}\frac{\partial p}{\partial z} &= \frac{du_z}{dt} \end{aligned}\right\} \quad (4\text{-}1)$$

同理,若将上式右侧展开,得

$$\left.\begin{array}{l} f_x - \dfrac{1}{\rho}\dfrac{\partial p}{\partial x} = \dfrac{\partial u_x}{\partial t} + u_x\dfrac{\partial u_x}{\partial x} + u_y\dfrac{\partial u_x}{\partial y} + u_z\dfrac{\partial u_x}{\partial z} \\ f_y - \dfrac{1}{\rho}\dfrac{\partial p}{\partial y} = \dfrac{\partial u_y}{\partial t} + u_x\dfrac{\partial u_y}{\partial x} + u_y\dfrac{\partial u_y}{\partial y} + u_z\dfrac{\partial u_y}{\partial z} \\ f_z - \dfrac{1}{\rho}\dfrac{\partial p}{\partial z} = \dfrac{\partial u_z}{\partial t} + u_x\dfrac{\partial u_z}{\partial x} + u_y\dfrac{\partial u_z}{\partial y} + u_z\dfrac{\partial u_z}{\partial z} \end{array}\right\} \quad (4\text{-}2)$$

方程(4-1)或(4-2)称为理想液体的运动微分方程,又称为欧拉运动微分方程。它表示了液体质点运动和作用力之间的相互关系,适用于不可压缩的理想液体或可压缩的理想气体。当液体平衡时,$u_x = u_y = u_z = 0$,则得欧拉液体平衡微分方程。

4.2 理想液体元流的伯努利方程

对于不可压缩均质液体,密度 ρ 为常数,单位质量力的分量虽是坐标的函数,但通常是已知的,所以只有 u_x、u_y、u_z 与 p 四个未知数。方程(4-1)与连续性微分方程一起共四个方程,因而从理论上讲,任何一个不可压缩均质理想液体的运动问题,只要联立解这四个方程式而又满足该问题的初始条件和边界条件,就可求得解。但是,由于它是一个非线性的偏微分方程组(迁移加速度的三项中包含了未知函数与其偏导数的乘积),所以至今仍未能找到它的通解,只是在几种特殊情况下得到了它的特解。

4.2.1 理想液体运动微分方程式的积分

运用欧拉运动微分方程研究理想液体流动时,常需要对方程(4-1)进行积分,目前在数学上尚不能将欧拉运动微分方程进行普遍积分,只有在某些特殊条件下才能积分。具体的积分条件如下:

1) 恒定流,此时 $\dfrac{\partial u_x}{\partial t} = \dfrac{\partial u_y}{\partial t} = \dfrac{\partial u_z}{\partial t} = \dfrac{\partial p}{\partial t} = 0$

2) 液体是均质不可压缩的,即 $\rho =$ 常数。

3) 作用于液体上的质量力是有势的。设 $W(x, y, z)$ 为质量力的力势函数,则

$$f_x = \frac{\partial W}{\partial x}, \quad f_y = \frac{\partial W}{\partial y}, \quad f_z = \frac{\partial W}{\partial z}$$

对于恒定的有势质量力

$$f_x \mathrm{d}x + f_y \mathrm{d}y + f_z \mathrm{d}z = \frac{\partial W}{\partial x}\mathrm{d}x + \frac{\partial W}{\partial y}\mathrm{d}y + \frac{\partial W}{\partial z}\mathrm{d}z = \mathrm{d}W$$

4) 沿流线积分(在恒定流条件下也就是沿迹线积分),此时,沿流线取微小位移 $\mathrm{d}s$,则

$$\frac{\mathrm{d}x}{\mathrm{d}t} = u_x \quad \frac{\mathrm{d}y}{\mathrm{d}t} = u_y \quad \frac{\mathrm{d}z}{\mathrm{d}t} = u_z$$

上述积分条件为伯努利积分条件。以在流线上所取的 $\mathrm{d}s$ 的三个分量 $\mathrm{d}x$、$\mathrm{d}y$、$\mathrm{d}z$ 分别

乘欧拉运动微分方程(4-1)中的三个方程式,然后相加,得

$$(f_x\mathrm{d}x + f_y\mathrm{d}y + f_z\mathrm{d}z) - \frac{1}{\rho}\left(\frac{\partial p}{\partial x}\mathrm{d}x + \frac{\partial p}{\partial y}\mathrm{d}y + \frac{\partial p}{\partial z}\mathrm{d}z\right) = \frac{\mathrm{d}u_x}{\mathrm{d}t}\mathrm{d}x + \frac{\mathrm{d}u_y}{\mathrm{d}t}\mathrm{d}y + \frac{\mathrm{d}u_z}{\mathrm{d}t}\mathrm{d}z$$

利用上述四个条件得

$$\mathrm{d}W - \frac{1}{\rho}\mathrm{d}p = u_x\mathrm{d}u_x + u_y\mathrm{d}u_y + u_z\mathrm{d}u_z = \frac{1}{2}\mathrm{d}(u_x^2 + u_y^2 + u_z^2) = \mathrm{d}\left(\frac{u^2}{2}\right)$$

因 ρ = 常数,故上式可写成

$$\mathrm{d}\left(W - \frac{p}{\rho} - \frac{u^2}{2}\right) = 0$$

积分得

$$W - \frac{p}{\rho} - \frac{u^2}{2} = 常数 \tag{4-3}$$

这就是理想液体运动微分方程的伯努利积分,它表明:对于在流场中任一点单位质量液体的位势能 W、压势能 $\frac{p}{\rho}$ 和动能 $\frac{u^2}{2}$ 的总和保持一常数值,而这三种机械能可以相互转化。

若作用在理想液体上的质量力只有重力,当 z 轴铅垂向上时,有

$$W = -gz$$

将其代入式(4-3)得

$$gz + \frac{p}{\rho} + \frac{u^2}{2} = 常数 \tag{4-4}$$

对单位重量液体,则有

$$z + \frac{p}{\rho g} + \frac{u^2}{2g} = C \tag{4-5}$$

对于同一流线的任意两点 1 与 2,上式可改写成

$$z_1 + \frac{p_1}{\rho g} + \frac{u_1^2}{2g} = z_2 + \frac{p_2}{\rho g} + \frac{u_2^2}{2g} \tag{4-6}$$

上述两式称不可压缩均质理想液体的绝对运动的伯努利方程(又称为能量方程),即液体的固体边界对地球没有相对运动的伯努利方程。

4.2.2 理想液体元流的伯努利方程

不可压缩均质理想液体元流的伯努利方程还可简单地利用动能定理导得,它是瑞士科学家伯努利于1738年首先推导出来的。

在恒定流中任取一段元流(图4-2)。进口过水断面为1-1,面积为 $\mathrm{d}A_1$,形心距离某基准面0-0的铅垂高度为 z_1,流速为 u_1,动水压强为 p_1;而出口过水断面为2-2,其相应的参数为 $\mathrm{d}A_2$,

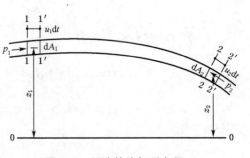

图 4-2 元流的伯努利方程

z_2、u_2 与 p_2。元流同一过水断面上各点的流速与动水压强可认为是均匀分布的。

经过时间 dt,流段从原来的 1-1 与 2-2 断面移到新的位置 $1'$-$1'$ 与 $2'$-$2'$。

现讨论所取的流束段中能量的变化与外界做功的关系,即根据动能定理,运动液体在某一时段内的动能增量等于在该时段内作用在它上面各力做功之和。其各项具体分析如下:

1) 动能增量 dE_u 流束段动能的增量为流束段移动前后的动能差。因为是恒定流,由断面 $1'$-$1'$ 与 2-2 之间的流动参数是不变的,因此动能的增量仅为断面 2-2 与 $2'$-$2'$ 间的动能减去断面 1-1 与 $1'$-$1'$ 间的动能,即

$$dE_u = \rho dQ dt \left(\frac{u_2^2}{2} - \frac{u_1^2}{2} \right)$$

2) 重力做功 dW_G 对于恒定流,元流以 1-2 位置运动到 $1'$-$2'$ 位置重力做功 dW_G 等于 1-$1'$ 段液体运动到 2-$2'$ 位置时重力所做的功,即

$$dW_G = \rho g \, dQ dt (z_1 - z_2)$$

3) 压力做功 dW_p 在流束段侧表面上,由于压强的方向与液体运动的方向相垂直,侧表面压力不做功。作用在流束的两过流断面上的动水压力所做的功为:

$$dW_p = p_1 dA_1 u_1 dt - p_2 dA_2 u_2 dt = dQ dt (p_1 - p_2)$$

根据动能定理

$$dE_u = dW_G + dW_p$$

将各项代入得

$$\rho dQ dt \left(\frac{u_2^2}{2g} - \frac{u_1^2}{2g} \right) = \rho g \, dQ dt (z_1 - z_2) + dQ dt (p_1 - p_2)$$

上式各项分别都除以 $\rho g \, dQ dt$ 得

$$z_1 + \frac{p_1}{\rho g} + \frac{u_1^2}{2g} = z_2 + \frac{p_2}{\rho g} + \frac{u_2^2}{2g} \tag{4-7}$$

或

$$z + \frac{p}{\rho g} + \frac{u^2}{2g} = 常数 \tag{4-8}$$

上两式即为均质不可压缩理想液体恒定元流的伯努利方程(能量方程)。

4.2.3 理想液体元流伯努利方程的意义

1) 物理意义

方程式中的 z、$\frac{p}{\rho g}$、$z + \frac{p}{\rho g}$ 分别是元流过流断面上单位重量液体所具有的位能、压能和势能。

现讨论 $\frac{u^2}{2g}$ 项。

$\frac{u^2}{2g}$ 为单位重量液体所具有的动能,因重量为 Mg 的液体质点的动能是 $\frac{1}{2}Mu^2$。$z + \frac{p}{\rho g} + \frac{u^2}{2g}$ 是单位重量液体所具有的总机械能。

因此，式(4-8)表明：不可压缩理想液体恒定元流各过水断面上单位重量液体所具有的总机械能沿流程保持不变；同时，亦表示了元流在不同过水断面上单位重量液体所具有的位能、压能、动能之间可以相互转化。由此可知，式(4-8)是能量守恒原理在水力学中的具体表达式，故此称式(4-8)为能量方程。

2) 几何意义

水力学中常用水头表示某种高度。在水静力学中已阐明，z 代表位置水头，$\dfrac{p}{\rho g}$ 代表压强水头，$\left(z+\dfrac{p}{\rho g}\right)$ 表示测压管水头。$\dfrac{u^2}{2g}$ 称为速度水头，即液体质点以速度 u 垂直向上喷射到空中时所达到的高度(不计阻力)。所以 $\left(z+\dfrac{p}{\rho g}+\dfrac{u^2}{2g}\right)$ 称为总水头，以 H 表示。

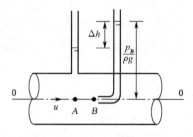

图 4-3 速度水头的几何意义

速度水头或流速可利用图 4-3 所示装置实测。如图 4-3 所示，在运动液体(如管流)中放置一根测压管和一根测速管，测速管是一根弯成 90°的两端开口的细管，将弯端管口正对来流方向，置于 A 点下游，在同一条流线上相距很近的 B 点。这时在 B 点处水流受测速管的阻滞，流速等于零，在不考虑任何阻力时，液体的动能都转化为压强势能，测速管的直管内水面高出测压管液面 Δh。B 点称为滞止点或驻点。应用理想液体元流的伯努利方程于 A、B 两点，有

$$\frac{p_A}{\rho g}+\frac{u_A^2}{2g}=\frac{p_B}{\rho g}$$

$$u_A=u$$

得

$$\frac{u^2}{2g}=\frac{p_B}{\rho g}-\frac{p_A}{\rho g}=\Delta h \tag{4-9}$$

由此说明了速度水头等于测速管与测压管的液面差 Δh。这是速度水头几何意义的另一种解释。

则

$$u=\sqrt{2g\frac{p_B-p_A}{\rho g}}=\sqrt{2g\Delta h} \tag{4-10}$$

这种根据能量守恒的原理，利用测压管与测速管来测定流场中某点流速的仪器，称为皮托(Pitot)管。

实用的皮托管常将测压管与测速管结合在一起，有多种构造形式，图 4-4 是普遍采用的一种。在实际使用时，考虑到实际液体从前端小孔至侧面小孔的粘性效应以及皮托管对原流场的干扰等影响，引入皮托管修正系数 ζ，即

$$u=\zeta\sqrt{2gh} \tag{4-11}$$

式中 ζ 值由实验测定。

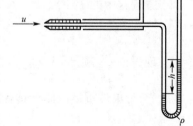

图 4-4 皮托管测速仪

4.3 实际液体运动微分方程

由于实际液体具有粘性,在表面力中不仅有压应力(动压强),还有切应力。在介绍实际液体运动微分方程之前,先简单介绍一下实际液体中的应力。

4.3.1 液体质点的应力状态

设在实际液体的流场中任取一点 M,通过该点作垂直于 z 轴的水平面,如图 4-5 所示。作用在该平面 M 点上的应力为 p,在 x、y、z 轴都有分量,正应力为 p_{zz},即动水压强,也可写成 p_z;切应力为 τ_{zx} 和 τ_{zy}。应力分量的第一个下标表示作用面的法线方向,第二个下标表示应力的作用方向。可见,通过任一点在三个互相垂直的作用面上的表面应力共有九个分量,其中三个压应力 p_x、p_y、p_z 和六个切应力 τ_{xy}、τ_{yx}、τ_{xz}、τ_{zx}、τ_{yz}、τ_{zy},这九个应力分量就反映了该点的应力状态。

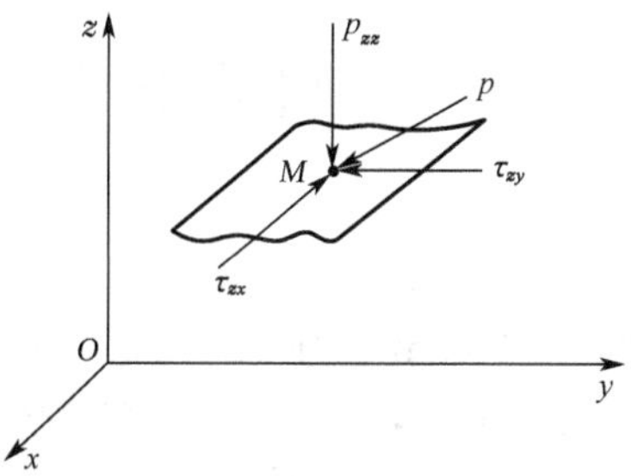

由切应力互等定理可得

$$\tau_{xy} = \tau_{yx}, \quad \tau_{xz} = \tau_{zx}, \quad \tau_{yz} = \tau_{zy}$$

图 4-5 实际液体微元平面受力图

因此,在九个应力分量中,实际上只有六个是相互独立的。

因为在实际液体运动时存在切应力,所以压应力的大小与其作用的方位有关,三个互相垂直方向的压应力一般是不相等的,即 $p_x \neq p_y \neq p_z$。但可以证明(从略):在同一点上三个正交方向的动水压强的平均值 p 是单值,与方位无关。则

$$p = \frac{1}{3}(p_x + p_y + p_z)$$

三个互相垂直方向的动水压强可以认为等于这个动水压强加上一个附加动水压强。这些附加动水压强可以认为是由于粘性引起的相应结果,因而与液体的变形有关。应用广义牛顿内摩擦定律可得附加动水压强和线变形速率之间的关系,最后可得动水压强与线变形速率之间的关系(具体表达式见相关书籍)。

4.3.2 实际液体运动微分方程

类似理想液体的运动微分方程的推导,考虑切应力的作用以及上述的关系,可得不可压缩均质实际液体的运动微分方程,称为纳维埃-斯托克斯(Navier-Stokes)方程($N-S$ 方程)如下:

$$\left.\begin{array}{l} f_x - \dfrac{1}{\rho}\dfrac{\partial p}{\partial x} + \nu \nabla^2 u_x = \dfrac{\mathrm{d}u_x}{\mathrm{d}t} \\[6pt] f_y - \dfrac{1}{\rho}\dfrac{\partial p}{\partial y} + \nu \nabla^2 u_y = \dfrac{\mathrm{d}u_y}{\mathrm{d}t} \\[6pt] f_z - \dfrac{1}{\rho}\dfrac{\partial p}{\partial z} + \nu \nabla^2 u_z = \dfrac{\mathrm{d}u_z}{\mathrm{d}t} \end{array}\right\} \quad (4-12)$$

式中 $\nabla^2 = \frac{\partial^2}{\partial x^2} + \frac{\partial^2}{\partial y^2} + \frac{\partial^2}{\partial z^2}$ 称为拉普拉斯(Laplace)算子符，ν 为液体的运动粘度，$\nu\nabla^2 u$ 表示切应力作用的粘性项。

如果液体为理想液体，式(4-12)即成为理想液体运动微分方程；如果是静止液体，式(4-12)即成为液体的平衡微分方程。所以 $N-S$ 方程是研究液体运动最基本的方程之一。

$N-S$ 方程是较复杂的非线性偏微分方程，在理论上 $N-S$ 方程加上连续性方程共四个方程，完全可以求解四个未知量 u_x、u_y、u_z 及 p，但在实际流动中，大多边界条件复杂，所以很难求得解析解。随着计算机的广泛应用和数值计算技术的发展，对于许多工程问题已能够求得其近似解。

4.4 实际液体恒定元流的伯努利方程

由于实际液体存在粘性，在流动过程中须克服内摩擦阻力做功，消耗一部分机械能，而且转化为热能而散逸，不再恢复为其他形式的机械能，因而液体在流动过程中机械能沿流程减小。设 h'_w 为元流单位重量液体从 1-1 过水断面流至 2-2 过水断面的机械能损失，称为元流的水头损失，根据能量守恒原理公式(4-7)，加入损失项，实际液体恒定元流的伯努利方程应为

$$z_1 + \frac{p_1}{\rho g} + \frac{u_1^2}{2g} = z_2 + \frac{p_2}{\rho g} + \frac{u_2^2}{2g} + h'_w \tag{4-13}$$

上式说明元流各过水断面上单位重量液体所具有的总机械能沿流程减小，各项能量之间沿流程可以相互转化。方程(4-13)中的各项的几何意义在上面均已讨论。方程的几何意义是实际液体各过水断面上总水头 H 沿流程减小；同时，亦表示了各项水头之间可以相互转化的关系。这可以形象地表示为如图 4-6 所示。

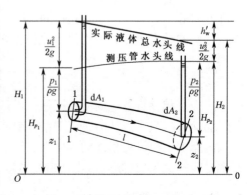

图 4-6 元流水头线

由于实际液体在流动中总机械能沿程减小，所以实际液体的总水头线总是沿程下降的；而测压管水头线可能下降，水平或上升，这取决于水头损失及动能与势能相互转化的情况。

实际液体元流的总水头线沿程下降的快慢可用总水头线的坡度 J 表示，称为水力坡度，它表示单位长度上的水头损失，即

$$J = -\frac{dH}{dL} = \frac{dh'_w}{dL} \tag{4-14}$$

式中 dL 为元流的微元长度。dH 为单位重量液体在 dL 长度上的总机械能（总水头）增量。dh'_w 为相应长度的单位重量液体的能量损失（水头损失）。上式引入负号是因总水头线总是沿程下降的，引入负号后使 J 为正值。

单位长度上测压管水头的降低或升高,称测压管水头线坡度 J_p,它是单位重量液体沿元流单位长度的势能减少(或增加)量,即

$$J_p = -\frac{\mathrm{d}\left(z+\dfrac{p}{\rho g}\right)}{\mathrm{d}L} \tag{4-15}$$

因为将顺流程向下的 J_p 视为正值,而 $\dfrac{\mathrm{d}\left(z+\dfrac{p}{\rho g}\right)}{\mathrm{d}L}$ 不总是负值,所以在上式中加负号,使 J_p 可正、可负或为零。

4.5 实际液体总流的伯努利方程

4.5.1 渐变流过水断面上的动水压强分布

液体的流动可分为渐变流与急变流两类。渐变流是指诸流线接近于平行直线的流动,各流线的曲率很小(即曲率半径很大),而且流线间的夹角也很小。否则,就称为急流变。渐变流与急变流没有明确的界限,往往由边界条件决定。另外,渐变流的极限情况是流线为平行直线的均匀流。

均匀流的过水断面上液体没有惯性力的存在,因此,均匀流同一过水断面上的动水压强按静压强规律分布(证明从略)。即

$$z + \frac{p}{\rho g} = C \tag{4-16}$$

因为渐变流是近似于均匀流的,均匀流的性质可近似地用到渐变流中,所以渐变流过水断面上的动水压强也符合静压强分布规律。

4.5.2 恒定总流的伯努利方程

总流可以看成是由流动边界内无数元流所组成。将式(4-13)各项乘以 $\rho g\,\mathrm{d}Q$,得到单位时间内通过元流两过水断面的全部液体的能量关系式

$$\left(z_1+\frac{p_1}{\rho g}+\frac{u_1^2}{2g}\right)\rho g\,\mathrm{d}Q = \left(z_2+\frac{p_2}{\rho g}+\frac{u_2^2}{2g}\right)\rho g\,\mathrm{d}Q + h'_w\rho g\,\mathrm{d}Q$$

因 $\mathrm{d}Q = u_1\,\mathrm{d}A_1 = u_2\,\mathrm{d}A_2$,在总流过水断面上积分,得到通过总流两过水断面的能量关系为

$$\int_{A_1}\left(z_1+\frac{p_1}{\rho g}+\frac{u_1^2}{2g}\right)\rho g u_1\,\mathrm{d}A_1 = \int_{A_2}\left(z_2+\frac{p_2}{\rho g}+\frac{u_2^2}{2g}\right)\rho g u_2\,\mathrm{d}A_2 + \int_Q h'_w\rho g\,\mathrm{d}Q$$

或

$$\int_{A_1}\left(z_1+\frac{p_1}{\rho g}\right)\rho g u_1\,\mathrm{d}A_1 + \int_{A_1}\frac{u_1^2}{2g}\rho g u_1\,\mathrm{d}A_1$$

$$= \int_{A_2}\left(z_2+\frac{p_2}{\rho g}\right)\rho g u_2\,\mathrm{d}A_2 + \int_{A_2}\frac{u_2^2}{2g}\rho g u_2\,\mathrm{d}A_2 + \int_{1-1}^{2-2} h'_w\rho g\,\mathrm{d}Q \tag{4-17}$$

在积分上式时,需知道总流过水断面上压强和速度的分布规律。但在一般情况下,这些事先是不知道的。所以,目前只能对某些液体运动类型在一定条件下进行积分。现分别讨论上式中三种类型的积分。

1) $\int_A \left(z + \dfrac{p}{\rho g}\right) \rho g u \, dA$

若将过水断面取在渐变流上,则

$$\rho g \int_A \left(z + \dfrac{p}{\rho g}\right) u \, dA = \rho g \left(z + \dfrac{p}{\rho g}\right) \int_A u \, dA = \rho g \left(z + \dfrac{p}{\rho g}\right) v A \quad (4\text{-}18)$$

$$= \left(z + \dfrac{p}{\rho g}\right) \rho g Q$$

2) $\int_A \dfrac{u^2}{2g} \rho g u \, dA$

这类积分与流速在总流过水断面上的分布有关。实际水流中,流速在过水断面上的分布一般是不均匀的,而且不易求得。若用断面平均流速 v 来表示实际动能,令 $\overline{u^3} = \alpha v^3$,则

$$\rho g \int_A \dfrac{u^3}{2g} dA = \dfrac{\rho g}{2g} \alpha v^3 A = \dfrac{\alpha v^2}{2g} \rho g Q \quad (4\text{-}19)$$

因为按断面平均流速计算的动能与实际动能存在差异,所以需要引入动能修正系数 α(实际动能与按断面平均流速计算的动能之比值)。α 值的大小取决于总流过水断面上的流速分布的均匀程度。α 一般大于1。流速分布越不均匀,α 值越大。对于渐变流,一般 $\alpha = 1.05 \sim 1.10$,在工程计算中常取 $\alpha = 1$。

3) $\int_{1-1}^{2-2} h'_w \rho g \, dQ$

各单位重量液体沿流程的能量损失是不相等的,令 h_w 为单位重量液体由过水断面 1-1 移到过水断面 2-2 能量损失的平均值,因此可得

$$\int_{1-1}^{2-2} h'_w \rho g \, dQ = h_w \rho g Q \quad (4\text{-}20)$$

将式(4-18),(4-19)与(4-20)一起代入式(4-17),注意到 $Q_1 = Q_2 = Q$,再两边除以 $\rho g Q$,则得

$$z_1 + \dfrac{p_1}{\rho g} + \dfrac{\alpha_1 v_1^2}{2g} = z_2 + \dfrac{p_2}{\rho g} + \dfrac{\alpha_2 v_2^2}{2g} + h_w \quad (4\text{-}21)$$

这就是实际液体恒定总流的伯努利方程(能量方程)。它在形式上类似于实际液体元流的伯努利方程,只是以断面平均流速 v 代替点流速 u(相应的考虑动能修正系数 α),以平均水头损失 h_w 代替元流的水头损失 h'_w。总流伯努利方程的物理意义是:总流各过水断面上单位重量液体所具有的平均势能与平均动能之和沿流程减小,亦即总机械能的平均值沿流程减小,部分机械能转化为热能等而损失;同时,亦表示了各项能量之间可以相互转化的关系。总流伯努利方程的几何意义是:总流各过水断面上平均总水头沿流程减小,所减小的高度即

为两过流断面间的平均水头损失;同时,亦表示了各项水头之间可以相互转化的关系。平均总水头线沿流程下降,平均测压管水头线可以上升,也可以下降。

4.5.3 总流伯努利方程的应用

总流伯努利方程是水力学中最主要的方程之一,它与连续性方程联立可计算总流过流断面的压强和流速。对于不可压缩均质液体恒定流,质量力仅有重力的情况下,在应用伯努利方程时应注意以下几点:

1) 所选取的两过水断面应在渐变流或均匀流区域,但两过水断面间的流动可以是急变流。

2) 所选取的两过水断面间没有流量汇入或流量分出,亦没有能量的输入或输出。但当总流在两断面间通过水泵、风机或水轮机等流体机械时,液体额外地获得或失去能量,则总流的伯努利方程应作如下的修正:

$$z_1 + \frac{p_1}{\rho g} + \frac{\alpha_1 v_1^2}{2g} \pm H_m = z_2 + \frac{p_2}{\rho g} + \frac{\alpha_2 v_2^2}{2g} + h_w \tag{4-22}$$

式中 $+H_m$ 表示单位重量液体流过水泵、风机所获得的能量,$-H_m$ 表示单位重量液体流经水轮机所失去的能量。

3) 过水断面上的计算点原则上可任取,这因断面上各点势能 $z + \frac{p}{\rho g} =$ 常数,而且断面上各点平均动能 $\frac{\alpha v^2}{2g}$ 相同。为方便起见,通常对于管流取在管轴线上,明渠流取在自由液面上。

4) 方程中动水压强 p_1 与 p_2,原则上可取绝对压强,也可取相对压强,但对同一问题必须采用相同的标准。在一般水力计算中,以取相对压强为宜。

5) 位置水头的基准面可任选,但对于两个过水断面必须选取同一基准面,通常使 $z \geqslant 0$。

6) 有流量分流或汇流的伯努利方程

设有一恒定汇流,如图 4-7 所示,设想在汇流处作出汇流面 ab,将汇流划分为两支总流,汇流的每一支总流的流量不变,且满足连续性方程

$$Q_1 + Q_2 = Q_3$$

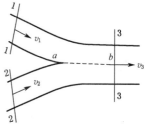

图 4-7 分流或汇流的伯努利方程

根据能量守恒和转化定律可对每支总流列伯努利方程

$$z_1 + \frac{p_1}{\rho g} + \frac{\alpha_1 v_1^2}{2g} = z_3 + \frac{p_3}{\rho g} + \frac{\alpha_3 v_3^2}{2g} + h_{w1-3}$$

$$z_2 + \frac{p_2}{\rho g} + \frac{\alpha_2 v_2^2}{2g} = z_3 + \frac{p_3}{\rho g} + \frac{\alpha_3 v_3^2}{2g} + h_{w2-3}$$

式中的 h_{w1-3} 或 h_{w2-3} 有可能出现一个负值,负值的出现表明经过汇流点后有一支总流的液体能量将发生增值。这种能量的增值是两支总流的液体能量交换的结果,并不表示汇流全部液体总机械能沿程增加。同理,上式也适用于分流情况。

例 4-1 如图 4-8 所示为文丘里流量计的示意图,它由渐缩段、喉道和渐扩段三部分组成。在收缩前部与喉部分别安装一测压装置,在恒定流情况下,根据管道直径,通过测量压差计的读数,即可求得管内流量。已知 $d_1=100$ mm,$d_2=50$ mm,水银压差计读数 $h=50$ mmHg,文丘里管流量系数 $\mu=0.98$。求管内流量 Q。

解: 取渐变流断面 1-1 和 2-2,列出伯努利方程(不计能量损失)

$$z_1+\frac{p_1}{\rho g}+\frac{\alpha_1 v_1^2}{2g}=z_2+\frac{p_2}{\rho g}+\frac{\alpha_2 v_2^2}{2g}$$

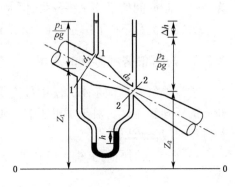

图 4-8 例 4-1 图

由连续性方程可得

$$v_1=\frac{v_2 A_2}{A_1}=\frac{d_2^2}{d_1^2}v_2$$

由水银压差计公式得

$$\left(z_1+\frac{p_1}{\rho g}\right)-\left(z_2+\frac{p_2}{\rho g}\right)=\frac{\rho_{Hg}-\rho}{\rho}h=12.6h$$

代入伯努利方程,$\alpha_1 \approx \alpha_2 \approx 1.0$
得

$$v_2=\frac{1}{\sqrt{1-(\frac{d_2}{d_1})^4}}\sqrt{2g\times 12.6h}$$

因 $Q=v_2 A_2=\frac{\pi}{4}d_2^2 v_2$,所以

$$Q=\frac{\pi d_1^2 d_2^2}{4\sqrt{d_1^4-d_2^4}}\sqrt{2g\times 12.6h}$$

实际上水流从断面 1-1 流到断面 2-2 有能量损失,所以实际水流速度和流量都会比用上式各式计算所得值小。因此在应用上式计算流量时,须乘一校正系数 μ,即

$$Q=\mu\frac{\pi d_1^2 d_2^2}{4\sqrt{d_1^4-d_2^4}}\sqrt{2g\times 12.6h}$$

μ 为文丘里管的流量系数,它不是一常数,随水流情况和文丘里管的材料性质、尺寸等而变化,一般 $\mu=0.95\sim 0.98$。

根据题意

$$Q=0.98\times\frac{3.14\times(0.05)^2\times(0.01)^2}{4\sqrt{(0.10)^4-(0.05)^4}}\sqrt{2\times 9.8\times 12.6\times 0.05}=6.99(\text{L/s})$$

4.6 恒定总流的动量方程

恒定总流的动量方程是继总流的连续性方程与伯努利方程之后,研究液体一元流动的又一基本方程,统称水力学三大基本方程。

工程实践中往往需要计算运动液体与固体边壁间的相互作用力,就需要利用动量方程。该方程将运动液体与固体边壁间的作用力,直接与运动液体的动量变化联系起来,它的优点是不必知道流动范围内部的流动过程,而只需知道边界面上的流动状况。

4.6.1 恒定总流的动量方程

由物理学可知,动量定理为:物体在运动过程中,动量对时间的变化率,等于作用在物体上各外力的合力矢量,即

$$\frac{\mathrm{d}K}{\mathrm{d}t} = \frac{\mathrm{d}(\sum mu)}{\mathrm{d}t} = \sum F$$

它是个矢量方程,同时方程中不出现内力。

类似于推导连续性方程和伯努利方程的讨论,从恒定总流中任取一束元流(图4-9),初始时刻在1-2位置,经 $\mathrm{d}t$ 时段运动到 $1'$-$2'$ 位置,设通过过水断面 1-1 与 2-2 的流速分别为 u_1 与 u_2。

因为是恒定流,且没有汇流和分流,所以经过 $\mathrm{d}t$ 时段后,元流段的动量增量 $\mathrm{d}K$ 等于 1-$1'$ 段和 2-$2'$ 段液体动量之差,即

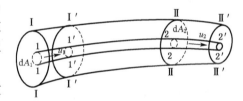

图 4-9 动量方程的推导

$$\mathrm{d}K = \rho \mathrm{d}Q \mathrm{d}t (u_2 - u_1)$$

根据动量定理,得恒定元流的动量方程

$$\rho \mathrm{d}Q (u_2 - u_1) = F \tag{4-23}$$

式中 F 是 $\mathrm{d}t$ 时段内作用在元流段 1-2 上所有外力的合力。

再建立恒定总流的动量方程。总流的动量变化 $\sum \mathrm{d}K$ 等于所有元流的动量变化之矢量和,若将总流段两端断面取在渐变流上,则 $\mathrm{d}t$ 时间段总流的动量变化为:

$$\sum \mathrm{d}K = \int_{A_2} \rho \mathrm{d}Q \mathrm{d}t u_2 - \int_{A_1} \rho \mathrm{d}Q \mathrm{d}t u_1 = \rho \mathrm{d}t \left(\int_{A_2} u_2 u_2 \mathrm{d}A_2 - \int_{A_1} u_1 u_1 \mathrm{d}A_1 \right)$$

由于流速 u 在总流过水断面上的分布一般是不均匀的,而且是不易知道的,故用断面平均流速 v 来计算总流的动量增量,得

$$\sum \mathrm{d}K = \rho \mathrm{d}t (\beta_2 v_2 v_2 A_2 - \beta_1 v_1 v_1 A_1)$$

按断面平均流速计算的动量与实际动量存在差异,为此需要修正。因断面 1-1 与断面 2-2 是渐变流过水断面,即 v 方向与各点 u 方向几乎相同,则可引入动量修正系数 β——实

际动量与按断面平均流速计算的动量的比值。β 值永远大于 1.0。对于湍流来讲，β 值为 1.02～1.05，为简化计算，常取 $\beta=1.0$；对于有压圆管中的层流来讲，β 值为 1.33。因为在工程中大多数为湍流，所以没有特别说明，一般就取 $\beta=1.0$。

注意到 $v_1 A_1 = v_2 A_2 = Q$，则

$$\sum dK = \rho Q dt(\beta_2 v_2 - \beta_1 v_1)$$

根据动量定理，对于总流有 $\dfrac{\sum dK}{dt} = \sum F$，得

$$\rho \int_{A_2} u_2 u_2 dA_2 - \rho \int_{A_1} u_1 u_1 dA_1 = \sum F \tag{4-24}$$

或

$$\rho Q(\beta_2 v_2 - \beta_1 v_1) = \sum F \tag{4-25}$$

式中 $\sum F$ 是作用在总流段 1-2 上所有外力的合力。

式(4-25)即为实际液体总流的动量方程。它表明：单位时间内流出控制面（过水断面 2-2）和流入控制面（过水断面 1-1）的动量矢量差，等于作用在所取控制体内液体（总流段）上的各外力的合力矢量。

下面讨论 $\sum F$ 项。由于液体内部质点间的相互作用力（内力），如压应力、切应力等总是成对出现，其大小相等而方向相反，所以这些力就相互抵消了。剩下的只有作用在所取总流段液体的外力，如过水断面 1-1、2-2 上的动压力 P_1 和 P_2 以及 固体边界给予总流段的摩擦力 T 和反力 R；质量力仅有重力 G。这些外力的合力就是 $\sum F$ 项。

总流的动量方程式是一个矢量方程式，为了计算方便，常将它投影在三个坐标轴上分别计算，即

$$\begin{gathered}\rho Q(\beta_2 v_{2x} - \beta_1 v_{1x}) = \sum F_x \\ \rho Q(\beta_2 v_{2y} - \beta_1 v_{1y}) = \sum F_y \\ \rho Q(\beta_2 v_{2z} - \beta_1 v_{1z}) = \sum F_z\end{gathered} \tag{4-26}$$

4.6.2　动量方程应用

实际液体总流动量方程的应用条件基本上与总流伯努利方程的应用条件是一样的，即：

1) 恒定不可压缩液体。

2) 两端的控制断面必须选在均匀流或渐变流区域，但两个断面之间可以有急变流。

3) 所取过水断面为控制面间没有分流或汇流；否则，动量方程不能直接应用。可以将动量方程改写成另一种表达式。

用动量方程解题的关键在于如何选取控制面，一般应将控制面的一部分取在运动液体与固体边壁的接触面上，另一部分取在渐变流过水断面上，并使控制面封闭。应全面分析作用于控制体的一切外力。因动量方程是矢量方程，故在实用上是利用它在某坐标系上的投影式(4-26)进行计算，写投影式时应注意各项的正负号。

例 4-2 如图 4-10 所示,射流沿水平方向射向一斜置的固定平板后,即沿板面分成水平的两股水流,其流速分别为 v_1、v_2。喷嘴出口直径为 d,射流速度为 v_0,平板光滑,不计水流重量、空气阻力及水头损失,求此射流分流后的流量分配及对平板的作用力。

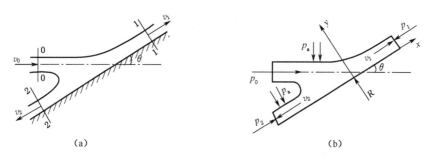

图 4-10 例 4-2 图

解:取隔离体如图所示,对 0-0、1-1、2-2 断面列伯努利方程

$$z_0 + 0 + \frac{\alpha_0 v_0^2}{2g} = z_1 + 0 + \frac{\alpha_1 v_1^2}{2g}$$

$$z_0 + 0 + \frac{\alpha_0 v_0^2}{2g} = z_2 + 0 + \frac{\alpha_2 v_2^2}{2g}$$

因 $z_0 = z_1 = z_2$,得 $v_1 = v_2 = v_0$

列 x 方向的动量方程

$$\rho Q_1 v_1 - \rho Q_2 v_2 - \rho Q_0 \cos\theta = 0$$

由连续性方程 $Q_1 + Q_2 = Q_0$

所以

$$Q_1 = \frac{Q_0}{2}(1 + \cos\theta)$$

$$Q_2 = \frac{Q_0}{2}(1 - \cos\theta)$$

列 y 向的动量方程

$$0 - (-\rho Q_0 v_0 \sin\theta) = R$$

即 $R = \rho Q_0 v_0 \sin\theta$

水流对平板作用力为 $R = R'$,方向与 y 轴向相反,即垂直指向平板。

例 4-3 如图 4-11 所示,有一沿铅垂直立墙壁敷设的弯管如图所示,弯头转角为 90°,起始断面 1-1 到断面 2-2 的轴线长度 l 为 3.14 m,两断面中心高差 Δz 为 2 m。已知断面 1-1 中心处动水压强 p_1 为 11.76×10^4 Pa,两断面之间水头损失 h_w 为 0.1 mH_2O,管径 d 为 0.2 m,流量 Q 为 0.06 m³/s。试求水流对弯头的作用力 F_R。

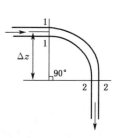

图 4-11 例 4-3 图

解： $v = \dfrac{Q}{A} = \dfrac{0.06 \times 4}{\pi \times 0.2^2} = 1.91 (\text{m/s})$，$v_1 = v_2 = v$

对过流断面 1-1、2-2 写伯努利方程可得

$$\Delta z + \frac{p_1}{\rho g} + \frac{\alpha_1 v_1^2}{2g} = 0 + \frac{p_2}{\rho g} + \frac{\alpha_2 v_2^2}{2g} + h_{w1-2}$$

$$\frac{p_2}{\rho g} = \Delta z + \frac{p_1}{\rho g} - h_{w1-2}$$

$$p_2 = 9.8 \times 10^3 \left(2 + \frac{117\,600}{9.8 \times 10^3} - 0.1\right) = 136\,220 (\text{Pa})$$

$$G = \rho g V = \rho g l \frac{\pi d^2}{4} = 9.8 \times 10^3 \times 3.14 \times \frac{\pi}{4} \times 0.2^2 = 967 (\text{N})$$

$$p_1 \frac{\pi}{4} d^2 = 117\,600 \times \frac{\pi}{4} \times 0.2^2 = 3\,695 (\text{N})$$

$$p_2 \frac{\pi}{4} d^2 = 136\,220 \times \frac{\pi}{4} \times 0.2^2 = 4\,279 (\text{N})$$

对 x 轴写动量方程得

$$\rho Q(-v) = p_1 \frac{\pi}{4} d^2 - F'_{Rx}$$

$$F'_{Rx} = p_1 \frac{\pi}{4} d^2 + \rho Q v = 3\,695 + 1\,000 \times 0.06 \times 1.91 = 3\,810 (\text{N})$$

对于 y 轴写动量方程得

$$\rho Q(-v) = p_2 \frac{\pi}{4} d^2 - G - F'_{Ry}$$

$$F'_{Ry} = p_2 \frac{\pi}{4} d^2 - G - \rho Q(-v) = 4\,279 - 967 + 1\,000 \times 0.06 \times 1.91 = 3\,427 (\text{N})$$

$$F'_R = \sqrt{F'^2_{Rx} + F'^2_{Ry}} = \sqrt{(3\,810)^2 + (3\,427)^2} = 5\,124 (\text{N})$$

$F_R = F'_R = 5\,124\,\text{N}$，方向与 F'_R 相反。

$$\tan \beta = \frac{F_{Ry}}{F_{Rx}} = \frac{3\,427}{3\,810} = 0.899\,5，\beta = 42°。$$

思考题

4-1 理想液体动压强的概念是什么？它有哪两个特性？

4-2 理想液体恒定元流的伯努利方程的物理意义和几何意义是什么？

4-3 实际液体切应力和压应力的特性是什么？

4-4 不可压缩实际液体恒定元流伯努利方程的物理意义和几何意义是什么？

4-5 恒定渐变流过流断面的压强分布特征是什么？它对总流伯努利方程的推导有何作用？

4-6 动能修正系数的概念是什么？为什么要引入这个概念？

4-7 实际液体总流伯努利方程的应用条件和应用方法是什么？

4-8 实际液体恒定总流动量方程的物理意义是什么？它的应用条件和应用方法是什么？

习 题

4-1 设用一附有液体压差计的皮托管测定某风管中的空气流速，如图所示。已知压差计的读数 $h=150\ \text{mmH}_2\text{O}$，空气的密度 $\rho_a=1.20\ \text{kg/m}^3$，水的密度 $\rho=1\,000\ \text{kg/m}^3$。若不计能量损失，即皮托管校正系数 $\zeta=1$，试求空气流速 u_0。

4-2 用皮托管测量明渠渐变流某一断面上 A、B 两点的流速（如图）。已知油的重度 $\rho g=8\,000\ \text{N/m}^3$。求 u_A 及 u_B。（取皮托管修正系数 $\zeta=1$）

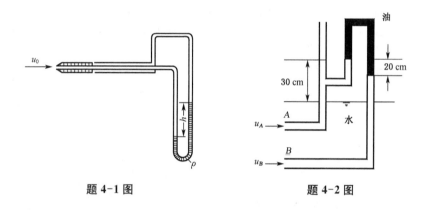

题 4-1 图　　　　　题 4-2 图

4-3 从水箱下部引一管道，管道水平段上有一收缩段。从收缩段引出的玻璃管插入容器 A 的水中（如图）。已知管径 $d_1=4\ \text{cm}$，收缩段直径 $d_2=3\ \text{cm}$。水箱至收缩段的水头损失 $h_{w1}=3v^2/2g$，收缩段至管道出口的水头损失 $h_{w2}=v^2/2g$（v 为管道流速）。当水流通过管道流出时，玻璃管中水柱高 $h=0.35\ \text{m}$，求管道水头 H（取动能校正系数为 1）。

4-4 图示为铅直放置的一文德里管。已知 $d_1=20\ \text{cm}$，$d_2=10\ \text{cm}$，$\Delta z=0.5\ \text{m}$，水银压差计读数 $\Delta h=2\ \text{cm}$。若不计水头损失，求流量 Q（取动能校正系数为 1）。

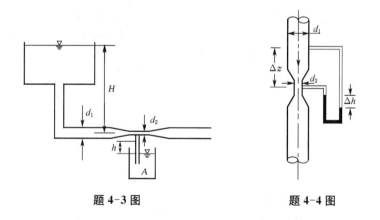

题 4-3 图　　　　　题 4-4 图

4-5 试证明图示文德里管测得的流量值与管的倾斜角无关。

4-6 在图示管道的断面 $A—A$、$B—B$、$C—C$ 的上、下两端壁处各装设一根测压管，试问各断面上、下两根测压管水面是否等高？如果等高，原因何在？如不等高，哪一根高些，为什么？

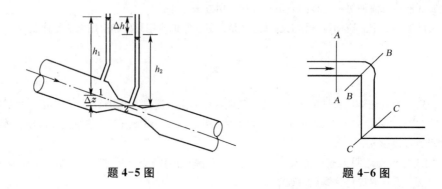

题 4-5 图　　　　　　　题 4-6 图

4-7　图示为一矩形断面平底渠道,宽度 $b=2.7$ m,在某处渠底抬高 $h=0.3$ m,抬高前的水深 $H=0.8$ m,抬高后水面降低 $z=0.12$ m,设抬高处的水头损失是抬高后流速水头的 1/3,求渠道流量 Q(取动能校正系数 $\alpha=1$)。

4-8　一带有收缩段的管道系统如图所示。利用收缩处的低压将容器 M 中的液体吸入管道中。设大容器装有同种液体。管道收缩断面面积为 A_1,出口面积为 A_2。管道出口中心的水头为 H。容器 M 液面至管轴高度 h 为多大时,能将液体抽入?(不计水头损失)

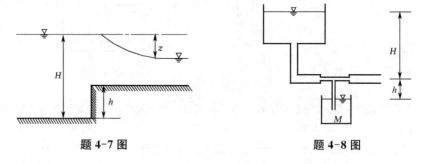

题 4-7 图　　　　　　　题 4-8 图

4-9　某渠道在引水途中要穿过一条铁路,于路基下面修建圆形断面涵洞一座,如图所示。已知涵洞设计流量 $Q=1$ m³/s,涵洞上下游水位差 $z=0.3$ m,涵洞水头损失 $h_w=1.47v^2/2g$(v 为洞内流速),涵洞上下游渠道流速很小,速度水头可忽略。求涵洞直径 d。

4-10　一圆柱形管嘴接在一个水位保持恒定的大水箱上,如图所示。在管嘴收缩断面 C—C 处产生真空,在真空断面上接一玻璃管,并插在颜色液体中。已知收缩断面处的断面积 A_c 与出口断面积之比 $A_c/A=0.64$。水流自水箱至收缩断面的水头损失为 $0.06(v_c^2/2g)$,v_c 为收缩断面流速。水流自水箱流至出口断面的水头损失为 $0.48(v^2/2g)$,v 为出口断面流速。管嘴中心处的水头 $H=40$ cm。水箱中的流速水头忽略不计。求颜色液体在玻璃管中上升的高度 h。(取动能校正系数为 1)

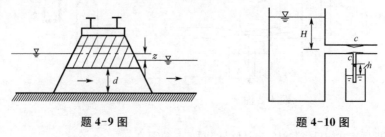

题 4-9 图　　　　　　　题 4-10 图

4-11　某输油管道的直径由 $d_1=15$ cm,渐变到 $d_2=10$ cm。(如图)已知石油重度 $\rho g=8\,500$ N/m³,渐变段两端水银压差计读数 $\Delta h=15$ mm,渐变段末端压力表读数 $p=2.45$ N/cm²。不计渐变段水头损失。

取动能动量校正系数均为1。求:(1) 管中的石油流量 Q;(2) 渐变管段所受的轴向力。

4-12 某输水管道接有管径渐变的水平弯管(如图)。已知管径 $D=250$ mm,$d=200$ mm,弯角 $\theta=60°$。若弯管进口压力表读数 $p_1=2.5$ N/cm^2,$p_2=2.0$ N/cm^2。不计弯管的水头损失,求:水流对弯管的水平作用力的大小及方向。(取动能动量校正系数均为1)

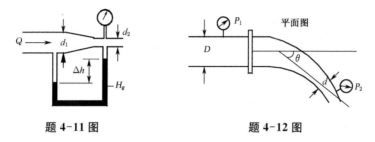

题 4-11 图   题 4-12 图

4-13 有一水平放置的管道(如图)。管径 $d_1=10$ cm,$d_2=5$ cm。管中流量 $Q=10$ L/s。断面1处测压管高度 $H=2$ m。不计管道收缩段的水头损失。取动能动量校正系数均为1。求水流作用于收缩段管壁上的力。

4-14 图示容器内的水从侧壁孔口射入大气。已知孔口直径 $d=10$ cm,水流对水箱的水平作用力 $F=460$ N。取动量校正系数等于1。求:孔口射流的流速 v。

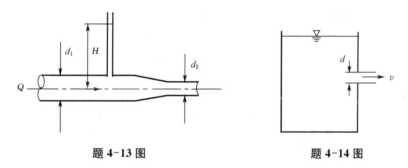

题 4-13 图   题 4-14 图

4-15 图示为水平放置的水电站压力分岔钢管,用混凝土支座固定。已知主管直径 $D=3$ m,两根分岔直径 $d=2$ m,转角 $\theta=120°$,管末断面1压强 $p_1=294$ KN/m^2,通过总流量 $Q=35$ m^3/s,两分岔管流量相等。不计水头损失。取动能动量校正系数均为1。求水流对支座的水平作用力。

4-16 射流从喷嘴中射出,撞击在相距很近的光滑平板上,如图所示。已知喷嘴直径 $d=25$ mm,射流与平板垂线间的夹角 $\theta=60°$,射流流速 $v_1=5$ m/s。不计摩擦阻力,取动量校正系数为1。求:(1)平板静止时,射流作用在平板上的垂直作用力;(2)当平板以 $u=2$ m/s 的速度与水流相同方向运动时,射流作用在平板上的垂直力。

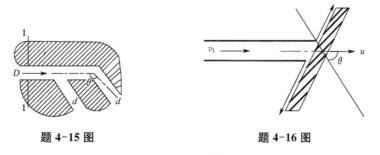

题 4-15 图   题 4-16 图

4-17 图示为矩形平底渠道中设平板闸门,门高 $a=3.2$ m,门宽 $b=2$ m。当流量 $Q=8$ m^3/s 时,闸前水深 $H=4$ m,闸后收缩断面水深 $h_c=0.5$ m。不计摩擦力。取动量校正系数为1。求作用在闸门上的动水总压力,并与闸门受静水总压力相比较。

4-18 射流以 $v=19.8$ m/s 的速度从直径 $d=10$ cm 的喷嘴中射出,射向有固定对称角 $\theta=135°$ 的叶片上。喷嘴出口和叶片出口流速均匀分布。若不计摩擦阻力及损失,求叶片所受的冲击力。

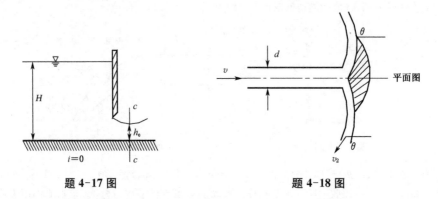

题 4-17 图   题 4-18 图

4-19 水枪的头部为渐细管,长度 $L=20$ cm,出口直径 $d=2$ cm,进口直径 $D=8$ cm,如图所示。水枪出口的水流流速 $v=15$ m/s。一消防队员手持水枪进口处,将水枪竖直向上喷射。若不计能量损失,取动能校正系数及动量校正系数为 1。求手持水枪所需的力及方向。

4-20 如图所示射流泵,其工作原理是借工作室中管嘴高速射流产生真空,将外部水池中的水吸进工作室,然后再由射流带进出口管。已知 $H=2$ m,$h=1$ m,$d_1=10$ cm,$d_2=7$ cm,不计水头损失,试求:(1)射流泵提供的流量 Q;(2)工作室中 3—3 断面处的真空度 h_{v_3}。

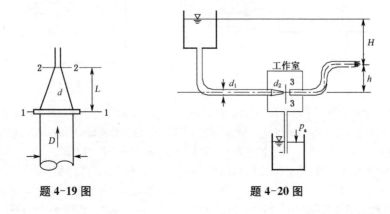

题 4-19 图   题 4-20 图

4-21 动量实验装置为一喷嘴向正交于射流方向的平板喷水,已知喷嘴出口直径为 10 mm,测得平板受力为 100 N,求射流流量 Q。

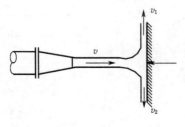

题 4-21 图

4-22 一水泵产生水头 $H_p = 50$ m,水泵吸水管从水池 A 处吸水,吸水管直径 $d_1 = 150$ mm,所产生的水头损失为 $5\dfrac{v_1^2}{2g}$,v_1 为吸水管平均流速,水泵安装高程 $z_2 = 2$ m,出水管直径 $d_2 = 100$ mm,末端接一管嘴,直径 $d_3 = 76$ mm,管嘴中心距吸水池水面高 30 m,出水管所产生的水头损失为 $12\dfrac{v_2^2}{2g}$,v_2 为出水管断面平均流速,计算:(1)管嘴 C 点的射流流速 v;(2)水泵入口处 B 点的压强。

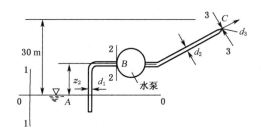

题 4-22 图

4-23 嵌入支座内的一段输水管,其直径由 d_1 为 1.5 m 变化到 d_2 为 1 m(见图示),当支座前的压强 $p = 4$ 个大气压(相对压强),流量 Q 为 1.8 m³/s 时,试确定渐变段支座所受的轴向力 R。不计水头损失。

4-24 一铅直管道,末端装一弯形喷嘴,转角 $\alpha = 45°$,喷嘴的进口直径 $d_A = 0.20$ m,出口直径 $d_B = 0.10$ m,出口断面平均流速 $v_B = 10$ m/s,两断面中心 A、B 的高差 $\Delta z = 0.2$ m,通过喷嘴的水头损失 $h_w = 0.5\dfrac{v_B^2}{2g}$,喷嘴中水重 G = 20 kg,求水流作用于喷嘴上的作用力 R。

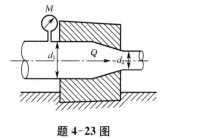

题 4-23 图

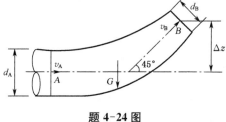

题 4-24 图

第5章 流动阻力与水头损失

任何实际液体都具有粘性,在流动过程中,液体内部质点间或流层间因相对运动,产生了内摩擦力,内摩擦力做功过程中就会将一部分机械能不可逆地转化为热能而散失,形成了能量损失。本章主要研究恒定液流的阻力和水头损失规律,它是水动力学基本理论的重要组成部分。首先,从雷诺实验出发介绍流动的两种形态——层流和湍流。然后着重对两种流态的机理进行分析,并在此基础上引出液体在有压管路和明渠内流动时水头损失的计算。

5.1 流动阻力与能量损失的两种形式

为了便于分析和计算,将流动阻力和能量损失分为两类:沿程阻力和沿程水头损失 h_f 及局部阻力和局部水头损失 h_j;任何两过流断面间的能量损失 h_w 在各损失互不影响、干扰的情况下,可看成

$$h_w = \sum_{i=1}^{n} h_{fi} + \sum_{k=1}^{m} h_{jk}$$

5.1.1 沿程阻力和沿程水头损失

在边界沿程不变(包括边界固体壁面形状、尺寸、流动方向都不变)的均匀流段上,水流阻力中只有沿程不变的摩擦阻力,称为沿程阻力;克服沿程阻力所产生的水头损失则称为沿程水头损失,以 h_f 表示。沿程阻力的特征是沿液体流动长度均匀分布,因而沿程水头损失的大小与流程的长短成正比。

5.1.2 局部阻力及局部水头损失

在边壁形状沿程急剧变化,流速分布急剧调整的局部区段上,集中产生的流动阻力称为局部阻力。克服局部阻力引起的水头损失称为局部水头损失,以 h_j 表示。它一般发生在水流边界突变处附近。

5.2 液体的两种流动形态

19世纪初人们就已经发现圆管中液流的水头损失和流速有一定关系。当流速很小时,水头损失和平均流速的一次方成正比;当流速较大时,水头损失几乎和流速的平方成正比。

直到 1883 年,由英国物理学家雷诺(Osborne Reynolds)通过实验研究发现,水头损失规律之所以不同,是因为液体运动存在着两种不同的形态:层流和湍流。

5.2.1 雷诺实验

雷诺实验的装置如图 5-1 所示。水箱 A 中水平放置一具有喇叭口的玻璃管 B,另一端有阀门 C 用以调节流量。容器 D 内装有密度与水相近的色液,经细管 E 流入玻璃管中,阀门 F 可以调节色液的流量。

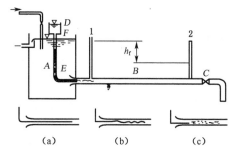

实验时保持水箱 A 的水位恒定。稍微开启阀门 C,使玻璃管 B 内水的流速较低。再打开阀门 F,少量颜色水经细管 E 流入玻璃管 B,这时可以见到玻璃管内颜色水成一股细直的流束,如图 5-1(a),它与周围清水互不混合。这一现象说明流层间互不掺混。这种分层有规律的流动状态称为层流。如阀门 C 逐渐开大到玻璃管中流速足够大时,颜色

图 5-1 雷诺实验装置

水出现波动,如图 5-1(b)所示。继续开大阀门,当管中流速增至某一数值时,颜色水迅速与周围清水混掺,玻璃管中整个水流都被均匀染色(如图 5-1(c)),表明这时液体质点的运动轨迹极不规则,各层液体质点互相混掺,这种流动状态称为湍流。由层流转化成湍流时的管中平均流速称为上临界流速 v'_c。

上述实验,若以相反的程序进行,即开大阀门 C,使管内流动处于湍流状态,然后再逐渐关小阀门,使管内流速逐渐减小,则上述过程以相反的过程重演;当管内流速减低到不同于 v'_c 的另一个数值时,可发现细管 E 注出的色液又重现直线元流。这说明圆管中水流又由湍流转变为层流。不同的只是由湍流转变为层流时的平均流速小于层流转变为湍流的流速,称为下临界流速 v_c。

为了分析沿程水头损失与流速之间的变化规律,常在上述雷诺实验装置中的管段上,选取两过流断面 1-1 和 2-2,并接测压管,如图 5-1 所示。将在不同的流速 v 时测定的相应的水头损失 h_f 绘在对数坐标纸上成 h_f 与 v 的关系曲线,如图 5-2 所示。若实验时流速自小变大,则实验点落在 $abcef$ 上,层流维持至 c 点才能转变为湍流。若实验时流速自大变小,则实验点落在 $fedba$ 上,与 bce 不重合,湍流维持至 b 点才转变为层流。图 5-2 上曲线明显地分为三部分:

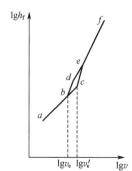

图 5-2 流速与沿程损失的关系

1) ab 段 当 $v<v_c$ 时,流动为稳定的层流,实验点都分布在与横轴($\lg v$ 轴)成 45°的直线上,ab 的斜率 $m_1=1.0$,说明沿程损失与断面平均流速的一次方成比例。

2) ef 段 当 $v>v'_c$ 时,流动只能是湍流,实验点都分布在 ef 线上,其斜率 $m_2=1.75\sim2.0$。说明沿程损失与断面平均流速的 $1.75\sim2.0$ 次方成比例。

3) bce 段 当 $v_c<v<v'_c$ 时,水流状态不稳定,流动可能是层流(如 bc 段),也可能是湍流(be 段),取决于水流的原来状态。

上述实验结果可用下列方程表示

$$\lg h_\mathrm{f} = \lg k + m \lg v$$

即
$$h_\mathrm{f} = k v^m$$

层流时,$m_1=1.0$,$h_\mathrm{f}=k_1 v$,说明沿程损失与流速的一次方成正比;湍流时,$m_2=1.75\sim2.0$,$h_\mathrm{f}=k_2 v^{1.75\sim2.0}$,说明沿程损失与流速的 $1.75\sim2.0$ 次方成正比。

雷诺实验虽然是在圆管中进行,所用液体是水,但对其他边界形状,其他实际液体或气体流动的实验中,都可以发现存在这两种流态——层流和湍流。层流与湍流不仅是液体质点的运动轨迹不同,其内部结构也完全不同,反映在水头损失规律不一样。所以分析实际液体流动,例如计算水头损失时,首先必须判别流动的形态。

5.2.2 层流、湍流的判别标准

雷诺等人曾对不同管径的圆管和多种液体进行实验,发现临界流速与过流断面的特性几何尺寸(管径)d,液体密度 ρ 和动力粘度 μ 有关。这四个物理量之间的关系可以借助于量纲分析方法得到,即

$$Re = \frac{vd}{\nu} \tag{5-1}$$

式中:ν 为液体的运动粘度;Re 为雷诺数,量纲一的数。表示水流所受的惯性力与粘滞力之比。

当 $v = v_\mathrm{c}$ 时,得下临界雷诺数

$$Re_\mathrm{c} = \frac{v_\mathrm{c} d}{\nu}$$

当 $v = v'_\mathrm{c}$ 时,得上临界雷诺数

$$Re'_\mathrm{c} = \frac{v'_\mathrm{c} d}{\nu}$$

实验表明,尽管不同条件下的下临界流速 v_c 不同,但对于通常使用的管壁粗糙情况下的平直圆管均匀流来讲,任何管径大小和任何牛顿液体,它们的下临界雷诺数都是相同的,其值 $Re_\mathrm{c} \approx 2\,300$,是一个相当稳定的数值,外界扰动几乎与它无关。而上临界雷诺数 Re'_c,却是一个不稳定的数值,主要与进入管道以前液体的稳定程度及外界扰动影响有关。由实验得圆管有压流的上临界雷诺数 $Re'_\mathrm{c} = \frac{v'_\mathrm{c} d}{\nu} \approx 12\,000$ 或更大。

由于实际液体运动中总存在扰动,所以 Re'_c 对于判别流态没有实际意义。这样,在确定某一具体流动的流态时,就可用它的雷诺数 Re 与下临界雷诺数 Re_c 来比较。

1) 圆管雷诺数

$$Re = \frac{vd}{\nu}$$

当 $Re < Re_\mathrm{c} = 2\,300$ 时,为层流;
当 $Re > Re_\mathrm{c} = 2\,300$ 时,为湍流。

2) 非圆管雷诺数

对于明渠水流和非圆形断面的管流,同样可以用雷诺数来判别流动形态,其特征长度也

可以取其他的流动长度来表示:如水力半径 R 取代直径 d。此时的雷诺数记作为

$$Re = \frac{vR}{\nu} \tag{5-2}$$

式中 $R = \dfrac{A}{\chi}$ 称水力半径,是过水断面面积 A 与湿周 χ(断面中液体与固体边界相接触的边界长度)之比,这时临界雷诺数中的特征长度也应取相应的特征长度来表示,而临界雷诺数应为 575。

例 5-1 有压管道直径 $d=20$ mm,管中流速 $v=8.0$ cm/s,水的温度为 15℃,试确定水流流态及水流流态转变时的临界流速。

解: 在温度为 15℃时,水的运动粘度

$$\nu = 0.011\ 39\ \text{cm}^2/\text{s}$$

管中水流的雷诺数

$$Re = \frac{vd}{\nu} = \frac{8 \times 2}{0.011\ 39} = 1\ 404$$

$$Re < Re_c = 2\ 300$$

因此管中水流处在层流形态。

流态转变时临界流速为

$$v_c = \frac{Re_c \nu}{d} = \frac{2\ 300 \times 0.011 3\ 9}{2} = 13.1\ (\text{cm/s})$$

例 5-2 某实验中的矩形明渠流,底宽 $b=0.2$ m,水深 $h=0.1$ m,流速 $v=0.12$ m/s,水温为 10℃,试判别水流流态。

解:
$$A = bh = 0.2 \times 0.1 = 0.02\ (\text{m}^2)$$

$$\chi = b + 2h = 0.2 + 2 \times 0.1 = 0.4\ (\text{m})$$

$$R = \frac{A}{\chi} = \frac{0.02}{0.4} = 0.05\ (\text{m})$$

10℃时水的运动粘度 $\nu = 1.306 \times 10^{-6}\ \text{m}^2/\text{s}$

$$Re = \frac{vR}{\nu} = \frac{0.12 \times 0.05}{1.306 \times 10^{-6}} = 4\ 600 > Re_c = 575$$

因此,该明渠流为湍流。

5.3 恒定均匀流的沿程水头损失和基本方程式

前面已提到,均匀流中流层间的内摩擦力是造成沿程水头损失的直接原因。因此,应先建立沿程水头损失与切应力的关系。

5.3.1 均匀流基本方程

在圆管恒定均匀流段上取过水断面 1-1 和 2-2,如图 5-3 所示,其长度为 l,过水断面面

积 $A_1 = A_2 = A$，湿周为 χ

可写出断面 1-1 和断面 2-2 的伯努利方程

$$z_1 + \frac{p_1}{\rho g} + \frac{\alpha_1 v_1^2}{2g} = z_2 + \frac{p_2}{\rho g} + \frac{\alpha_2 v_2^2}{2g} + h_f$$

对均匀流，有 $\qquad \dfrac{\alpha_1 v_1^2}{2g} = \dfrac{\alpha_2 v_2^2}{2g}$

因此

$$h_f = \left(z_1 + \frac{p_1}{\rho g}\right) - \left(z_2 + \frac{p_2}{\rho g}\right) \tag{5-3}$$

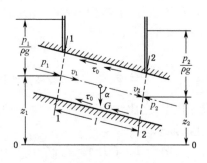

图 5-3 圆管均匀流动

因为是均匀流，总流边界单位面积上的平均切应力 τ_0 值沿程不变；所取总流流段处于动平衡状态，写出在水流运动方向上力的平衡方程式

$$P_1 - P_2 + G\cos\alpha - T = 0$$

因 $P_1 = p_1 A$，$P_2 = p_2 A$，而且 $\cos\alpha = \dfrac{z_1 - z_2}{l}$，代入上式，得

$$p_1 A - p_2 A + \rho g A l \frac{z_1 - z_2}{l} - \tau_0 \chi l = 0$$

以 $\rho g A$ 除全式，移项后得

$$\left(z_1 + \frac{p_1}{\rho g}\right) - \left(z_2 + \frac{p_2}{\rho g}\right) = \frac{\tau_0}{\rho g} \frac{\chi}{A} l$$

于是

$$h_f = \frac{\tau_0}{\rho g} \cdot \frac{\chi}{A} l = \frac{\tau_0}{\rho g} \frac{l}{R} \tag{5-4}$$

或

$$\tau_0 = \rho g R \frac{h_f}{l} = \rho g R J \tag{5-5}$$

式(5-4)及(5-5)给出了沿程水头损失与切应力的关系，是研究沿程水头损失的基本公式，称为均匀流基本方程。对于无压均匀流，按上述步骤，列出沿流动方向的力平衡方程式，同样可得与式(5-4)、(5-5)相同结果。因为在推导上述均匀流基本方程式的过程中，没有对流态加以限制，所以该方程既适用于层流，又适用于湍流。

5.3.2 圆管过水断面上切应力分布

在图 5-3 所示圆管恒定均匀流中，取一半径为 r 的同轴圆柱体流束进行受力分析，同样可以求得流束的均匀流基本方程

$$\tau = \rho g \frac{r}{2} J' \tag{5-6}$$

τ 为所取流束表面上的切应力；J' 为所取流束水力坡度，与总流水力坡度相等，即 $J =$

J'。

由式(5-6)得圆管壁上的切应力 τ_0 为

$$\tau_0 = \rho g \frac{r_0}{2} J \qquad (5-7)$$

由式(5-6)与式(5-7),可得

$$\frac{\tau}{\tau_0} = \frac{r}{r_0} \qquad (5-8)$$

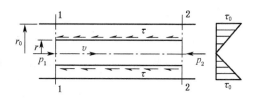

图 5-4 切应力分布

上式表明在有压圆管均匀流的过水断面上,切应力呈直线分布,如图 5-4 所示,管壁处切应力为最大值 τ_0,管轴处切应力为零。

从均匀流基本方程式可以看出,当 τ_0 已知后,即可由公式计算沿程损失。经过许多水力学家试验研究,用量纲分析法得到

$$h_f = \lambda \frac{l}{d} \frac{v^2}{2g} \qquad (5-9)$$

式中 λ 为沿程阻力系数,是表示沿程阻力大小的一个系数。上式称达西-魏斯巴赫公式。

5.4 圆管中的层流运动

5.4.1 断面流速分布

要由均匀流基本方程推出沿程水头损失的计算公式,还需进一步研究切应力 τ 与平均速度 v 的关系。而 τ 的大小与水流的流动形态有关,本节先就圆管中的均匀层流运动进行分析。

如图 5-5 所示,液体在圆管中作层流运动,各液层间的切应力服从牛顿内摩擦定律,即

$$\tau = \mu \frac{du}{dy}$$

由于 $r = r_0 - y$,则

$$\tau = -\mu \frac{du}{dr}$$

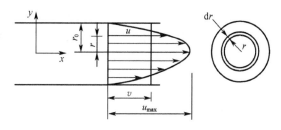

图 5-5 圆管均匀层流运动

圆管均匀流在半径 r 处的切应力可用均匀流方程式表示

$$\tau = \frac{1}{2} r \rho g J$$

由上面两式得

$$\tau = -\mu \frac{du}{dr} = \frac{1}{2} r \rho g J$$

分离变量

$$du = -\frac{\rho g}{2}\frac{J}{\mu}r\,dr$$

在均匀流过水断面上 J 也是常数,积分上式得

$$u = -\frac{\rho g J}{4\mu}r^2 + C$$

在管壁上,即 $r=r_0$ 处,$u=0$(固体边界无滑动条件)

$$C = \frac{\rho g J}{4\mu}r_0^2$$

所以
$$u = \frac{\rho g J}{4\mu}(r_0^2 - r^2) \tag{5-10}$$

式(5-10)说明圆管层流运动过水断面上流速分布是一个旋转抛物面,这是圆管层流运动的重要特征之一。

流动中的最大速度在管轴上,由式(5-10),有

$$u_{\max} = \frac{\rho g J}{4\mu}r_0^2 \tag{5-11}$$

因为流量 $Q = \int_A u\,dA = vA$,选取宽 dr 的环形断面为微元面积 dA,可得圆管层流的断面平均流速

$$v = \frac{Q}{A} = \frac{\int_A u\,dA}{A} = \frac{1}{\pi r_0^2}\int_0^{r_0}\frac{\rho g J}{4\mu}(r_0^2 - r^2)2\pi r\,dr = \frac{\rho g J}{8\mu}r_0^2 \tag{5-12}$$

比较式(5-11)、(5-12)得

$$v = \frac{1}{2}u_{\max} \tag{5-13}$$

即圆管层流的断面平均流速为最大流速的一半。可见,层流过水断面上流速分布是很不均匀的,其动能修正系数为

$$\alpha = \frac{\int_A u^3\,dA}{Av^3} = 2.0$$

动量修正系数为

$$\beta = \frac{\int_A u^2\,dA}{Av^2} = \frac{4}{3}$$

5.4.2 沿程水头损失的分析和计算

因为 $J = \dfrac{h_f}{l}$,由式(5-12)即可得层流沿程水头损失的计算公式

$$h_\mathrm{f} = \frac{32\mu vl}{\rho g d^2} \tag{5-14}$$

式(5-14)说明,在圆管层流中,沿程水头损失和断面平均流速的一次方成正比。这个结论和前述雷诺实验的结果是一致的。上式称哈根—泊肃叶公式,这种层流运动称哈根—泊肃叶流动。

将上式改写成沿程水头损失的普遍表示式,即

$$h_\mathrm{f} = \frac{64}{\underbrace{\frac{vd}{\nu}}} \cdot \frac{l}{d} \cdot \frac{v^2}{2g} = \frac{64}{Re} \cdot \frac{l}{d} \cdot \frac{v^2}{2g}$$

令

$$\lambda = \frac{64}{Re} \tag{5-15}$$

则

$$h_\mathrm{f} = \lambda \frac{l}{d} \frac{v^2}{2g} \tag{5-16}$$

上式适用于层流、湍流、有压流和无压流。式(5-16)表明,在圆管层流中沿程水头损失只与雷诺数有关,与管壁粗糙程度无关。

上面所推导出的层流运动计算公式,只适用于均匀流动情况,在管路进口附近是不适用的。

5.5 液体的湍流运动

5.5.1 湍流的基本特征及时均化

湍流运动的基本特征是液体质点不断地互相混掺,使液流各点的流速、压强等运动要素在时间上和空间上均具有随机的脉动现象。如图 5-6 所示。

通常把某一瞬时通过某点的液体质点的流速称为该点的瞬时流速,用 u_x 表示。通过测量可知液体质点的瞬时流速是随时间不断变化的,将 u_x 对某一时段 T 平均。即

$$\bar{u}_x = \frac{1}{T}\int_0^T u_x(t)\mathrm{d}t \tag{5-17}$$

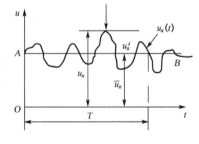

图 5-6 湍流运动的时均化

由图 5-6 可以看出只要所取的时间 T 足够长,$\bar{u}_x$ 便与 T 的长短无关,$\bar{u}_x$ 就是该点 x 方向的时均流速。

显然瞬时流速由时均流速和脉动流速两部分组成,即

$$u_x = \bar{u}_x + u'_x \tag{5-18}$$

$$u_y = \bar{u}_y + u'_y \tag{5-19}$$

$$u_z = \bar{u}_z + u'_z \tag{5-20}$$

式中 u_x、u_y、u_z 为 x、y、z 方向的瞬时流速，$\bar{u}_x$、$\bar{u}_y$、$\bar{u}_z$ 为 x、y、z 方向时均流速，u'_x、u'_y、u'_z 为 x、y、z 方向的脉动流速。脉动流速随时间而变化，在时段 T 内，脉动流速的时均值为零，即

$$\overline{u'_x} = \frac{1}{T}\int_0^T u'_x \mathrm{d}t = 0$$

同理 $\overline{u'_y} = 0$，$\overline{u'_z} = 0$。

以上这种把速度时均化的方法，也可以用到其他运动要素上。如瞬时压强

$$p = \bar{p} + p'$$

其中时均压强 $\bar{p} = \frac{1}{T}\int_0^T p \mathrm{d}t$；$p'$ 为脉动压强。

引入了时均化的概念，就可以把湍流运动看作时均流动和脉动流动的叠加，可以对时均流动和脉动流动分别进行研究。严格地说，湍流总是非恒定流，但可根据运动要素时均值是否随时间变化，将湍流分为恒定流与非恒定流。根据恒定流导出的水动力学基本方程，对于时均恒定流同样适用。

5.5.2 湍流切应力

根据湍流理论，湍流运动中液体所受的应力除重力作用下的压应力及粘性切应力外，还受到湍流附加切应力作用，以平面均匀流为例，全部切应力可表示为

$$\tau = \mu \frac{\mathrm{d}\bar{u}_x}{\mathrm{d}y} - \rho \overline{u'_x u'_y} \tag{5-21}$$

式中 $\mu \frac{\mathrm{d}\bar{u}_x}{\mathrm{d}y}$ 为粘性切应力；$-\rho \overline{u'_x u'_y}$ 为湍流附加切应力。式(5-21)中两部分切应力的大小随流动情况而有所不同。在雷诺数较小时即脉动较弱时，前者占主要地位。随着雷诺数增加，脉动程度加剧，后者逐渐加大。到雷诺数很大，在充分发展的湍流中，粘性切应力与附加切应力相比甚小，前者可以忽略不计。

5.5.3 普朗特混合长度理论

德国学者普朗特(L. Prandtl)在1925年提出半经验的混合长度理论，建立了湍流附加切应力与时均流速的关系。

普朗特借用分子自由程的概念，提出湍流混合长度的假设。他认为湍流脉动流速是与某一个长度(混合长度)和时均速度梯度的乘积成正比，即

$$u'_x \propto l_1 \frac{\mathrm{d}\bar{u}_x}{\mathrm{d}y},\ u'_y \propto l_2 \frac{\mathrm{d}\bar{u}_x}{\mathrm{d}y}$$

l_1、l_2 称为混合长度，并将 l_1、l_2 及比例常数的乘积，用 l^2 表示。因而湍流附加切应力的表达式为

$$\tau_2 = \rho l^2 \left(\frac{\mathrm{d}u}{\mathrm{d}y}\right)^2 \tag{5-22}$$

此处，l 仍称为混合长度。

混合长度理论给出了湍流切应力和流速分布规律，但是推导过程不够严谨，尽管如此，由于这一半经验理论比较简单，计算所得结果又与实验数据能较好符合，所以至今仍然是工程上应用最广的湍流理论。

5.5.4 湍流核心与粘性底层

在固体壁面附近，湍流的发生总是有区域性的。以圆管为例，根据理论分析和实验观测，在湍流中，紧靠管壁附近的液层由于受液体粘性的作用和固体边壁的限制，消除了液体质点的混掺，这一薄层称为粘性底层或层流底层，如图 5-7 所示。在粘性底层之外的液流，统称为湍流核心。

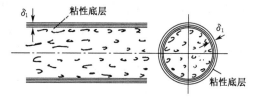

图 5-7 圆管粘性底层

在粘性底层内，切应力保持不变，由牛顿内摩擦定律得管壁附近的切应力 τ_0 为

$$\tau_0 = \mu \frac{\mathrm{d}u}{\mathrm{d}y} \approx \mu \frac{u}{y} \tag{5-23}$$

再由式(5-10)可知，当 $r \to r_0$ 时，有

$$u = \frac{\rho g J}{4\mu}(r_0^2 - r^2) = \frac{\rho g J}{4\mu}(r_0 + r)(r_0 - r) \approx \frac{\rho g J}{2\mu} r_0 (r_0 - r) = \frac{\rho g J r_0}{2\mu} y \tag{5-24}$$

其中：$y = r_0 - r$。由此可见，厚度很小的粘性底层中的流速分布近似为直线分布。

由式(5-23)得

$$\frac{\tau_0}{\rho} = \nu \frac{u}{y}$$

由于 $\sqrt{\frac{\tau_0}{\rho}}$ 的量纲与速度的量纲相同，称它为阻力速度 v^*，$v^* = \sqrt{\frac{\tau_0}{\rho}} = \sqrt{gRJ}$。则上式可写成

$$\frac{v^* y}{\nu} = \frac{u}{v^*}$$

注意到 $\frac{v^* y}{\nu}$ 是某一雷诺数，当 $y < \delta_1$ 时为层流；而当 $y \to \delta_1$，$\frac{v^* \delta_1}{\nu}$ 为某一临界雷诺数。实验资料表明，$\frac{v^* \delta_1}{\nu} = 11.6$。因此粘性底层的厚度

$$\delta_1 = 11.6 \frac{\nu}{v^*}$$

利用量纲分析方法得到

$$\tau_0 = \lambda \rho v^2 / 8 \tag{5-25}$$

代入上式可得

$$\delta_1 = \frac{32.8\nu}{v\sqrt{\lambda}} = \frac{32.8d}{Re\sqrt{\lambda}} \tag{5-26}$$

式中：Re 为管内流动雷诺数；λ 为沿程阻力系数。

上式即为粘性底层理论厚度的计算公式。实际厚度比理论厚度要小一些。此式表明 δ_1 随雷诺数的增加而减小。

粘性底层的厚度虽然极薄，但它对水流阻力有重大影响。因为固体壁面总是具有一定的粗糙度，影响着流动阻力，而粗糙程度很难表示，所以把它概括化，以凸出管壁的"平均"高度 Δ 来表示，Δ 称为绝对粗糙度。凸出高度和过流断面某一特性几何尺寸（例如圆管直径 d）的比值称相对粗糙度。当粘性底层的厚度 δ_1 明显大于粗糙突起的高度 Δ（如图 5-8a），粗糙突起完全被掩盖在粘性底层内，对湍流核心的流动几乎没有影响，好像在完全光滑的壁面上流动一样，壁面粗糙对流动阻力、能量损失不起作用，这种情况在水力学上称为"水力光滑管"。反之，当粘性底层掩盖不住粗糙凸出高度，壁面粗糙对流动阻力、能量损失影响很大（图 5-8b），这种情况称为"水力粗糙管"。

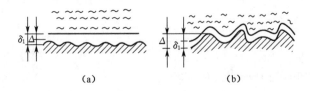

图 5-8 粘性底层的变化

根据以上的讨论，可将光滑区、粗糙区和介乎二者之间的湍流过渡区的分区规定为：
1) 水力光滑区　$\Delta < 0.4\delta_1$，或 $Re^* < 5$
2) 湍流过渡区　$0.4\delta_1 < \Delta < 6\delta_1$，或 $5 < Re^* < 70$
3) 粗糙区　$\Delta > 6\delta_1$，或 $Re^* > 70$

其中 $\frac{\Delta v^*}{\nu} = Re^*$，称为粗糙雷诺数。

5.6 湍流沿程损失的分析和计算

5.6.1 尼古拉兹实验曲线

1933 年尼古拉兹在人工均匀砂粒粗糙圆管中进行了系统深入的实验，并给出了阻力分区图，对圆管湍流研究影响重大。尼古拉兹认为沿程阻力系数有两个影响因素，即 $\lambda = f\left(Re, \frac{\Delta}{d}\right)$。以 $\lg Re$ 为横坐标、$\lg(100\lambda)$ 为纵坐标，将各种相对粗糙度情况下的试验结果描绘成图 5-9，即尼古拉兹实验曲线图。

由图 5-9 看到，λ 和 Re 及 Δ/d 的关系可分成下列几个区来说明。

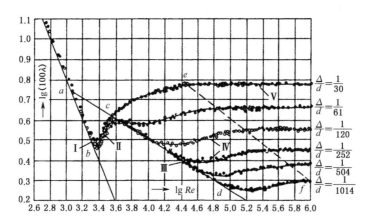

图 5-9 尼古拉兹实验曲线

1) 层流区(ab)线。当 $Re<2\,300$ 时，所有的试验点集中在一条直线 ab 上，说明 λ 与相对粗糙度 $\dfrac{\Delta}{d}$ 无关，并且 λ 与 Re 的关系符合 $\lambda=\dfrac{64}{Re}$ 规律，即试验结果证实了圆管层流理论公式的正确性。同时，此试验也证明 Δ 不影响临界雷诺数 $Re_c=2\,300$ 的结论。

2) 层流转变为湍流的过渡区(bc)线。此时 λ 基本上也与 $\dfrac{\Delta}{d}$ 无关，只与 Re 有关。

3) 湍流光滑区(cd)线。此时水流虽已处于湍流状态，$Re>3\,000$，但不同相对粗糙度的试验点都集中在 cd 线上。它表明 λ 值仅与 Re 有关，而与相对粗糙度无关。

4) 光滑区转变向粗糙区的湍流过渡区，即 cd 与 ef 线所包围的区域。该区的阻力系数 $\lambda=f\left(Re,\dfrac{\Delta}{d}\right)$。

5) 粗糙区或阻力平方区。该区 λ 与雷诺数无关，$\lambda=f\left(\dfrac{\Delta}{d}\right)$。水流阻力与流速的平方成正比，故又称为阻力平方区。

尼古拉兹实验虽然是在人工粗糙管中完成的，不能完全用于实用管道。但是，尼古拉兹实验的确具有重要的意义，他全面揭示了 λ 值的变化规律，为补充普朗特理论，推导湍流的半经验公式提供了可靠的依据。

5.6.2 人工粗糙管沿程阻力系数的半经验公式

尼古拉兹通过实测人工粗糙管的断面流速分布，确定了混合长度理论所得流速分布中的常数，整理得湍流沿程阻力系数的半经验公式。

1) 水力光滑区

尼古拉兹光滑管公式

$$\frac{1}{\sqrt{\lambda}}=2\lg\frac{Re\sqrt{\lambda}}{2.51} \tag{5-27}$$

适用于 $Re<10^6$。

2) 湍流粗糙区

尼古拉兹粗糙管公式

$$\lambda = \frac{1}{\left[2\lg\left(\frac{r_0}{\Delta}\right)+1.74\right]^2} \quad (5-28)$$

适用于 $Re > \frac{382}{\sqrt{\lambda}}\left(\frac{r_0}{\Delta}\right)$。

5.6.3 实用管道沿程阻力系数的确定

上述两个半经验公式都是在人工粗糙管的基础上得到的。而实用管道与人工粗糙管道的粗糙有很大差异，怎样将这两种不同的粗糙形式联系起来，使尼古拉兹半经验公式能用于实用管道是一个实际问题。在湍流光滑区，实用管道和人工粗糙管虽然粗糙情况不同，但都被粘性底层所掩盖，粗糙对湍流核心均无影响，实验表明式(5-27)也适用于实用管道。

在湍流粗糙管区，实用管道和人工粗糙管道 λ 值也有相同的变化规律。它说明尼古拉兹粗糙管公式有可能应用于实用管道，问题是实用管道的粗糙情况和尼古拉兹人工粗糙管不同，它的粗糙高度、粗糙形状及其分布都是没有规律的。计算时，必须引入"当量粗糙度"的概念，以便把实用管道的粗糙折算成人工粗糙。所谓"当量粗糙度"是指和实用管道湍流粗糙管区 λ 值相等的管径相同的尼古拉兹人工粗糙管的砂粒径高度。几种常用实用管道的当量粗糙度如表 5-1 所示。这样，式(5-28)也就可用于实用管道。

表 5-1　实用管道当量粗糙度 Δ

管　材　种　类	Δ/mm
聚氯乙烯管，玻璃管，黄铜管	0～0.002
光滑混凝土管、新焊接钢管	0.015～0.06
新铸铁管、离心混凝土管	0.15～0.5
旧铸铁管	1～1.5
轻度锈蚀钢管	0.25
清洁的镀锌铁管	0.25

对于湍流过渡区来讲，实用管道和人工粗糙管道 λ 值的变化规律有很大差异，尼古拉兹过渡区的实验成果对实用管道不适用。柯列勃洛克(C. F. Colebrook)根据大量实用管道试验资料，提出实用管道过渡区 λ 值计算公式，即柯列勃洛克公式

$$\frac{1}{\sqrt{\lambda}} = -2\lg\left(\frac{\Delta}{3.7d} + \frac{2.51}{Re\sqrt{\lambda}}\right) \quad (5-29)$$

式中：Δ 为实用管道的当量粗糙度，可由表 5-1 查得。

柯列勃洛克公式实际上是尼古拉兹光滑区公式和粗糙区公式的结合。由于公式适用性广，并且与实用管道实验结果符合良好，在工程界得到了广泛应用。

但式(5-29)的应用比较麻烦，须经过几次迭代才能得出结果。为了简化计算，1944 年莫迪(Moody)在柯列勃洛克公式的基础上，绘制了实用管道 λ 的计算曲线，即莫迪图(实用

管道实验曲线）——图 5-10。由图可按 Re 及相对粗糙度 Δ/d 直接查得 λ 值。

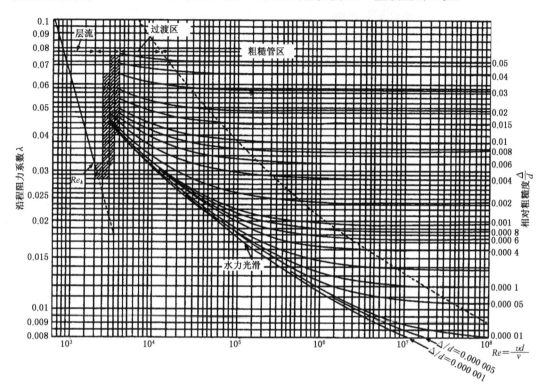

图 5-10 莫迪图

5.6.4 实用管道沿程阻力系数的经验公式

1) 布拉休斯（Blasius H）公式

$$\lambda = \frac{0.3164}{Re^{1/4}} \tag{5-30}$$

此式是 1912 年布拉休斯总结光滑管的实验资料提出的。适用条件为：

$$Re<10^5 \text{ 及 } \Delta<0.4\delta_1$$

2) 舍维列夫（Ф. А. Шевелев）公式

舍维列夫根据对旧钢管及旧铸铁管的水力实验，提出了计算过渡区及阻力平方区的阻力系数公式

对于湍流过渡区，即 $v<1.2 \text{ m/s}$

$$\lambda = \frac{0.0179}{d^{0.3}}\left(1+\frac{0.867}{v}\right)^{0.3} \tag{5-31}$$

对于湍流粗糙区，即 $v \geqslant 1.2 \text{ m/s}$

$$\lambda = \frac{0.0210}{d^{0.3}} \tag{5-32}$$

以上公式中的管径 d 均以 m 计,速度 v 以 m/s 计,且公式是指在水温为 10℃,运动粘度 $\nu=1.3\times10^{-6}\text{m}^2/\text{s}$ 条件下导出的。

例 5-3 某水管长 $l=600$ m,直径 $d=200$ mm,管壁粗糙高度 $\Delta=0.1$ mm,如输送流量 $Q=10$ L/s,水温 $t=20℃$,计算沿程水头损失为多少?

解: 平均流速 $v=\dfrac{Q}{\frac{1}{4}\pi d^2}=\dfrac{10\ 000}{\frac{1}{4}\pi(20)^2}=31.83$ cm/s,$t=20℃$ 时,水的运动系数 $\nu=0.01$ cm^2/s,雷诺数 $Re=\dfrac{vd}{\nu}=\dfrac{31.83\times20}{0.01}=63\ 660$,所以管中水流为湍流,$Re<10^5$,先用布拉休斯公式(5-30)计算 λ:

$$\lambda=\frac{0.316\ 4}{Re^{1/4}}=\frac{0.316\ 4}{63\ 660^{1/4}}=0.019\ 9$$

用式(5-26)计算粘性底层厚度

$$\delta_1=\frac{32.8d}{Re\sqrt{\lambda}}=\frac{32.8\times200}{63\ 660\sqrt{0.019\ 9}}=0.73(\text{mm})$$

因为 $Re=63\ 660<10^5$,$\Delta=0.1$ mm$<0.4\delta_1=0.4\times0.73$ mm$=0.292$ mm,所以流态是湍流光滑管区,布拉休斯公式适用。沿程水头损失

$$h_f=\lambda\frac{l}{d}\frac{v^2}{2g}=0.019\ 9\times\frac{600}{0.2}\times\frac{(0.318)^2}{2\times9.8}=0.308(\text{mH}_2\text{O})$$

也可以查莫迪图(图 5-10),当 $Re=63\ 660$ 按光滑管查,得

$$\lambda=0.019\ 8$$

由此可看出,在上面的雷诺数范围内,计算和查表所得的 λ 值是一致的。

3) 谢才公式

1775 年,谢才总结了明渠均匀流的情况,得出了计算恒定均匀流的公式

$$v=C\sqrt{RJ} \tag{5-33}$$

其中 C 为谢才系数,$C=\sqrt{\dfrac{8g}{\lambda}}$ (m$^{1/2}$/s),C 值也是反映沿程阻力变化规律的系数,通常直接由经验公式计算。由 C 可算出沿程阻力系数

$$\lambda=\frac{8g}{C^2} \tag{5-34}$$

下面介绍目前应用较广的 C 值的经验公式曼宁(Manning)公式 1889 年由曼宁提出

$$C=\frac{1}{n}R^{1/6} \tag{5-35}$$

式中:R 为水力半径,以 m 计;n 为壁面粗糙系数,根据壁面或河渠表面性质及情况确定,表 5-2 可供参考。

此公式形式简单,与实际符合也较好,因此目前在管流和明渠流的计算中仍被国内外工程界广泛采用。

表 5-2　粗糙系数 n 值

序号	壁面性质及状况	n
1	涂复珐琅或釉质的表面;极精细刨光而拼合良好的木板	0.009
2	刨光的木板;纯粹水泥的粉饰面	0.010
3	水泥(含 $\frac{1}{3}$ 细沙)粉饰面;(新)的陶土、安装和接合良好的铸铁管和钢管	0.011
4	未刨的木板,而拼合良好;无显著积垢的给水管;极洁净的排水管;极好的混凝土面	0.012
5	琢磨石砌体;极好的砖砌体;正常情况下的排水管;略微污染的给水管;非完全精密拼合的、未刨的木板	0.013
6	"污染"的给水管和排水管;一般的砖砌体;一般情况下渠道的混凝土面	0.014
7	粗糙的砖砌体;未琢磨的石砌体;石块安置平整;极污垢的排水管	0.015
8	普通块石砌体(状况满意的);旧破砖砌体;较粗糙的混凝土;光滑的开凿得极好的崖岸	0.017
9	覆有坚厚淤泥层的渠槽,用致密黄土和致密卵石做成而为整片淤泥薄层所覆盖的良好渠槽	0.018
10	很粗糙的块石砌体;大块石的干砌体;碎石铺筑面;纯由岩石中开凿的渠槽;由黄土、致密卵石和致密泥土做成而为淤泥薄层所覆盖的渠槽(正常情况)	0.020
11	尖角的大块乱石铺筑;表面经过普通处理的岩石渠槽;致密粘土渠槽。黄土、卵石和泥土做成而非为整片的(有些地方断裂的)淤泥薄层所覆盖的渠槽;大型渠槽受到中等以上的养护	0.022 5
12	大型土渠受到中等养护的;小型土渠受到良好的养护。在有利条件下的小河和溪闸(自由流动无淤塞和显著水草等)	0.025
13	中等条件以下的大渠道;中等条件的小渠	0.027 5
14	条件较差的渠道和小河(例如有些地方有水草和乱石或显著的茂草,有局部的坍坡等)	0.030
15	条件很坏的渠道和小河,断面不规则,严重地受到石块和水草的阻塞等	0.035
16	条件特别坏的渠道和小河(沿河有崩岸的巨石、绵密的树根、深潭、坍岸等)	0.04

5.7　局部水头损失的分析和计算

5.7.1　局部水头损失的分析

当液体流过边界突然变化或流动方向急剧改变的流段,就会产生局部水头损失。局部水头损失发生的主要原因是漩涡的存在,即水流在边界突变的地方,如突然扩大、突然缩小、闸阀等处,都会发生主流与边壁脱离现象,在主流与边壁间形成漩涡区。漩涡形成是需要能量的,这能量是流动所提供的,在漩涡区内,液体在摩擦阻力的作用下不断消耗能量,而液体流动不断地提供,这是产生局部水头损失的主要原因。另外,流动中漩涡的存在大大增加了湍流的脉动程度,使流动的湍流强度增加,从而加大了能量的损失。

由于局部阻碍种类繁多,流动现象极其复杂,局部阻力系数多由实验确定。只有少数几种情况局部水头损失可以在一定的假设条件下用理论分析计算。下面将论述有代表性的断面突然扩大的局部水头损失。

5.7.2 圆管突然扩大的局部水头损失

取一段有压恒定管流,如图 5-11 所示,由管径 d_1 到管径 d_2 过水断面突然扩大。取过水断面 1—1 在两管的接合面上,过水断面 2—2 在液体全部扩大后的断面上,

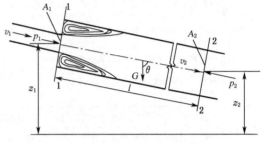

图 5-11 圆管突然扩大局部水头损失计算

对这两断面列伯努利方程

$$z_1 + \frac{p_1}{\rho g} + \frac{\alpha_1 v_1^2}{2g} = z_2 + \frac{p_2}{\rho g} + \frac{\alpha_2 v_2^2}{2g} + h_j$$

得

$$h_j = \left(z_1 + \frac{p_1}{\rho g}\right) - \left(z_2 + \frac{p_2}{\rho g}\right) + \frac{\alpha_1 v_1^2}{2g} - \frac{\alpha_2 v_2^2}{2g} \tag{5-36}$$

式中:h_j 为突然扩大局部水头损失,因 1—1 和 2—2 断面之间距离较短,其沿程水头损失可以忽略。

对由断面 1—1 和 2—2 及管壁所组成的控制面内的液体写沿管轴的动量方程。设作用在断面 1—1 和 2—2 及管道环形断面 $(A_2 - A_1)$ 上的动压强符合静水压强分布规律。断面 1—1 至断面 2—2 间水流与管壁间的切应力与其他力比较起来是微小的,可忽略不计

$$\cos\theta = \frac{z_1 - z_2}{l}$$

根据动量方程式,得

$$\rho Q(\beta_2 v_2 - \beta_1 v_1) = p_1 A_1 - p_2 A_2 + p_1(A_2 - A_1) + \rho g A_2 l \cos\theta$$

以 $Q = v_2 A_2$ 代入,并以 $\rho g A_2$ 除全式,整理得

$$\frac{v_2}{g}(\beta_2 v_2 - \beta_1 v_1) = \left(z_1 + \frac{p_1}{\rho g}\right) - \left(z_2 + \frac{p_2}{\rho g}\right) \tag{5-37}$$

将式(5-37)代入式(5-36),得

$$h_j = \frac{v_2}{g}(\beta_2 v_2 - \beta_1 v_1) + \frac{\alpha_1 v_1^2}{2g} - \frac{\alpha_2 v_2^2}{2g}$$

在渐变流中,可近似假定 α_1、α_2、β_1、β_2 都等于 1,代入上式得

$$h_j = \frac{(v_1 - v_2)^2}{2g} \tag{5-38}$$

式(5-38)就是圆管突然扩大的局部水头损失的理论计算式。实验证实了它具有足够的准确性,可在实际计算中采用。利用连续性方程 $v_1 A_1 = v_2 A_2$,得 $v_1 = \frac{A_2}{A_1} v_2$,以此式代入式(5-38)得

$$\left. \begin{aligned} h_j &= \left(\frac{A_2}{A_1} - 1\right)^2 \frac{v_2^2}{2g} = \zeta_2 \frac{v_2^2}{2g} \\ h_j &= \left(1 - \frac{A_1}{A_2}\right)^2 \frac{v_1^2}{2g} = \zeta_1 \frac{v_1^2}{2g} \end{aligned} \right\} \tag{5-39}$$

式中 $\zeta_1 = \left(1 - \dfrac{A_1}{A_2}\right)^2$，$\zeta_2 = \left(\dfrac{A_2}{A_1} - 1\right)^2$ 称为突然扩大的局部阻力系数（或称局部水头损失系数）。计算时必须注意使用的局部阻力系数与流速水头相对应。

式(5-39)表明，局部水头损失可表示为流速水头的倍数。这一形式是局部水头损失的通用公式

$$h_j = \zeta \dfrac{v^2}{2g} \tag{5-40}$$

上式中 ζ 为局部阻力系数，该系数由实验确定。

其他的局部阻力系数可查阅有关手册。计算时要注意选用的局部阻力系数与流速水头相对应。

例 5-4 设水流从水箱经过水平串联管流入大气，在第三管段有一板式阀门，如图 5-12 所示。已知 $H = 3$ m，$d_1 = 0.15$ m，$l_1 = 15$ m，$d_2 = 0.25$ m，$l_2 = 25$ m，$d_3 = 0.15$ m，$l_3 = 15$ m，各管道的沿程阻力系数：$\lambda_1 = 0.04$，$\lambda_2 = 0.03$，$\lambda_3 = 0.04$；管道进口局部阻力系数 $\zeta_1 = 0.5$，管道突然缩小局部阻力系数 $\zeta_3 = 0.32$。试求阀门全开 $\left(\dfrac{e}{d} = 1\right)$ 时管内流量 Q。

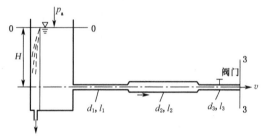

图 5-12　例 5-4 图

解： 对过流断面 0-0、3-3 列伯努利方程，取 $\alpha_0 = \alpha_3 = 1.0$，则可得

$$H = \dfrac{v_3^2}{2g} + h_{w0-3} \tag{1}$$

$$h_{w0-3} = \zeta_1 \dfrac{v_1^2}{2g} + \lambda_1 \dfrac{l_1}{d_1} \dfrac{v_1^2}{2g} + \zeta_2 \dfrac{v_2^2}{2g} + \lambda_2 \dfrac{l_2}{d_2} \dfrac{v_2^2}{2g} + \zeta_3 \dfrac{v_3^2}{2g} + \lambda_3 \dfrac{l_3}{d_3} \dfrac{v_3^2}{2g} \tag{2}$$

$$\zeta_2 = \left(\dfrac{A_2}{A_1} - 1\right)^2 = \left(\dfrac{d_2^2}{d_1^2} - 1\right)^2 = \left[\dfrac{(0.25)^2}{(0.15)^2} - 1\right]^2 = 3.16$$

将已知值代入(1)式、(2)式，得

$$3 = 0.5 \times \dfrac{v_1^2}{2g} + 0.04 \times \dfrac{15}{0.15} \times \dfrac{v_1^2}{2g} + 3.16 \times \dfrac{v_2^2}{2g} + 0.03 \times \dfrac{25}{0.25} \times \dfrac{v_2^2}{2g} +$$
$$0.32 \times \dfrac{v_3^2}{2g} + 0.04 \times \dfrac{15}{0.15} \times \dfrac{v_3^2}{2g} + \dfrac{v_3^2}{2g}$$

$$3 = 4.5 \times \dfrac{v_1^2}{2g} + 6.16 \times \dfrac{v_2^2}{2g} + 5.32 \times \dfrac{v_3^2}{2g} \tag{3}$$

因 $v_1 = \dfrac{A_2}{A_1} v_2 = \left(\dfrac{d_2}{d_1}\right)^2 v_2 = \left(\dfrac{0.25}{0.15}\right)^2 v_2 = 2.78 v_2$，$v_1 = v_3$ 所以(3)式为

$$3 = 4.5 \times \dfrac{(2.78 v_2)^2}{2 \times 9.8} + 6.16 \times \dfrac{v_2^2}{2 \times 9.8} + 5.32 \times \dfrac{(2.78 v_2)^2}{2 \times 9.8}$$

$$v_2 = 0.85 \text{(m/s)}$$

$$Q = A_2 v_2 = \frac{\pi d_2^2}{4} v_2 = \frac{\pi}{4} \times (0.25)^2 \times 0.85 = 0.042 \text{(m}^3\text{/s)}$$

5.8 边界层基本概念

5.8.1 边界层

如图 5-13 所示，对于恒定均匀流动，来流流速为 U_0，在平行于流动方向放置一块薄平板，如平板静止，与平板接触的液体质点，由于粘性作用速度为零。平板附近的液体质点将受到这一层液体的阻滞，流速亦随之降低。离平板愈远，流速降低愈小。当距平板一定距离处，其流速将接近原来的流速 U_0。因此，由于粘性作用的影响，从平板表面至未扰动的液流之间存在着一个流速分布不均匀的区域，速度梯度大，且存在较大切应力。这一粘性不能忽略的靠近平板的薄层，称为边界层。边界层的厚度 δ，从理论上讲，应该

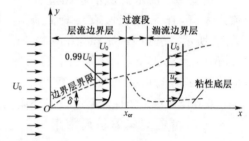

图 5-13 边界层

是由平板的表面流速为零的地方，沿平面表面的外法线方向一直到流速达到外界主流流速 U_0 的地方。严格地讲，这个界限在无穷远处。根据实验观察，在离平板表面一定距离后，流速就非常接近原来的流速 U_0。因此，一般规定 $u_x = 0.99 U_0$ 的地方作为边界层的界限，边界层的厚度就是根据这个界限来定义的。边界层厚度 δ 顺流逐渐加厚，因为边界的影响是随着边界的长度逐渐向流区内延伸的。

利用边界层的概念，可将实际液流分两个区域：边界层以外可看作理想液体，可按势流理论求解；边界层内的液体应考虑粘性的影响。但由于边界层在 y 坐标方向的厚度 δ 较之 x 坐标方向的长度小很多，因而使 N-S 方程得以简化，可利用动量方程求得近似解。

如图 5-13 所示，平板边界层内的流动，在边界层的前部，由于厚度较小，流速梯度很大，粘性切应力也很大，这时边界层内的流动属层流，称层流边界层。边界层内流动的雷诺数 Re_x 可表示为

$$Re_x = \frac{U_0 x}{\nu} \tag{5-41}$$

式中 U_0 为外界主流流速，x 为平板上某一点离起始端点的距离，ν 为液体的运动粘度。

当雷诺数达到某一临界值时，液流即自层流转变为湍流，成为湍流边界层。光滑平板边界层临界雷诺数的范围是 $3 \times 10^5 < Re_{xcr} < 3 \times 10^6$。

试验表明，平板边界层厚度可用下式计算

层流边界层
$$\delta = \frac{5x}{Re_x^{\frac{1}{2}}} \tag{5-42}$$

湍流边界层 $$\delta = \frac{0.377x}{Re_x^{\frac{1}{5}}} \tag{5-43}$$

在湍流边界层内,最靠近平板的地方,尚有一薄层,流速梯度很大,粘性切应力仍起主要作用,湍流附加切应力可以忽略,使得流动形态仍为层流,这一层就是前述的粘性底层。

在边界层内,液体质点并不总是在边界层内流动。在某些情况下(如液体绕圆柱的流动),常迫使边界层内的液体向边界层外流动,这一现象就称为边界层分离。

思考题

5-1 产生水头损失的根本原因是什么?

5-2 用什么来判断层流和湍流?雷诺数的物理意义是什么?

5-3 当输水管直径一定时,随流量加大 Re 是增大还是减小了;当输水管的流量一定时,随管径加大,Re 是增大还是减小了?

5-4 有两个圆管,管径分别为 $d_1 \neq d_2$,流动液体的 $\nu_1 \neq \nu_2$,液体的速度 $v_1 \neq v_2$,试问两个圆管中的 Re 一样吗?

5-5 湍流的特征是什么?湍流中运动要素的脉动是如何处理的?

5-6 瞬时流速 u 与脉动流速 u' 之间的关系如何?

5-7 粘性底层的概念是什么?

5-8 何谓水力光滑管和水力粗糙管?

5-9 尼古拉兹实验的重要意义是什么?它得到不同流区的沿程阻力系数 λ 值的变化规律是怎样的?

5-10 实用圆形管道的当量粗糙度 Δ 的概念是什么?如何测定?

习 题

5-1 某管道直径 $d=50$ mm,通过温度为 10℃燃料油,燃油的运动粘度 $\nu=5.16\times10^{-6}$ m²/s,试求保持层流状态的最大流量 Q_{max}。

5-2 在直径 $d=32$ mm 的管路中,流动着液压油,已知流量为 3 L/s,油液运动粘度 $\nu=30\times10^{-2}$ cm²/s,试确定:1) 流动状态; 2) 在此温度下油的临界速度。

5-3 有一矩形断面小排水沟,水深 $h=15$ cm,底宽 $b=20$ cm,流速 $v=0.15$ m/s,水温为 15℃,试判别其流态。

5-4 一梯形断面的排水沟,底宽 $b=70$ cm,断面的边坡系数为 1:1.5(如图示)。当水深 $h=40$ cm,断面平均流速 $v=5.0$ cm/s,水温为 20℃,试判别水流流态。如果水温和水深都保持不变,问断面平均流速减到多少时水流方为层流?

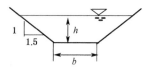

题 5-4 图

5-5 有一圆形断面输水隧洞,长度 $L=500$ m,直径 $d=5$ m。当通过流量 $Q=200$ m³/s 时,沿程水头损失 $h_f=7.58$ m。求沿程水头损失系数 λ。

5-6 设石油在圆管中作恒定有压均匀流动。已知管径 $d=10$ cm,流量 $Q=500$ cm³/s,石油密度 $\rho=$

850 kg/m³,运动粘度 $\nu=1.8\times 10^{-5}$ m²/s,试求管轴处最大流速 u_{max},半径 $r=2$ cm 处的流速 u_2,管壁处切应力τ_0 以及每米管长的沿程水头损失 h_f。

5-7 图示管道出口段长 $l=10$ m,直径 $d=0.1$m,通过密度$\rho=1\,000$ kg/m³的流体,流量 $Q=0.02$ m³/s。已知 $h=0.2$ m,$h_m=0.1$ m,$\rho_{Hg}=13.6\rho$,求:1)管道壁面切应力 τ_w;2)该管段的沿程水头损失系数 λ。

5-8 图示为一倾斜放置的等直径输水管道。已知管径 $d=200$ mm,A、B 两点之间的管长 $L=2$ m,高差 $\Delta z=0.2$ m。油的重度 $\rho g=8\,600$ N/m³。
求:(1) A、B 两点之间的沿程水头损失 h_f;
(2) A、B 两点的测压管水头差;

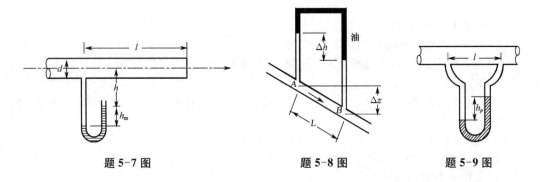

题 5-7 图   题 5-8 图   题 5-9 图

5-9 油的流量 $Q=7.7$ L/s,通过直径 $d=6$ mm 的细管,在 $l=2$ m 长的管段两端装有水银压差计,压差计读数 $h_p=18$ cm,已知水银$\rho_{Hg}g=133.38$ kN/m³,油的$\rho_0 g=8.43$ kN/m³,求油的运动粘度。

5-10 圆管直径 $d=15$ cm,平均流速 $v=1.5$ m/s,水温 $t=18℃$,$\nu=0.010\,62$ cm²/s,已知沿程阻力系数$\lambda=0.03$,试求粘性底层厚度。若水流速度提高至 3.0 m/s,δ_0 如何变化?又若流速不变,管径增大到 30 cm,δ_0 又如何变化?($\delta_0=\dfrac{32.8d}{Re\sqrt{\lambda}}$)

5-11 流速由 v_1 变为 v_2 的突然扩大管道,为了减小水头损失,可分为两次扩大,如图所示。问中间段流速 v 取多大时,所产生的局部水头损失最小?比一次扩大的水头损失小多少?

5-12 水平管直径 $d=100$ mm,管中装一蝶阀。为测定蝶阀的局部水头损失系数,在蝶阀前后设有 U 形水银压差计,如图所示,当管中通过流量 $Q=15.7$ L/s 时,水银柱高差 $h=500$ mm,设沿程水头损失可以不计,求蝶阀在该开度时的局部水头损失系数。

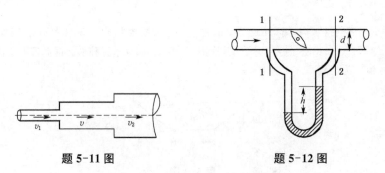

题 5-11 图   题 5-12 图

5-13 如图示有两个水池。其底部以一水管连通。在恒定的水面差 H 的作用下,水从左水池流入右水池。水管直径 $d=500$ mm,当量粗糙度 $\Delta=0.6$ mm,管总长 $l=100$m,直角进口,闸阀的相对开度为 5/8,90°缓弯管的转变半径 $R=2d$,水温为 20℃,管中流量为 0.5 m³/s。求两水池水面的高差 H。可以认为出水池(即右水池)的过水断面面积远大于水管的过水断面面积。

5-14 如图示用水泵从蓄水池中抽水,蓄水池中的水由自流管从河中引入。自流管长 $l_1 = 20$ m,管径 $d_1 = 150$ mm,吸水管长 $l_2 = 12$ m,管径 $d_2 = 150$ mm,两管的当量粗糙度均 0.6 mm,河流水面与水泵进口断面中点的高差 $h = 2.0$ m。自流管的莲蓬头进口,自流管出口入池,吸水管的带底阀的莲蓬头进口以及吸水管的缓弯头的局部水头损失系数依次为 $\zeta_1 = 0.2$, $\zeta_2 = 1.0$, $\zeta_3 = 6.0$, $\zeta_4 = 0.3$,水泵进口断面处的最大允许真空高度为 6.0 m 水头高。求最大的抽水流量。水温为 20℃。

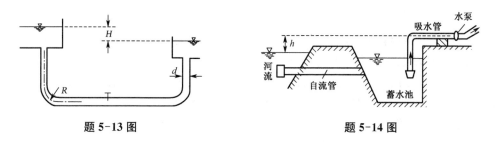

题 5-13 图   题 5-14 图

5-15 水从一水箱经过两段水管流入另一水箱(如图所示):$d_1 = 15$ cm, $l_1 = 30$ m, $\lambda_1 = 0.03$, $H_1 = 6$ m, $d_2 = 25$ cm, $l_2 = 50$ m, $\lambda_2 = 0.025$, $H_2 = 4$ m。水箱尺寸很大,箱内水面保持恒定,试求其流量。

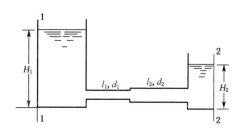

题 5-15 图

5-16 设有一恒定有压均匀管流,已知直径 $d = 200$ mm,绝对粗糙度 $\Delta = 0.2$ mm,水的运动粘度 $\nu = 0.15 \times 10^{-5}$ m²/s,流量 $Q = 0.005$ m³/s,试求管流的沿程阻力系数 λ 值和每米管长的沿程水头损失 h_f。

5-17 如图所示的引水管,直径 $d = 500$ mm,总长 $l = 1\,200$ m,沿程阻力系数 $\lambda = 0.015$,流量 $Q = 0.2$ m³/s,局部阻力系数:进口 $\zeta_1 = 0.5$,每个弯头 $\zeta_2 = 0.8$,阀门 $\zeta_3 = 0.2$。试求所需的作用水头 H。

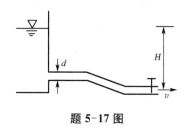

题 5-17 图

第6章 孔口、管嘴出流和有压管流

孔口、管嘴出流和有压管流是工程中最常见的流动现象。容器侧壁或底壁上开孔,水经孔口流出的流动现象称为孔口出流;若孔口器壁较厚,或在孔口上连接长为3~4倍孔径的短管,水经过短管并在出口断面充满管口的流动现象称为管嘴出流;若管道的整个断面被水流所充满,管道周界上各点均受到液体压强的作用,这种流动现象称为有压管流。交通土建工程的工地临时供水、路基涵洞的泄水能力计算以及有关实验研究,都会遇到有压管流的水力计算问题;给排水工程中各类取水口、泄水闸孔口,以及某些量测流量设备中的流动均属孔口出流;还有消防水枪和水力机械化施工用水枪是管嘴的应用。研究孔口、管嘴出流和有压管流对市政建设工程、交通运输工程、环境保护工程、水利工程等具有实用意义。

6.1 薄壁孔口的恒定出流

当孔口具有锐缘时,孔壁与通过孔口的水流仅在一条周线上接触,即孔壁的厚度对出流并不发生影响,这种孔口称为薄壁孔口,如图6-1所示。

根据孔口高度 d(或开度 e)与孔口断面形心点以上的水头 H 的相对大小,薄壁孔口出流可分为小孔口出流与大孔口出流。若 $d<H/10$,则称小孔口出流。小孔口出流时作用于孔口断面上各点的水头可近似认为与形心点上的水头 H 相等。若 $d\geqslant H/10$,则为大孔口出流,如闸孔出流。大孔口出流时作用于孔口断面上部和下部的水头有明显的差别。

按孔口断面形心点以上水头 H 是否随时间变化可分恒定出流和非恒定出流。本节将着重讨论薄壁小孔口恒定出流。

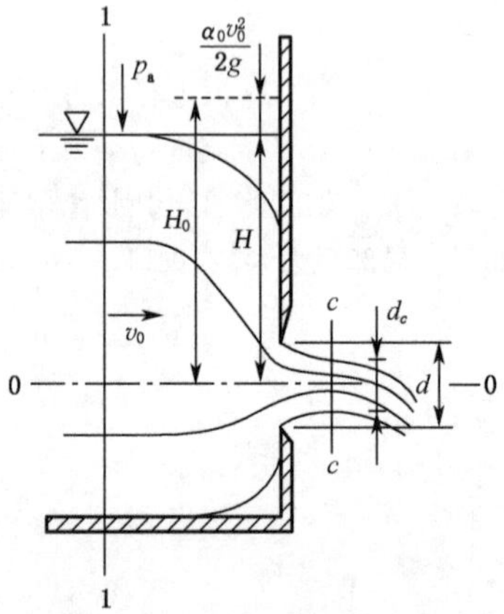

6.1.1 小孔口的自由出流

图 6-1 薄壁孔口

液流经孔口流入大气中的出流,称自由出流,如图6-1所示,当水股从孔口出流时,水流由各个方向向孔口汇集,由于水流的惯性作用,流出孔口的水流的流线仍保持一定的曲度;随后,这种曲度减小并趋于平行,此时,水流的过流断面面积也逐渐收缩,直至距孔口约为 $d/2$ 处收缩完毕,形成断面最小的收缩断面,流线在此趋于平行,然后扩散,如图6-1所示的 $c\text{-}c$ 断面称为孔口出流的收缩断面。

选取通过孔口形心的水平面0-0为基准面,以水箱内符合渐变流条件的断面1-1和收

缩断面 c-c，列伯努利方程

$$H+\frac{p_\mathrm{a}}{\rho g}+\frac{\alpha_1 v_1^2}{2g}=0+\frac{p_\mathrm{c}}{\rho g}+\frac{\alpha_\mathrm{c} v_\mathrm{c}^2}{2g}+h_\mathrm{w}$$

水流经容器中的微小沿程水头损失可以忽略不计，只有水流经孔口的局部损失。即

$$h_\mathrm{w}=h_\mathrm{j}=\zeta_\mathrm{c}\frac{v_\mathrm{c}^2}{2g}$$

对开敞容器的孔口自由出流

$$p_\mathrm{c}=p_\mathrm{a}=0$$

于是上面的伯努利方程可改写为

$$H+\frac{\alpha_1 v_1^2}{2g}=(\alpha_\mathrm{c}+\zeta_\mathrm{c})\frac{v_\mathrm{c}^2}{2g}$$

令 $H_0=H+\frac{\alpha_1 v_1^2}{2g}$，代入上式整理得

$$v_\mathrm{c}=\frac{1}{\sqrt{\alpha_\mathrm{c}+\zeta_\mathrm{c}}}\sqrt{2gH_0}=\varphi\sqrt{2gH_0} \tag{6-1}$$

式中：H_0 为水头；ζ_c 为水流经孔口的局部阻力系数；φ 为流速系数，$\varphi=\frac{1}{\sqrt{\alpha_\mathrm{c}+\zeta_\mathrm{c}}}\approx\frac{1}{\sqrt{1+\zeta_\mathrm{c}}}$。

如不计水头损失，则 $\zeta_\mathrm{c}=0$，而 $\varphi=1$，可见 φ 是收缩断面的实际液体流速 v_c 对理想液体流速 $\sqrt{2gH_0}$ 的比值。由实验测得圆形小孔口流速系数 $\varphi=0.97\sim0.98$。这样，可得水流经孔口的局部阻力系数 $\zeta_\mathrm{c}=\frac{1}{\varphi^2}-1=\frac{1}{0.97^2}-1=0.06$。

设孔口断面的面积为 A，收缩断面的面积为 A_c，$\frac{A_\mathrm{c}}{A}=\varepsilon$ 称为收缩系数。则孔口出流的流量为

$$Q=v_\mathrm{c}A_\mathrm{c}=\varepsilon A\varphi\sqrt{2gH_0}=\mu A\sqrt{2gH_0} \tag{6-2}$$

式中：μ 为孔口的流量系数，$\mu=\varepsilon\varphi$。对薄壁圆形小孔口 $\mu=0.60\sim0.62$。

式(6-2)是薄壁小孔口自由出流的基本公式。

6.1.2 小孔口的淹没出流

如图 6-2 所示，水由孔口直接流入另一部分水体中称为淹没出流。如同自由出流一样，由于水流运动的惯性，水流经孔口时先收缩，然后再扩大。

选通过孔口形心的水平面为基准面，取符合渐变流条件的断面 1-1，2-2 列伯努利方程。

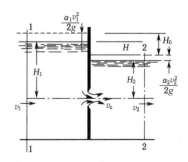

图 6-2 孔口淹没出流

$$H_1+\frac{p_\mathrm{a}}{\rho g}+\frac{\alpha_1 v_1^2}{2g}=H_2+\frac{p_\mathrm{a}}{\rho g}+\frac{\alpha_2 v_2^2}{2g}+h_\mathrm{j}$$

式中：$H = H_1 - H_2$，即孔口上、下游水面差，h_j 为局部水头损失，即

$$h_j = (\zeta_c + \zeta_2)\frac{v_c^2}{2g}$$

令

$$H_0 = H + \frac{\alpha_1 v_1^2}{2g} - \frac{\alpha_2 v_2^2}{2g}$$

当孔口两侧容器较大、$v_1 \approx v_2 \approx 0$ 时，将 $H_0 = H$ 代入上式，得

$$H_0 = (\zeta_c + \zeta_2)\frac{v_c^2}{2g} \tag{6-3}$$

式中：ζ_c 为孔口的局部阻力系数；ζ_2 为收缩断面突然扩大的局部阻力系数，当 A_2 远大于 A_c 时 $\zeta_2 \approx 1$。

将局部阻力系数代入上式，经过整理，得

$$v_c = \frac{1}{\sqrt{1+\zeta_c}}\sqrt{2gH_0} = \varphi\sqrt{2gH_0}$$

则

$$Q = \varphi \varepsilon A \sqrt{2gH_0} = \mu A \sqrt{2gH_0} \tag{6-4}$$

比较式(6-2)与式(6-4)，可见两式的形式完全相同，流速系数亦同。但应注意，孔口的作用水头 H 在自由出流时为上游水位与孔口中心的高差；而在淹没出流时为孔口上、下游的水位差，因孔口断面各点的作用水头相等，故孔口淹没出流的流速和流量均与孔口在水面下的深度无关，也无大、小孔口之分。

6.1.3 小孔口的收缩系数及流量系数

由以上分析可以看出，水股的收缩条件对孔口出流流量具有重要的影响。影响水股收缩的因素主要是孔口边缘的情况和孔口形状以及孔口在壁面上的位置。对于小孔口，实验证明孔口形状对流量系数 μ 的影响是微小的。因此，薄壁小孔口的流量系数 μ 主要取决于孔口在壁面上的位置。

当孔口离容器的其他各个壁面边界具有一定距离时，水股在四周各个方向上均能够发生收缩，称这种收缩为全部收缩（如图 6-3 Ⅰ、Ⅱ），否则，为不全部收缩。全部收缩孔口又分为完善收缩和不完善收缩：当孔口任一边缘到容器侧壁的距离大于该方向孔口宽度的 3 倍（$l>3a$ 或 $l>3b$），器壁对出流性质没有影响，这是完善收缩（图 6-3 Ⅰ），否则是不完善收缩（图 6-3 Ⅱ）。不完善收缩孔口的流量系数 μ' 大于完善收缩的流量系数 μ，可按经验公式估算。

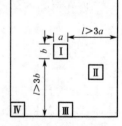

图 6-3 孔口的收缩与位置关系

根据实验结果、薄壁小孔口在全部、完善收缩情况下，各项系数值列于表 6-1 中。

表 6-1 薄壁小孔口各项系数

收缩系数 ε	阻力系数 ζ	流速系数 φ	流量系数 μ
0.64	0.06	0.97	0.62

6.1.4 大孔口的流量系数

大孔口可看做由许多小孔口组成。实际计算表明,小孔口的流量计算公式(6-2)也适用于大孔口,式中 H_0 应为大孔口形心的水头。实际工程中,大孔口出流几乎都是非全部收缩和不完善收缩,因此流量系数 μ 值往往大于小孔口的流量系数。水利工程上的闸孔可按大孔口计算,其流量系数列于表 6-2 中。

表 6-2 大孔口的流量系数 μ

闸孔收缩情况	流量系数 μ
全部不完善收缩	0.70
底部无收缩、有侧向收缩	0.65~0.70
底部无收缩、有很小的侧向收缩	0.70~0.75
底部无收缩、有极小的侧向收缩	0.80~0.90

6.2 管嘴恒定出流

6.2.1 圆柱形外管嘴的恒定自由出流

如图 6-4 所示,在薄壁孔口外接一段管长 $l \approx (3\sim 4)d$ 的短管,这样的短管称为圆柱形外管嘴。水流进入管嘴后,在入口边缘处,水流将形成收缩,并与管壁分离,形成漩涡区;然后经收缩断面 c-c,水股又逐渐扩大到整个断面上出流,这就是管嘴出流的水力特性。设水箱水位保持不变,水面压强为大气压强,管嘴为自由出流,对水箱中符合渐变流条件的过水断面 0-0 和管嘴出口断面 2-2 列伯努利方程,即

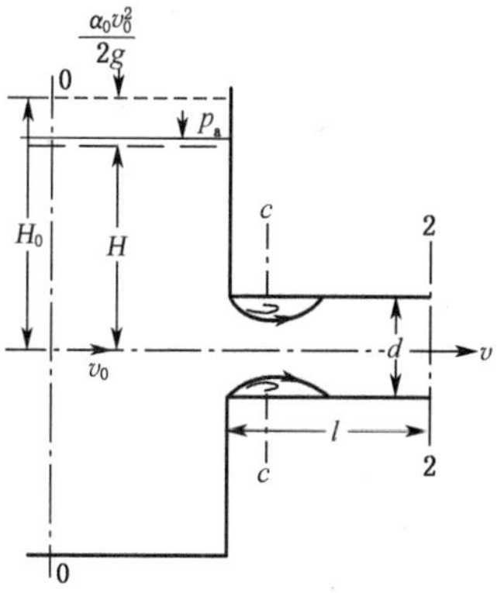

$$H + \frac{p_a}{\rho g} + \frac{\alpha_0 v_0^2}{2g} = 0 + \frac{p_a}{\rho g} + \frac{\alpha_2 v_2^2}{2g} + h_w$$

式中:h_w 为管嘴出流的水头损失,包括液流经孔口的局部损失与收缩断面后突然扩大的局部损失,不计沿程损失,相当管道直角进口的损失情况,即

$$h_w = \zeta_n \frac{v_2^2}{2g}$$

图 6-4 管嘴出流

令

$$H_0 = H + \frac{\alpha_0 v_0^2}{2g}$$

将以上二式代入原方程,并解 v,得

管嘴出口速度为:

$$v_2 = \frac{1}{\sqrt{\alpha_2 + \zeta_n}}\sqrt{2gH_0} = \varphi_n\sqrt{2gH_0} \tag{6-5}$$

管嘴流量

$$Q = \varphi_n A\sqrt{2gH_0} = \mu_n A\sqrt{2gH_0} \tag{6-6}$$

式中：ζ_n 为管嘴局部水头损失系数，相当于管道直角进口局部损失系数，查得 $\zeta_n = 0.5$；φ_n 为管嘴流速系数，$\varphi_n = \frac{1}{\sqrt{\alpha_2 + \zeta_n}} \approx \frac{1}{\sqrt{1+0.5}} = 0.82$；$\mu_n$ 为管嘴流量系数，因出口无收缩，$\mu_n = \varphi_n = 0.82$。

式(6-6)与式(6-2)，两式形式完全相同，但 $\mu_n = 1.32\mu$。可见在相同水头作用下，相同直径管嘴的过流能力比孔口的大 32%。

在孔口外面加一管嘴后，增加了水头损失，但是泄流量反而增加，这是由于收缩断面处真空作用的结果。参见图 6-4，对收缩断面 c-c 和出口断面 2-2 列伯努利方程

$$\frac{p_c}{\rho g} + \frac{\alpha_c v_c^2}{2g} = \frac{p_a}{\rho g} + \frac{\alpha_2 v_2^2}{2g} + h_j$$

因

$$v_c = \frac{A}{A_c}v_2 = \frac{1}{\varepsilon}v_2$$

局部损失主要发生在水流扩大上，$h_j = \zeta_2 \frac{v_2^2}{2g}$。代入上式，得

$$\frac{p_c}{\rho g} = -\frac{\alpha_c v_2^2}{\varepsilon^2 2g} + \frac{\alpha_2 v_2^2}{2g} + \zeta_2 \frac{v_2^2}{2g}$$

因 $v_2 = \varphi_n \sqrt{2gH_0}$，即 $\frac{v_2^2}{2g} = \varphi_n^2 H_0$；$\zeta_2 = \left(\frac{A}{A_c} - 1\right)^2 = \left(\frac{1}{\varepsilon} - 1\right)^2$，得

$$\frac{p_c}{\rho g} = -\left[\frac{\alpha_c}{\varepsilon^2} - \alpha_2 - \left(\frac{1}{\varepsilon} - 1\right)^2\right]\varphi_n^2 H_0 \tag{6-7}$$

对圆柱形外管嘴：

取
$$\alpha_c = \alpha_2 = 1, \varepsilon = 0.64, \varphi_n = 0.82$$

以此代入式(6-7)得

$$\frac{p_c}{\rho g} = -0.75 H_0$$

上式表明圆柱形外管嘴在收缩断面处出现了真空，其真空度为

$$h_v = \frac{p_v}{\rho g} = \frac{-p_c}{\rho g} = 0.75 H_0 \tag{6-8}$$

管嘴出流与孔口自由出流相比较，可以发现孔口自由出流的收缩断面在大气中，而管嘴出流的收缩断面为真空区，真空度可达作用水头的 0.75 倍，相当于把孔口出流的作用水头加大了 75%，这正是圆柱形外管嘴的流量比孔口自由出流的流量大的原因。

从式(6-8)可知：作用水头 H_0 愈大，收缩断面处的真空度亦愈大。但当收缩断面的真

空度超过7 m水头时,空气将会从管嘴出口断面吸入,使得收缩断面的真空被破坏,管嘴不能保持满管出流。因此,为保证管嘴的正常出流,真空值必须控制在7 m以下,从而决定了作用水头的极限值 $H_0 = \frac{7}{0.75} \approx 9 \text{ m}$,这是外管嘴正常工作条件之一。

其次,管嘴的长度也有一定限制。长度过短,水流收缩后来不及扩大到整个断面,而呈非满管流出流,收缩断面不能形成真空,管嘴不能发挥作用;长度过长,沿程损失不能忽略,管嘴出流变为短管出流。因此,一般取管嘴长度 $l=(3\sim4)d$,这也是外管嘴的正常工作条件之一。

6.2.2 其他形式管嘴

基于不同的工程目的和使用要求,除圆柱形外管嘴之外,工程上使用的管嘴还有许多种,如图6-5所示。各种管嘴出流的基本公式都和圆柱形外管嘴公式相同。唯一的区别仅是流量系数 μ 值不同。各自的水力特点如下:

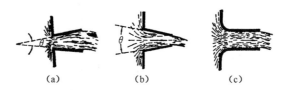

图6-5 其他形式管嘴出流

1) 圆锥形扩张管嘴(图6-5a)

在收缩断面处形成真空,其真空值随圆锥角增大而加大,并具有较大的过流能力和较低的出口速度。适用于要求形成较大真空或者出口流速较小情况,如引射器、水轮机尾水管和人工降雨喷口。但扩张角 θ 不能太大,否则形成孔口出流,一般 $\theta=5°\sim7°$。

2) 圆锥形收敛管嘴(图6-5b),

具有较大的出口流速,消防龙头、冲洗水枪和采矿用水力机械等常采用这种管嘴。

3) 流线型管嘴(图6-5c),

水流在管嘴内无收缩及扩大,阻力系数最小。常用于涵洞或泄水管。

表6-3列出了几种常用的孔口和管嘴的 ζ、ε、φ、μ 值。

表6-3 孔口、管嘴的 ζ、ε、φ、μ 值

序 号	孔口、管嘴类型	损失系数 ζ	收缩系数 ε	流速系数 φ	流量系数 μ
1	薄壁圆形孔口	0.06	0.64	0.97	0.62
2	圆柱形外管嘴	0.5	1.0	0.82	0.82
3	圆柱形内管嘴	1.0	1.0	0.71	0.71
4	圆锥形收敛管嘴 ($\theta=13°24'$)	0.09	0.98	0.96	0.94
5	圆锥形扩张管嘴 ($\theta=5°\sim7°$)	4.0~3.0	1.0	0.45~0.5	0.45~0.5
6	流线型管嘴	0.04	1.0	0.98	0.98

6.3 短管的水力计算

所谓短管,是指管道的总水头损失中,沿程水头损失和局部水头损失均占相当比例,在水力计算中,局部水头损失和流速水头不可忽略的管路。如抽水机的吸水管、虹吸管、倒虹吸管、道路涵管等,一般均按短管计算。短管的水力计算可分为自由出流与淹没出流两种:

6.3.1 自由出流

短管中的水流经出口流入大气,水股四周受大气压作用的情况为自由出流。如图 6-6 所示,设管路长度为 l,管径为 d。以管路出口断面 2-2 的形心所在水平面 0-0 为基准面,在水池中离管路进口某一距离处取断面 1-1,对断面 1-1 和断面 2-2 建立伯努利方程

$$H + \frac{p_a}{\rho g} + \frac{\alpha_0 v_0^2}{2g} = 0 + \frac{p_a}{\rho g} + \frac{\alpha v^2}{2g} + h_w$$

令

$$H + \frac{\alpha_0 v_0^2}{2g} = H_0$$

可得

$$H_0 = \frac{\alpha v^2}{2g} + h_w \quad (6-9)$$

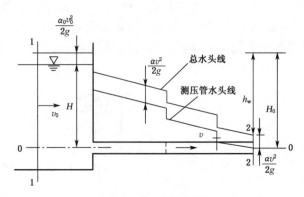

图 6-6 短管的自由出流

式中:v_0 为水池中流速,称为行近流速;H_0 为包括行近流速水头在内的水头,亦称作用水头。由式(6-9)可见,对于自由出流,上游作用水头的一部分消耗于沿管的沿程损失和局部损失,其余部分转化为管道断面 2-2 的流速水头。

式中水头损失为

$$h_w = \sum h_f + \sum h_j = \sum \lambda \frac{l}{d} \frac{v^2}{2g} + \sum \zeta \frac{v^2}{2g} = \zeta_c \frac{v^2}{2g} \quad (6-10)$$

式中:ζ 为局部损失系数;$\sum \zeta$ 为管中各局部损失系数的总和。ζ_c 为管系损失系数,$\zeta_c = \sum \lambda \frac{l}{d} + \sum \zeta$

将式(6-10)代入(6-9)后,得

$$H_0 = (\zeta_c + \alpha) \frac{v^2}{2g} \quad (6-11)$$

取 $\alpha \approx 1$,得:

$$v = \frac{1}{\sqrt{1+\zeta_c}} \sqrt{2gH_0}$$

和

$$Q = Av = \frac{A}{\sqrt{1+\zeta_c}}\sqrt{2gH_0} = \mu_c A\sqrt{2gH_0} \qquad (6\text{-}12)$$

式中：$\mu_c = \dfrac{1}{\sqrt{1+\zeta_c}}$，称为管系的流量系数。

6.3.2 淹没出流

如果管道出口完全淹没于下游水面之下，称为淹没出流，如图 6-7 所示。

以下游水池水面作为基准面，并在上、下游水池符合渐变流条件处取断面 1-1 和 2-2，建立伯努利方程

$$H + \frac{p_a}{\rho g} + \frac{\alpha_0 v_0^2}{2g} = 0 + \frac{p_a}{\rho g} + \frac{\alpha v_2^2}{2g} + h_w$$

考虑到上下游水池的流速比管中流速小很多，即一般认为 $v_2 \approx 0$。若令 $H + \dfrac{\alpha_0 v_0^2}{2g} = H_0$，则从上式得

$$H_0 = h_w \qquad (6\text{-}13)$$

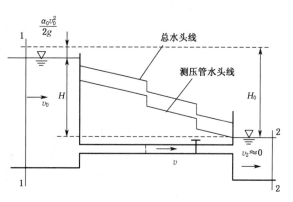

图 6-7 短管的淹没出流

式(6-13)说明短管水流在淹没出流的情况下，作用水头 H_0 完全消耗在克服沿程阻力和局部阻力上。

式(6-13)中的水头损失为

$$h_w = \sum h_f + \sum h_j = \left(\sum \lambda \frac{l}{d} + \sum \zeta\right)\frac{v^2}{2g} = \zeta_c \frac{v^2}{2g} \qquad (6\text{-}14)$$

式(6-14)中的 ζ 和 ζ_c 的意义与式(6-10)所表示的相同。

把式(6-14)代入(6-13)，得

$$H_0 = \zeta_c \frac{v^2}{2g}$$

而

$$v = \frac{1}{\sqrt{\zeta_c}}\sqrt{2gH_0} \qquad (6\text{-}15)$$

故

$$Q = Av = \frac{A}{\sqrt{\zeta_c}}\sqrt{2gH_0} = \mu_c A\sqrt{2gH_0} \qquad (6\text{-}16)$$

式中：$\mu_c = \dfrac{1}{\sqrt{\zeta_c}}$ 为管系流量系数。

将式(6-12)和式(6-16)比较可知，虽然短管自由出流与淹没出流的流量系数 μ_c 的计算公式不同，但数值是相等的；流量计算的差别，主要体现在总水头的不同上。短管自由出流的总水头 H_0 为出口断面形心点上的总水头，而淹没出流的总水头是上下游水位差。短管

水流在自由出流及淹没出流时,管路中的测压管水头线及总水头线的示意图如图 6-6,图 6-7 所示。绘水头线时先绘出总水头线,然后将总水头减去流速水头即可绘出测压管水头线。由于局部水头损失一般是在较短的区段内发生,可集中绘在某一断面上。

6.3.3 短管的水力计算

简单短管中有压流的计算,实际上是根据一些已知条件,确定前述诸公式中的某些变量,而求解另一些变量的问题。它的基本问题有以下四种类型:

1) 已知管中流量、管路直径、管长、管道材料及局部水头损失的组成,求作用水头。
2) 已知作用水头、管径、管长、管道材料及局部水头损失的组成,计算通过流量及流速。
3) 已知通过管路的流量、管长、作用水头、管道材料和局部损失组成,设计管径。
4) 分析计算管道沿程各过流断面的压强。

下面结合具体问题进一步说明。

(1) 虹吸管的水力计算

虹吸管是简单管道的一种,一般属于短管,其布置上的特点是一部分管段高出上游水面,必然存在真空段。由于虹吸管进口处水流的压强大于大气压,因此,在管内外形成压强差,这样就使水流能通过虹吸管最高处流向下游低处。工程上,为保证虹吸管能通过设计流量,一般限制管中最大真空度不超过允许值(h_v=7~8 m 水柱),以避免气蚀破坏。

例 6-1 利用虹吸管将自钻井输水至集水池如图 6-8 所示。虹吸管长 $l=l_{AB}+l_{BC}=25$ m+40 m= 65 m,直径 $d=200$ mm。钻井至集水池间的恒定水位高差 $H=1.50$ m。又已知沿程阻力系数 $\lambda=0.025$,管路进口 120°弯头、90°弯头及出口处的局部阻力系数分别为 $\zeta_1=0.5$,$\zeta_2=0.2$,$\zeta_3=0.5$,$\zeta_4=1$。

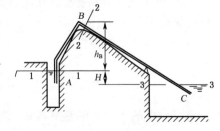

图 6-8 虹吸管

试求:(1) 流经虹吸管的流量 Q;

(2) 若虹吸管顶部 B 点安装高度 $h_B=4.5$ m,校核其真空度。

解:

(1) 计算流量。

以集水池水面为基准面,建立钻井水面 1-1 与集水池水面 3-3 的伯努利方程

$$H + \frac{p_a}{\rho g} + 0 = 0 + \frac{p_a}{\rho g} + 0 + h_w$$

$$H = h_w = \left(\lambda \frac{l}{d} + \sum \zeta\right)\frac{v^2}{2g}$$

解得

$$v = \frac{1}{\sqrt{\lambda \frac{l}{d} + \sum \zeta}} \sqrt{2gH}$$

将沿程阻力系数 $\lambda=0.025$,局部阻力系数 $\sum \zeta = \zeta_1+\zeta_2+\zeta_3+\zeta_4 = 0.5+0.2+0.5+1=2.2$

代入上式

$$v = \frac{1}{\sqrt{0.025 \times \frac{65}{0.20} + 2.2}} \sqrt{2 \times 9.8 \times 1.5} = 1.69 (\text{m/s})$$

于是

$$Q = Av = \frac{1}{4}\pi d^2 \cdot v = \frac{\pi}{4} \times 0.2^2 \times 1.69 = 0.0531 (\text{m}^3/\text{s}) = 53.1 (\text{L/s})$$

(2) 计算管顶 2-2 断面的真空度。以钻井水面为基准面,建立断面 1-1 和 2-2 的伯努利方程

$$0 + \frac{\alpha_0 v_0^2}{2g} = h_B + \frac{p_2}{\rho g} + \frac{\alpha_2 v_2^2}{2g} + h_{w_1}$$

忽略行近流速,取 $\alpha_2 = 1.0$,上式成

$$\frac{-p_2}{\rho g} = h_B + \frac{v_2^2}{2g} + \left(\lambda \frac{l_{AB}}{d} + \sum \zeta\right)\frac{v_2^2}{2g}$$

其中 $\sum \zeta = \zeta_1 + \zeta_2 + \zeta_3 = 0.5 + 0.2 + 0.5 = 1.2$

$$v_2 = v = 1.69 (\text{m/s})$$

$$\frac{v_2^2}{2g} = \frac{1.69^2}{2 \times 9.8} = 0.146 (\text{m})$$

代入上式,得

$$h_v = \frac{-p_2}{\rho g} = 4.5 + 0.146 + \left(0.03 \times \frac{25}{0.2} + 1.2\right) \times 0.146 = 5.37 (\text{mH}_2\text{O})$$

因为 2-2 断面的真空度 $h_v = 5.37 (\text{mH}_2\text{O}) < [h_v] = 7 \sim 8 (\text{mH}_2\text{O})$,所以虹吸管高度 $h_B = 4.5$ m 时,虹吸管可以正常工作。

用虹吸管输水,可以跨越高地,减少挖方,避免埋设管路工程,便于自动操作,因此虹吸管输水广泛地用于各种工程中,如给水处理厂的虹吸滤池等。

(2) 离心泵管路系统的水力计算

图 6-9 为离心式水泵管路系统。水泵的抽水过程是通过水泵转轮旋转,在泵体进口造成真空,使水流在池面大气压力作用下经吸水管进入泵体,水流在泵体内旋转加速,获得能量,再经压水管进入水塔或用水地区。水泵的水力计算分为吸水管和压水管两部分进行。

① 水泵吸水管 由取水点至水泵进口的管道称为吸水管如图 6-9 所示,通常按短管计算。吸水管的水力计算主要是确定管径及水泵的允许安装高度 h_s。

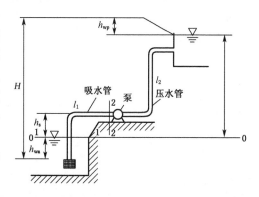

图 6-9 离心泵管路系统

吸水管的管径一般是根据流量和允许流速确定。通常吸水管的允许流速为 0.8~1.25 m/s，则直径 $d=\sqrt{\dfrac{4Q}{\pi v}}$

取吸水池水面 1-1 和水泵进口 2-2 断面列伯努利方程，并忽略吸水池流速，得

$$0 = h_s + \frac{p_2}{\rho g} + \frac{\alpha v^2}{2g} + h_w$$

以 $h_w = \lambda \dfrac{l}{d} \dfrac{v^2}{2g} + \sum \zeta \dfrac{v^2}{2g}$ 代入上式，移项得

$$h_s = \frac{-p_2}{\rho g} - \left(\alpha + \lambda \frac{l}{d} + \sum \zeta\right)\frac{v^2}{2g} = h_v - \left(\alpha + \lambda \frac{l}{d} + \sum \zeta\right)\frac{v^2}{2g}$$

式中：h_s 为水泵安装高度；λ 为吸水管的沿程阻力系数；$\sum\zeta$ 为吸水管各项局部阻力系数之和；h_v 为水泵进口断面真空度，$h_v = \dfrac{-p_2}{\rho g}$。

水泵进口处的真空度是有限制的，为了防止气蚀发生，通常由实验确定水泵进口的允许真空度 $[h_v]$。

当水泵进口断面真空度等于允许真空度 $[h_v]$ 时，就可根据抽水量和吸水管道情况，按上式确定水泵的允许安装高度，即

$$h_s = [h_v] - \left(\alpha + \lambda \frac{l}{d} + \sum \zeta\right)\frac{v^2}{2g} \tag{6-17}$$

② 水泵压水管　压水管的水力计算包括水泵的扬程 H_m。

水泵的扬程

$$H_m = z + h_{wa} + h_{wp} \tag{6-18}$$

式中：z 为水泵系统上下游水面高差，称提水高度；h_{wa} 为吸水管的全部水头损失；h_{wp} 为压水管的全部水头损失。

例 6-2　图 6-9 所示离心泵实际抽水量 $Q=30$ m³/h，吸水管长度 $l=3.5$ m，直径 $d=100$ mm，沿程阻力系数 $\lambda=0.045$，局部阻力系数：带底阀的滤水管 $\zeta_1=8.0$，弯管 $\zeta_2=0.2$。如允许真空度 $[h_v]=6.0$ m，试决定其允许安装高度 h_s。

解：由式(6-17)

$$h_s = [h_v] - \left(\alpha + \lambda \frac{l}{d} + \sum \zeta\right)\frac{v^2}{2g}$$

式中局部损失系数总和 $\sum\zeta = 8 + 0.2 = 8.2$

管中流速

$$v = \frac{4Q}{\pi d^2} = \frac{4 \times 30}{\pi \times 0.1^2 \times 3\,600} = 1.06 \text{(m/s)}$$

将各值代入上式得

$$h_s = 6.0 - \left(1 + 0.045\frac{3.5}{0.1} + 8.2\right)\frac{1.06^2}{2 \times 9.8} = 5.38 \text{(m)}$$

(3) 倒虹吸管的水力计算

倒虹吸管是穿过道路或者河渠等障碍物的一种输水管道,倒虹吸管与虹吸管正好相反,管道一般低于上、下游水面,依靠上、下游水位差的作用进行输水。倒虹吸管的水力计算主要是计算流量或确定管径。

例 6-3 一河渠与某道路相交,采用钢筋混凝土倒虹吸管穿越路基,使水流通过倒虹吸管流向下游,如图 6-10。已知管长 $l=50$ m,上下游水位差 $H=2.5$ m,各项阻力系数:沿程 $\lambda=0.02$,进口 $\zeta_1=0.5$,转弯 $\zeta_2=0.55$,出口 $\zeta_3=1$,通过流量 $Q=2.9$ m³/s,计算所需管径。

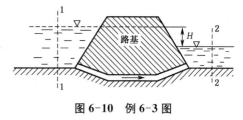

图 6-10 例 6-3 图

解: 以下游水面为基准面,对 1-1、2-2 断面建立伯努利方程,忽略上下游流速,得

$$H + 0 = 0 + 0 + h_w$$

即

$$H = h_w = \left(\lambda \frac{l}{d} + \zeta_1 + 2\zeta_2 + \zeta_3\right) \frac{1}{2g} \left(\frac{4Q}{\pi d^2}\right)^2$$

代入已知各数值,简化得

$$d^5 - 0.724d - 0.278 = 0$$

用试算法求得 $d = 1.0$ (m)

6.4 长管的水力计算

长管是指该管流中的能量损失以沿程水头损失为主,局部水头损失和流速水头所占比重很小,可以忽略不计的管道。

根据长管的组合情况,长管水力计算可以分为简单长管、串联管路、并联管路、管网等。

6.4.1 简单长管

粗糙度相同没有分支的等直径管道为简单管道。简单长管中的恒定有压流如图 6-11 所示。由于忽略局部水头损失和流速水头,所以总水头线与测压管水头线重合。

以通过管路出口断面 2-2 形心的水平面为基准面,水池中取符合渐变流条件处为断面 1-1。对断面 1-1 和 2-2 建立伯努利方程式,得

$$H + \frac{\alpha_1 v_1^2}{2g} = 0 + \frac{\alpha_2 v_2^2}{2g} + h_w$$

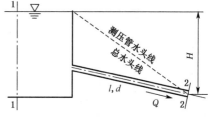

图 6-11 简单长管

在长管中,h_j 与 $\frac{\alpha_2 v_2^2}{2g}$ 忽略不计,又 $\frac{\alpha_1 v_1^2}{2g}$ 远小于

$\frac{\alpha_2 v_2^2}{2g}$，上述方程就简化为

$$H = h_w = h_f = \lambda \frac{l}{d} \left(\frac{4Q}{\pi d^2}\right)^2 / 2g$$

或
$$H = h_f = S_0 l Q^2 \tag{6-19}$$

式中：$S_0 = \dfrac{8\lambda}{g\pi^2 d^5}$ 称为管道的比阻，单位流量通过单位长度管道所需水头，是随沿程阻力系数λ和管径d而变化的。由于计算λ的公式繁多，这里只引用土建工程所常用的几种计算S_0的方法。

1) 按舍维列夫公式求比阻

对于旧钢管、旧铸铁管，实用上可认为当管内流速$v \geqslant 1.2$ m/s时，属湍流粗糙区，

$$S_0 = \frac{0.001\,736}{d^{5.3}} \tag{6-20}$$

当$v < 1.2$ m/s时，属湍流过渡区

$$S_0' = 0.852\left(1 + \frac{0.867}{v}\right)^{0.3} S_0 = k S_0 \tag{6-21}$$

式中，修正系数$k = 0.852\left(1 + \dfrac{0.867}{v}\right)^{0.3}$。当水温为10℃时，在各种流速下的$k$值列于表6-4中。

按式(6-20)对不同管径计算所得的比阻S_0值，分别列于表6-5及6-6中。

表6-4 钢管及铸铁管S_0值的修正系数k

v(m/s)	0.20	0.25	0.30	0.35	0.40	0.45	0.50	0.55	0.60	0.65
k	1.41	1.33	1.28	1.24	1.20	1.175	1.15	1.13	1.115	1.10
v(m/s)	0.70	0.75	0.80	0.85	0.90	1.0	1.1	$\geqslant 1.2$		
k	1.085	1.07	1.06	1.05	1.04	1.03	1.015	1.00		

表6-5 钢管的比阻S_0值(s^2/m^6)

水煤气管			中等管径		大管径	
公称直径 DN/mm	S_0 (Q以m³/s计)	S_0 (Q以L/s计)	公称直径 DN/mm	S_0 (Q以m³/s计)	公称直径 DN/mm	S_0 (Q以m³/s计)
8	225 500 000	225.5	125	106.2	400	0.206 2
10	32 950 000	32.95	150	44.95	450	0.108 9
15	8 809 000	8.809	175	18.96	500	0.062 22
20	1 643 000	1.643	200	9.273	600	0.023 84
25	436 700	0.436 7	225	4.822	700	0.011 50
32	93 860	0.093 86	250	2.583	800	0.005 665
40	44 530	0.044 53	275	1.535	900	0.003 034

续表 6-5

水煤气管			中等管径		大管径	
公称直径 DN/mm	S_0 (Q 以 m³/s 计)	S_0 (Q 以 L/s 计)	公称直径 DN/mm	S_0 (Q 以 m³/s 计)	公称直径 DN/mm	S_0 (Q 以 m³/s 计)
50	11 080	0.011 08	300	0.939 2	1 000	0.001 736
70	2 893	0.002 893	325	0.608 8	1 200	0.000 660 5
80	1 168	0.001 168	350	0.407 8	1 300	0.000 432 2
100	267.4	0.000 267 4			1 400	0.000 291 8
125	86.23	0.000 086 23				
150	33.95	0.000 033 95				

表 6-6　铸铁管的比阻 S_0 值 (s²/m⁶)

内径 d/mm	S_0 (Q 以 m³/s 计)	内径 d/mm	S_0 (Q 以 m³/s 计)
50	15 190	400	0.223 2
75	1 709	450	0.119 5
100	365.3	500	0.068 39
125	110.8	600	0.026 02
150	41.85	700	0.011 50
200	9.029	800	0.005 665
250	2.752	900	0.003 034
300	1.025	1 000	0.001 736
350	0.452 9		

2) 按曼宁公式求比阻

当管流在阻力平方区工作时,将曼宁公式 $C=\frac{1}{n}R^{\frac{1}{6}}$ 及 $\lambda=\frac{8g}{C^2}$ 代入 $S_0=\frac{8\lambda}{g\pi^2 d^5}$ 中,得

$$S_0 = \frac{10.3 n^2}{d^{5.53}} \tag{6-22}$$

按式(6-22)同样可编制出比阻计算表,见表 6-7。

表 6-7　以曼宁公式计算的比阻 S_0 值 (s²/m⁶)

水管直径/mm	比阻 S_0 (Q 以 m³/s 计)		
	曼宁公式 ($C=\frac{1}{n}R^{\frac{1}{6}}$)		
	$n=0.012$	$n=0.013$	$n=0.014$
75	1 480	1 740	2 010
100	319	375	434
150	36.7	43.0	49.9
200	7.92	9.30	10.8
250	2.41	2.83	3.28

续表 6-7

水管直径/mm	比阻 S_0（Q 以 m³/s 计）		
	曼宁公式（$C=\frac{1}{n}R^{\frac{1}{6}}$）		
	$n=0.012$	$n=0.013$	$n=0.014$
300	0.911	1.07	1.24
350	0.401	0.471	0.545
400	0.196	0.230	0.267
450	0.105	0.123	0.143
500	0.059 8	0.070 2	0.081 5
600	0.022 6	0.026 5	0.030 7
700	0.009 93	0.011 7	0.013 5
800	0.004 87	0.005 73	0.006 63
900	0.002 60	0.003 05	0.003 54
1 000	0.001 48	0.001 74	0.002 01

3) 按谢才公式计算 h_f

在水利、交通运输等工程中，水流一般在阻力平方区工作，常采用谢才公式计算 h_f。为了方便，常引入流量模数 K，即

$$K = CA\sqrt{R}$$

$$Q = CA\sqrt{RJ} = K\sqrt{J} = K\sqrt{\frac{h_f}{l}}$$

所以

$$H = h_f = \frac{Q^2}{K^2}l$$

下面举例说明简单长管的水力计算问题。

例 6-4 如图 6-12 所示，由水塔沿管长 $l=3\,000$ m，管径 $d=300$ mm 的清洁管（$n=0.011$）向工厂输水。已知水塔处地面标高 z_0 为 130 m，工厂地面高程 z_b 为 110 m，工厂需要的自由水头 $H_z=25$ m，现需保证供给工厂的流量 $Q=0.085$ m³/s，试求水塔水面距地面高度 H。

解：$A = \frac{\pi}{4}d^2 = \frac{\pi}{4}\times 0.3^2 = 0.070\,7(\text{m}^2)$

$R = \frac{d}{4} = \frac{0.3}{4} = 0.075(\text{m})$

$C = \frac{1}{n}R^{\frac{1}{6}} = \frac{1}{0.011}\times 0.075^{\frac{1}{6}} = 59.04$

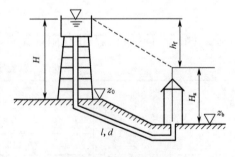

图 6-12 例 6-4 图

代入上式得 $K=1.143$

$$H = h_f = \frac{Q^2}{K^2}l = \frac{0.085^2}{1.143^2} \times 3\,000 = 16.59(\text{m})$$

$$H = z_b + H_z + h_f - z_0 = 110 + 25 + 16.59 - 130 = 21.59(\text{m})$$

例 6-5 采用内壁涂水泥砂浆的铸铁管($n=0.012$)输水,已知作用水头 $H=25$ m,管长 $l=2\,500$ m,要求通过流量 $Q=250$ L/s,试选择管道直径 d。

解: $S_0 = \dfrac{H}{lQ^2} = \dfrac{25}{2\,500 \times 250^2} = 0.160(\text{s}^2/\text{m}^6)$

查表 6-7,得

$$d = 400 \text{ mm} \quad S_0 = 0.196 \text{ s}^2/\text{m}^6$$

$$d = 450 \text{ mm} \quad S_0 = 0.105 \text{ s}^2/\text{m}^6$$

可见,合适的管径应在两者之间,为了保证供水,宜采用较大的管径 $d=450$ mm。为了充分利用水头,保证供水,节约管材,合理的办法是用两段不同直径的管道连接起来。

6.4.2 串联管路

由直径不同的或粗糙度不同的几段管道顺次连接而成的管路称为串联管路。如图 6-13 所示,各管段的流量可能相等,亦可能不相等。

设串联管路各管段长度、直径、流量和各管段末端分出的流量分别用 l_i、d_i、Q_i 和 q_i 表示。则串联管路总水头损失等于各管段水头损失之和

$$H = \sum_{i=1}^{n} h_{fi} = \sum_{i=1}^{n} S_{0i} l_i Q_i^2 \quad (6\text{-}23)$$

式中 n 为管段总数目。

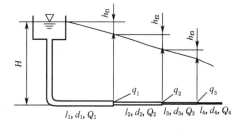

图 6-13 串联管道

串联管路的流量计算应满足连续性方程。即

$$Q_i = q_i + Q_{i+1} \quad (6\text{-}24)$$

由式(6-23)和(6-24)即可联立解算串联管路 Q、H、d 等各类问题。

例 6-6 在例 6-5 中,为了充分利用水头和节省管材,采用 400 mm 和 450 mm 两种管径的管路串联,求每段管路的长度。

解: 设直径 400 mm 的管段长 l_1,比阻为 S_{01};450 mm 的管段长 l_2,比阻为 S_{02}。

由(6-23)得

$$H = Q^2(S_{01}l_1 + S_{02}l_2)$$

代入已知数据

$$25 = 0.25^2(0.196 \times l_1 + 0.105 \times l_2)$$

又

$$l_1 + l_2 = 2\,500$$

联解,得：
$$l_1 = 1\,510 \text{ m} \quad (d_1 = 400 \text{ mm})$$
$$l_2 = 990 \text{ m} \quad (d_2 = 450 \text{ mm})$$

6.4.3 并联管路

两条(含两条)以上的管道在同一处分出,以后又在另一处汇合,这样组成的管道系统成为并联管路。

并联管路的特点是分流点 A 与汇流点 B 之间各并联管段的能量损失皆相等。如图 6-14 所示。如果在 A、B 两点安置测压管,每一点都只可能出现一个测压管水头,其测压管水头差就是 AB 间的水头损失,即

$$h_{f2} = h_{f3} = h_{f4} = h_{fAB}$$

每个单独管段都是简单管路,用比阻表示可写成

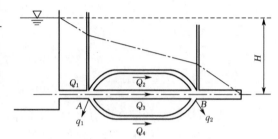

图 6-14 并联管道

$$S_{02}l_2Q_2^2 = S_{03}l_3Q_3^2 = S_{04}l_4Q_4^2 \tag{6-25}$$

并联管道任一管段的流量
$$Q_i = \sqrt{\frac{h_f}{S_i}}$$

上式中 S_i 为管道的阻抗。$S_i = S_{0i}l_i$

另外,并联管路的各管段直径、长度、粗糙度可能不同,因而流量也会不同。但各管段流量满足连续性条件

对节点 A
$$Q_1 = q_1 + Q_2 + Q_3 + Q_4 \tag{6-26}$$

如果已知 Q_1 及各并联管段的直径及长度,由上述两式便可求得 Q_2、Q_3、Q_4 及 h_{fAB}。

6.4.4 沿程均匀泄流管路

前面所讨论管道的流量都是在一个管段内沿程不变,集中在管段末端泄出,这种流量称为通过流量(或转输流量 Q_z)。在实际工程中,如灌溉工程中的灌溉管路、人工降雨管路或给水工程中的滤池冲洗管等,在这些管路中除通过流量外,还有沿管长从侧面不断连续向外泄出的流量 q,称为途泄流量。其中最简单的情况就是单位长管段泄出的流量均等于 q,这种管路称为沿程均匀泄流管路。如图 6-15 所示。为简化计算,常将这种途泄看做是连续进行的。

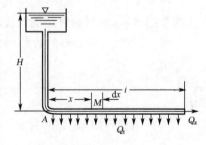

图 6-15 沿程均匀泄流管路

设沿程均匀泄流管段长度为 l,直径为 d,途泄总流量 $Q_t = ql$,末端泄出转输流量为 Q_z。在距离泄流起始断面

A 点 x 的 M 断面处,取长度为 dx 的微小管段。因 dx 很小,可认为通过此微段的流量 Q_x 不变,其水头损失可近似按均匀流计算,即

$$dh_f = S_0 Q_x^2 dx$$

而

$$Q_x = Q_z + Q_t - qx = Q_z + Q_t - Q_t \cdot \frac{x}{l}$$

则

$$dh_f = S_0 Q_x^2 dx = S_0 \left(Q_z + Q_t - Q_t \cdot \frac{x}{l}\right)^2 dx$$

将上式沿管长积分,即得整个管段的水头损失

$$h_f = \int_0^l dh_f = \int_0^l S_0 \left(Q_z + Q_t - Q_t \cdot \frac{x}{l}\right)^2 dx$$

当管段的粗糙情况和直径不变,且流动处于阻力平方区,则比阻 S_0 是常数,从上式积分得

$$h_f = S_0 l \left(Q_z^2 + Q_z Q_t + \frac{1}{3} Q_t^2\right) \tag{6-27}$$

式(6-27)可近似地写作

$$h_f = S_0 l Q_c^2 \tag{6-28}$$

Q_c 称为计算流量。

$$Q_c = Q_z + 0.55 Q_t \tag{6-29}$$

式(6-28)和简单管路计算公式(6-19)形式相同,所以沿程均匀泄流管路可按计算流量为 Q_c 的简单管路进行计算。

当通过流量 $Q_z = 0$,式(6-27)成为

$$h_f = \frac{1}{3} S_0 l Q_t^2 \tag{6-30}$$

上式表明,当管路只有沿程均匀途泄流量时,其水头损失是相同数量的转输流量通过时的 $1/3$。

例 6-7 由水塔供水的输水管,用三段铸铁管组成,中段为均匀泄流管段(图 6-16)。已知 $l_1 = 500$ m、$d_1 = 200$ mm,$l_2 = 150$ m,$d_2 = 150$ mm,$l_3 = 200$ m,$d_3 = 125$ mm,节点 B 分出流量 $q = 0.01$ m³/s、途泄流量 $Q_t = 0.015$ m³/s,转输流量 $Q_z = 0.02$ m³/s。求水塔高度(作用水头)。

解:首先求各段的计算流量,管段 3 的 $Q_3 = 0.02$ m³/s;管段 2 的计算流量为

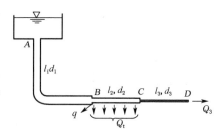

图 6-16 例 6-7 图

$$Q_2 = Q_z + 0.55 Q_t = 0.55 \times 0.015 + 0.02 = 0.0283 (\text{m}^3/\text{s})$$

$$Q_1 = 0.01 + 0.015 + 0.02 = 0.045 (\text{m}^3/\text{s})$$

整个管路视为由三管段串联而成,因而作用水头等于各管段水头损失之和,按湍流粗糙区计算

$$H = \sum h_f = S_{01} l_1 Q_1^2 + S_{02} l_2 Q_2^2 + S_{03} l_3 Q_3^2$$
$$= 9.029 \times 500 \times (0.045)^2 + 41.85 \times 150 \times (0.0283)^2 + 110.8 \times 200 \times (0.02)^2$$
$$= 23.03 \text{(m)}$$

各管段流速均大于 1.2 m/s,比阻 S_0 不需修正。

思考题

6-1 什么是小孔口和大孔口?各有什么特点?

6-2 孔口的全部收缩和完善收缩是指什么?

6-3 什么是管嘴出流?

6-4 比较孔口、管嘴自由出流、淹没出流时作用水头、流速系数、流量系数之间的异同点。

6-5 在作用水头相同时,同样直径的孔口和管嘴出流的出流量哪个大?为什么?

6-6 什么是有压管流?如何区别长管和短管?

6-7 什么是管路比阻?

6-8 长管串联管道和并联管道的水力计算必须满足的两个条件分别是什么?

习 题

6-1 某输水管如图所示。已知管径 $d_1 = 200$ mm,$d_2 = 100$ mm 管长 $L_1 = 20$ m, $L_2 = 10$ m;沿程水头损失系数 $\lambda_1 = 0.02$, $\lambda_2 = 0.03$。各局部水头损失系数为:进口 $\zeta_1 = 0.5$,转弯 $\zeta_2 = 0.6$,收缩 $\zeta_3 = 0.4$(对应于大管流速),阀门 $\zeta_4 = 2.06$。管道水头 $H = 20$ m。试求:当阀门开启时,通过输水管的流量 Q。

6-2 用长度为 l 的两条平行管道由水池 A 向水池 B 输水,如图所示。已知管径 $d_2 = 2d_1$,两管的糙率 n 相同。忽略局部水头损失。求两管通过的流量比 Q_1/Q_2。(按长管计算)

6-3 图示为一从水箱引水的水平直管。已知管径 $d = 20$ cm,管长 $L = 40$ m,局部水头损失系数:进口 $\zeta = 0.5$,阀门 $\zeta = 0.6$。当通过流量 $Q = 0.2$ m³/s 时,在相距 $\Delta L = 10$ m 的 1-1 及 2-2 断面间装一水银压差计,其液面高差 $\Delta h = 4$ cm。求作用水头 H。

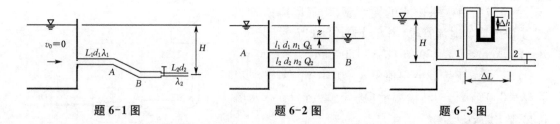

题 6-1 图　　　　　题 6-2 图　　　　　题 6-3 图

6-4 如图所示虹吸装置,管径 $d = 200$ mm,管长 $AC = 10$ m,$CE = 15$ m,$\zeta_A = 0.5$, $\zeta_B = \zeta_D = 0.9$, $\zeta_E = 1.8$, $\lambda = 0.03$,求:(1)通过虹吸管的恒定流流量 Q;(2)上下游水位差 z。

6-5 图示直径 400 mm 的钢管($n = 0.012$)将水池 A 的水引到水池 B 作恒定流动。已知管长 $l = 40$ m,$Q = 200$ L/s,管道上有 90°弯头($\zeta = 0.6$)两个,阀门(全开 $\zeta = 0.12$)一个,进口($\zeta = 0.5$),出口($\zeta = 1.0$)。求水池 A 与水池 B 的水面高差 H。

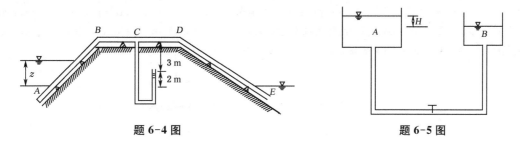

题 6-4 图　　　　　　　　　题 6-5 图

6-6　一水泵管道布置如图。已知流量 $Q=6$ L/s, $l_1=3.5$ m, $l_2=1.5$ m, $l_3=2$ m, $l_4=15$ m, $l_5=3$ m, $Z=18$ m, 水泵最大真空度 $h_v=6$ m, 管径 $d=75$ mm, 沿程水头损失系数 $\lambda=0.04$, 局部水头损失系数 $\zeta_1=8$, $\zeta_2=\zeta_3=\zeta_4=0.3$, $\zeta_5=1.0$。取动能修正系数为 1。

(1) 确定水泵允许安装高度 h_s；
(2) 计算水泵总扬程 H；

6-7　如图所示用水泵从蓄水池中抽水,蓄水池中的水由自流管从河中引入,自流管管长 $l_1=20$ m, 直径 $d_1=150$ mm, 吸水管管长 $l_2=12$ m, 直径 $d_2=150$ mm, 两管的沿程水头损失系数 $\lambda=0.024$, 河的水面与水泵进口断面中点高差 $h=2.0$ m, 自流管的莲蓬头进口、出口入池、吸水管的莲蓬头进口以及缓弯头的局部水头损失系数分别为 $\zeta_1=0.2$, $\zeta_2=1$, $\zeta_3=6$, $\zeta_4=0.3$, 水泵的进口断面的最大真空高度为 6.0 m, 求最大的抽水流量为多少?

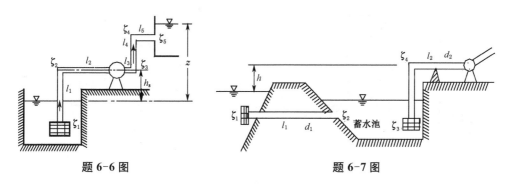

题 6-6 图　　　　　　　　　题 6-7 图

6-8　图示水银压差计装置,管长 $L=75$ cm, 管径 $d=2.5$ cm, 流速 $v=3$ m/s, 沿程水头损失系数 $\lambda=0.02$, 进口局部水头损失系数 $\zeta=0.5$。计算水银液面高差 h_p。

6-9　有一串联管道如图,各管段的长度、管径、沿程阻力系数分别为: $l_1=125$ m, $l_2=75$ m, $d_1=150$ mm, $d_2=125$ mm, $\lambda_1=0.030$, $\lambda_2=0.032$, 闸阀处的局部损失系数为 0.1, 管道的设计输水流量为 $Q=0.025$ m³/s。(1) 分析沿程水头损失和局部水头损失在总水头损失中所占比例, (2) 分别按长管和短管计算作用水头 H。

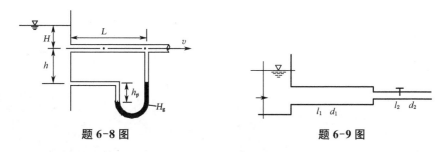

题 6-8 图　　　　　　　　　题 6-9 图

6-10　如图所示的离心泵抽水管道系统,已知抽水流量 $Q=30$ L/s, 上下水池的水面高程分别为 $z_1=$

30 m,$z_2=55 \text{ m}$,吸水管长度 $l_1=15 \text{ m}$,管径 $d_1=200 \text{ mm}$,压水管长度 $l_2=200 \text{ m}$,管径 $d_2=150 \text{ mm}$,各管段的沿程阻力系数均为 0.038,各局部阻力系数分别为 $\zeta_{阀}=5.0$,$\zeta_{90}=1.0$,$\zeta_{闸}=0.10$,$\zeta_{折}=0.11$,水泵最大允许真空值为 7 m。(1)确定水泵的最大安装高度;(2)计算水泵的扬程。

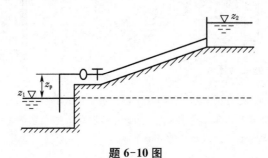

题 6-10 图

6-11 薄壁孔口出流如图所示,直径 $d=2 \text{ cm}$,水箱水位恒定 $H=2 \text{ m}$。试求:(1)孔口流量 Q;(2)此孔口外接圆柱形管嘴的流量 Q_c;(3)管嘴收缩断面的真空度。

6-12 水箱用隔板分 A、B 两室如图所示,隔板上开一孔口,其直径 $d_1=4 \text{ cm}$;在 B 室底部装有圆柱形外管嘴,其直径 $d_2=3 \text{ cm}$,已知 $H=3 \text{ m}$,$h_3=0.5 \text{ m}$,水流恒定出流,试求:(1) h_1,h_2;(2)流出水箱的流量 Q。

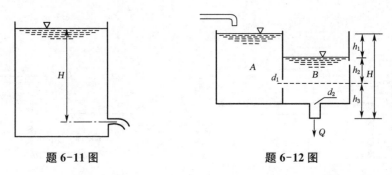

题 6-11 图　　　　　　题 6-12 图

第 7 章 明渠流和堰流及闸孔出流

明渠流动是水流的部分边界与大气接触,具有自由表面的流动;表面上各点受大气压强的作用,相对压强为零,所以又称无压流动。常见的人工渠道、天然河道以及未充满水流的管道和隧洞中的水流都属于明渠流动。从闸门部分开启的孔口出流,称为闸孔出流;水流受到堰体或两侧边墙束窄的阻碍,上游水位壅高,水流从堰顶自由下泄,水面线为一条连续的降落曲线,这种水流现象称为堰顶溢流,简称堰流。桥梁工程中的桥孔过流,排水建筑的过流、水利工程中的溢流坝过流,是常遇到的闸孔出流和堰流问题。

学习和掌握明渠流、闸孔出流和堰流的运动规律和计算方法,对于解决实际工程问题,具有重要的意义。

7.1 恒定明渠均匀流

明渠水流根据其运动要素是否随时间变化可分为恒定流与非恒定流,根据是否沿流程变化可分为均匀流和非均匀流,在明渠非均匀流中又有渐变流和急变流之分。本节主要介绍恒定明渠均匀流的水力计算。

7.1.1 明渠的分类

明渠的断面形状、尺寸及底坡的变化对明渠水流运动有着重要的影响,并通常据此对渠道进行分类。

1) 棱柱体和非棱柱体渠道

横断面形状和尺寸沿程不改变的长直渠道称为棱柱体渠道。如图 7-1a 所示。其过水断面面积 A 仅是水深 h 的函数,即 $A = f(h)$。轴线顺直,断面沿程不变的人工渠、槽、涵洞均属棱柱体渠道。横断面形状和尺寸沿程不断改变的渠道称为非棱柱体渠道,如图 7-1b 所示,非棱柱体渠道的各过水断面面积 A 为水深 h 及流程 s 两个变量的函数,即 $A = f(h,s)$,$\dfrac{\partial A}{\partial s} \neq 0$。连接两条断面形状和尺寸不同的渠道的过渡渠道,是典型的非棱柱体渠道。

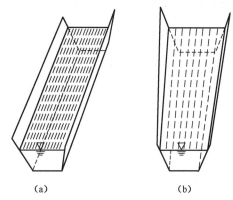

图 7-1 棱柱体与非棱柱体渠道

2) 明渠的断面

按渠道横断面形状的不同,分规则断面渠道和不规则断面渠道。横断面的各水力要素

（如过流断面面积 A、湿周 χ、水力半径 R、水面宽度 B 等）在水深 h 的全部变化范围内，均为水深的连续函数的渠道称为规则断面渠道，如图 7-2a、b、c、d 所示的矩形、梯形、三角形、圆形等横断面的渠道。人工渠道的断面形状既要考虑水力学条件，又要结构合理，施工方便，一般采用规则断面，土渠大多为梯形断面；涵管、隧洞多为圆形断面或马蹄形断面；混凝土渠常采用矩形断面。横断面的各水力要素，在水深 h 的全部变化范围内，不为水深 h 的连续函数的渠道，称为不规则断面渠道，如图 7-2e、f 所示的复式断面渠道。天然河道的断面一般为不规则形状。

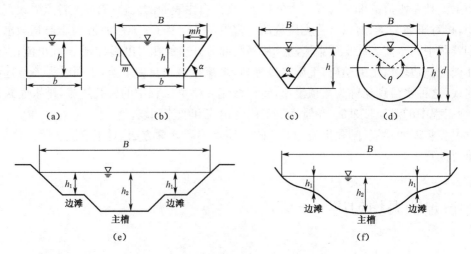

图 7-2　渠道的断面形状

3) 渠道的底坡

人工渠道的渠底一般是个倾斜平面，它与渠道纵剖面的交线称为渠底线，如图 7-3 所示。该渠底线与水平线交角 θ 的正弦称为渠底坡度，用 i 表示，即

$$i = \sin\theta = \frac{z_1 - z_2}{l} = \frac{\Delta z}{l} \quad (7-1)$$

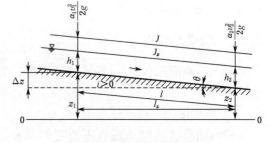

图 7-3　渠道底坡的定义

在一般情况下，θ 角很小（如土渠 $i \leqslant 0.01$），渠底线长度 l 在实用上可认为与其水平投影长度 l_x 相等，$\sin\theta \approx \tan\theta$，即

$$i = \frac{\Delta z}{l_x} = \tan\theta \quad (7-2)$$

同样，因渠道底坡很小，可用铅垂断面代替实际的过流断面，用铅垂水深 h 代替过流断面水深，从而给工程计算和测量提供了方便。

明渠的底坡按沿程的不同变化可分为三种情况：渠底高程沿流程下降的底坡为顺（正）坡，这时 $i > 0$（即 $z_1 > z_2$），如图 7-4a 所示。渠底高程沿流程不变的底坡称为平坡，相应 $i = 0$，如图 7-4b 所示。渠底高程沿流程升高的底坡称为逆（负）坡，即 $i < 0$，如图 7-4c 所示。

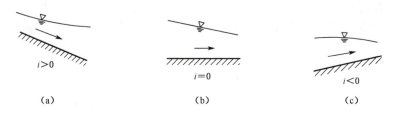

图 7-4 渠道底坡的种类

7.1.2 明渠均匀流的特征与发生条件

1) 明渠均匀流的水力特征

根据均匀流特征,明渠均匀流有如下特征:

(1) 明渠均匀流的水深、断面平均流速、断面流速分布等都沿程不变。

(2) 明渠均匀流的总水头线、测压管水头线(水面线)及渠底线三者互相平行,即总水头线坡度(水力坡度)J、测压管水头线坡度(水面坡度)J_z 和渠底坡度 i 三者相等,如图 7-3 所示。

这是因为明渠均匀流的水深沿程不变,水面线与渠底线平行;又由于流速水头沿程不变,总水头线与水面线平行,明渠均匀流的水面线即为测压管水头线,因此有

$$J = J_z = i \tag{7-3}$$

明渠均匀流是一种等速直线运动,则作用在水体上的力必然是平衡的。在如图 7-5 所示的均匀流中取断面 1-1 和断面 2-2 之间的水体进行分析,作用在水体上的力有重力 G、阻力 T、两端断面上的动水压力 P_1 和 P_2。沿流动方向写出平衡方程

$$P_1 + G\sin\theta - T - P_2 = 0 \tag{7-4}$$

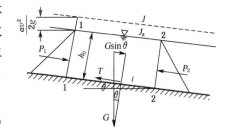

图 7-5 明渠均匀流受力分析

由于均匀流的过水断面上压强符合静水压强分布规律,水深又不变,所以 $P_1 = P_2$,因而 $G\sin\theta = T$,也就是明渠均匀流中阻碍水流运动的摩阻力 T 与促使水流运动的重力分量 $G\sin\theta$ 平衡。从能量的观点来看,在明渠均匀流中,对于单位重量水体,重力所做的功正好等于阻力所做的负功。

2) 明渠均匀流的形成条件

(1) 明渠流为恒定流,流量沿程不变。

(2) 渠道是长直的棱柱体顺坡渠道。

(3) 渠道壁面(与水流接触部分)的粗糙系数和底坡沿程不变。

(4) 渠道中没有建筑物的局部干扰。

上述条件只有在人工渠道中才有可能满足,而且只有在离渠道进口一定距离,边界层充分发展以后才能形成均匀流。大多数明渠难以形成真正的明渠均匀流,但在实际工作中,如果这些条件基本满足,就可以把渠道中的流动看作均匀流,从而简化水力计算。天然河道中一般不容易形成均匀流,但对于某些顺直河段,可按均匀流作近似估算。人工非棱柱体渠道

通常采用分段计算,在各段上按均匀流考虑,一般情况下,也可以满足生产上的要求。

在明渠非均匀流中,水力坡度是沿程不断改变的,水力坡度、水面坡度和渠底坡度三者不相等,即

$$J \neq J_z \neq i \tag{7-5}$$

显然,在非棱柱体渠道和平坡或逆坡渠道中,只能发生非均匀流动。

7.1.3 明渠均匀流的基本公式

本章研究的明渠流是湍流流态,明渠均匀流的基本公式为:

$$V = C\sqrt{RJ}$$

因明渠均匀流的水力坡度与渠底坡度相等,所以上式可写为

$$V = C\sqrt{Ri} \tag{7-6}$$

为了与非均匀流水深加以区别,一般称明渠均匀流水深为正常水深,以 h_0 表示。相应于正常水深的过流断面面积、水力半径、谢才系数等均标以下标"0",表示为 A_0、R_0、C_0。在实际使用时,为了简便起见,常省去下标"0"。

根据连续性方程可得明渠均匀流的流量 Q 为

$$Q = AC\sqrt{Ri} = K\sqrt{i} \tag{7-7}$$

式中 K 为流量模数,具有流量单位(量纲)。它表示在一定断面形状和尺寸的棱柱体渠道中,当底坡 i 等于 1 时通过的流量。式中 C 可按曼宁公式计算,即 $C = \frac{1}{n}R^{\frac{1}{6}}$,$n$ 为渠道的粗糙系数。

式(7-6)、式(7-7)即为明渠均匀流的计算公式。反映了 Q、A、R、i、n 等几个物理量间的相互关系。

7.1.4 明渠的水力最优断面和允许流速

1) 水力最优断面

从明渠均匀流的计算公式中可以看出,明渠均匀流的流量取决于渠道底坡、粗糙系数及过水断面的形状和尺寸。在设计渠道时,渠底坡度一般由地形条件决定,粗糙系数取决于渠壁材料。在渠底坡度和粗糙系数已知的情况下,为了通过一定的设计流量,希望得到最小的过流断面面积,以减少工程量,节省投资;或者是在一定的过流断面面积、渠底坡度和粗糙系数等条件下,使渠道通过的流量最大。水力学中把满足上述条件的断面形式称为水力最优断面。

明渠均匀流的计算公式可改写为

$$Q = AC\sqrt{Ri} = A\left(\frac{1}{n}R^{\frac{1}{6}}\right)\sqrt{Ri} = \frac{1}{n}i^{\frac{1}{2}}A^{\frac{5}{3}}\chi^{-\frac{2}{3}} \tag{7-8}$$

由上式可以看出：在 i、n 及 A 给定的情况下，水力半径 R 最大，即湿周 χ 最小的断面可以通过最大的流量。在各种几何形状中，同样的面积下，已知圆的湿周最小。而半圆形的水力半径与圆的水力半径是相等的，因而管道的断面形式通常为圆形，对渠道来讲则为半圆形。但是，半圆形断面施工困难，只适用于钢筋混凝土等渠道。在天然土壤中开挖的渠道，一般都采用梯形断面，如图 7-6 所示。

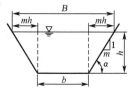

图 7-6 梯形断面

下面讨论梯形渠道边坡系数 m 一定时的水力最优断面。如图 7-6 所示。底宽为 b、水面宽为 B、水深为 h 的梯形断面，它的边坡系数 $m = \cot\alpha$，α 为边坡角，边坡系数 m 是由边坡稳定要求和施工条件决定的。各种土壤的边坡系数 m 值见表 7-1。由梯形渠道断面的几何关系得

$$\left.\begin{aligned} A &= (b+mh)h \\ \chi &= b + 2h\sqrt{1+m^2} \\ R &= \frac{A}{\chi} = \frac{(b+mh)h}{b+2h\sqrt{1+m^2}} \\ B &= b + 2mh \end{aligned}\right\} \quad (7\text{-}9)$$

表 7-1 梯形渠道边坡系数 m 值

序号	土 壤 种 类	边坡系数 m 值
1	粉砂	3.0～3.5
2	松散的细砂、中砂和粗砂	2.0～2.5
3	密实的细砂、中砂和粗砂和粘质粉土	1.5～2.0
4	粉质粘土或粘土、砾石或卵石	1.25～1.5
5	半岩性土	0.5～1.0
6	风化岩石	0.25～0.5
7	岩石	0.1～0.25

由 $A = (b+mh)h$ 得 $b = \frac{A}{h} - mh$，代入 $\chi = b + 2h\sqrt{1+m^2}$ 可得

$$\chi = \frac{A}{h} - mh + 2h\sqrt{1+m^2} \quad (7\text{-}10)$$

设边坡系数 m 一定，由上式可知湿周仅随水深而变化。这样，求梯形断面渠道水力最优断面，成为求湿周为最小的数学问题，即 $\frac{d\chi}{dh} = 0$。将上式对水深 h 取导数，并令 $\frac{d\chi}{dh} = 0$，即

$$\frac{d\chi}{dh} = -\frac{A}{h^2} - m + 2\sqrt{1+m^2} = 0 \quad (7\text{-}11)$$

取二阶导数

$$\frac{d^2\chi}{dh^2} = 2\frac{A}{h^3} > 0$$

故有极小值 χ_{min} 存在。解式(7-11)，并以 $A = (b+mh)h$ 代入，可得宽深比

$$\beta = \frac{b}{h} = 2(\sqrt{1+m^2} - m) \tag{7-12}$$

不同 m 值的水力最优断面宽深比 β 值列于表 7-2。

表 7-2 水力最优断面的宽深比 β 值

m	0	0.25	0.5	0.75	1.00	1.25	1.50	1.75	2.00	2.50	3.00
β	2.0	1.56	1.24	1.00	0.83	0.70	0.61	0.53	0.47	0.39	0.32

将式(7-12)依次代入 A、χ 关系式中，得

$$A = 2(\sqrt{1+m^2} - m)h^2 + mh^2 = (2\sqrt{1+m^2} - m)h^2$$

$$\chi = 2(\sqrt{1+m^2} - m)h + 2h\sqrt{1+m^2} = 2(2\sqrt{1+m^2} - m)h$$

$$R = \frac{A}{\chi} = \frac{h}{2} \tag{7-13}$$

说明梯形水力最优断面的水力半径等于水深的一半，且与边坡系数无关。

对于矩形断面来讲，以 $m = 0$ 代入式(7-12)得 $\beta = 2$，即 $b = 2h$，说明矩形水力最优断面的底宽 b 为水深 h 的两倍。

应当指出，上述水力最优断面的概念只是从水力学角度提出的，水力最优断面的形状较窄而深，$m=2$ 时，$b/h = 0.47$，底宽不到水深的一半。显然，这类渠道的施工需要深挖高填，土方的单价增高，同时也增加了施工、养护上的难度。所以在实际应用时"水力最优"并不等于"技术经济最优"。对于工程造价主要取决于土方量的小型渠道，水力最优断面接近于渠道的经济断面，按水力最优断面设计是合理的。对于较大型渠道，需要综合考虑造价、施工技术、管理要求和养护条件等因素，选择最经济合理的断面形式。

2) 渠道的允许流速

在设计渠道时，除了考虑上述水力最优条件和经济因素外，还应使渠道中的流速不宜过大，以免使渠床受到冲刷和破坏；也不宜过小，以免使水中悬浮的泥沙发生淤积和渠中滋生杂草，影响输水能力。所以，在设计中，应使过水断面的平均流速在上述的各种允许流速的范围内，这样的渠道流速称为允许流速，即

$$v_{min} < v < v_{max} \tag{7-14}$$

式中：v_{max} 为渠道的最大允许流速，又称不冲流速；v_{min} 为渠道的最小允许流速，又称不淤流速。最大允许流速取决于渠道土质情况或衬砌材料及其抵抗冲刷的能力。最小允许流速与水中的悬浮物有关。表 7-3 给出了各种渠道的最大允许流速，可供设计明渠时使用。

表 7-3　各种渠道的最大允许流速

岩石或护面种类	不冲允许流速 (m/s) 渠道流量 (m³/s)	<1	1~10	>10
坚硬岩石和人工护面渠道				
软质水成岩(泥灰岩、页岩、软砾岩)		2.5	3.0	3.5
中等硬质水成岩(致密砾岩、多孔石灰岩、层状石灰岩、白云石灰岩、灰质砂岩)		3.5	4.25	5.0
硬质水成岩(白云砂岩、硬质石灰岩)		5.0	6.0	7.0
结晶岩、火成岩		8.0	9.0	10.0
单层块石铺砌		2.5	3.5	4.0
双层块石铺砌		3.5	4.5	5.0
混凝土护面(水流中水含砂和砾石)		6.0	8.0	10.0

土质渠道	均质粘质土质	不冲允许流速 (m/s)	说　明
	轻壤土	0.6~0.8	表中所列为水力半径 $R=1.0$ m 的情况，如 $R\neq 1.0$ m 时，则应将表中数值乘以 R^α 才得相应的不冲允许流速值。对于砂、砾石、卵石、疏松的壤土、粘土 $\alpha=\frac{1}{3}\sim\frac{1}{4}$，对于密实的壤土粘土 $\alpha=\frac{1}{4}\sim\frac{1}{5}$
	中壤土	0.65~0.85	
	重壤土	0.70~1.0	
	粘　土	0.75~0.95	
	均质无粘性土质	粒径(mm)　不冲允许流速(m/s)	
	极细砂	0.05~0.1　　0.35~0.45	
	细砂和中砂	0.25~0.5　　0.45~0.60	
	粗　砂	0.5~2.0　　0.60~0.75	
	细砾石	2.0~5.0　　0.75~0.90	
	中砾石	5.0~10.0　　0.90~1.10	
	粗砾石	10.0~20.0　　1.10~1.30	
	小卵石	20.0~40.0　　1.30~1.80	
	中卵石	40.0~60.0　　1.80~2.20	

渠道中的最小允许流速可按以下标准取：防止植物滋生 $v_{\min}=0.6$ m/s；防止淤泥 $v_{\min}=0.2$ m/s；防止沙的沉积 $v_{\min}=0.4$ m/s。

7.1.5　明渠均匀流水力计算的基本问题

下面，分别介绍工程中常遇到的梯形断面、圆形断面和复式断面的水力计算的基本问题和方法。

1) 梯形断面明渠均匀流的水力计算

由均匀流基本公式(7-8)可以看出，对于梯形断面渠道来讲，各水力要素间存在以下的函数关系，即

$$Q = AC\sqrt{Ri} = f(b, h_0, m, n, i) \tag{7-15}$$

在一般情况下，边坡系数 m 值取决于土壤性质或铺砌型式，通常是预先确定的。因此，梯形断面渠道的水力计算主要解决以下几类问题。

第一类问题：已知 b、h_0、m、n、i，要求渠道的输水能力，即流量 Q。这类问题往往是校核已建成渠道的输水能力。

例 7-1　设有一梯形土渠，按均匀流设计。已知渠道底宽 $b=3$ m，水深 $h_0=1.5$ m，边坡系数 $m=1.5$，渠底坡度 $i=0.0016$，粗糙系数 $n=0.025$。试求水渠中流量 Q。

解　由梯形断面的水力要素

$$A = (b+mh_0)h_0 = (3+1.5\times 1.5)\times 1.5 = 7.875 (\text{m}^2)$$

$$\chi = b + 2h_0\sqrt{1+m^2} = (3 + 2 \times 1.5\sqrt{1+1.5^2}) = 8.4(\text{m})$$

$$R = \frac{A}{\chi} = \frac{7.875}{8.4} = 0.938(\text{m})$$

$$C = \frac{1}{n}R^{\frac{1}{6}} = \frac{1}{0.025}0.938^{\frac{1}{6}} = 39.58(\text{m}^{\frac{1}{2}}/\text{s})$$

$$Q = AC\sqrt{Ri} = 7.875 \times 39.58 \times \sqrt{0.938 \times 0.0016} = 12.08(\text{m}^3/\text{s})$$

第二类问题：已知 Q、b、h_0、m、i，求渠道的粗糙系数 n。这类问题往往是针对已有渠道进行的，解决的方法可由各已知值，求出 A、R，然后根据式(7-8)求得粗糙系数 n 值。

例 7-2 某梯形断面渠道中的均匀流动，渠道底宽 $b = 5$ m，边坡系数 $m = 1.0$，底坡 $i = 0.0004$；当流量 $Q = 20$ m³/s 时，测得正常水深 $h_0 = 2.5$ m。试求渠道粗糙系数 n。

解：过流断面面积

$$A = bh_0 + mh_0^2 = 5 \times 2.5 + 1 \times 2.5^2 = 18.75(\text{m}^2)$$

湿周

$$\chi = b + 2h_0\sqrt{1+m^2} = 5 + 2 \times 2.5\sqrt{1+1^2} = 12.07(\text{m})$$

水力半径

$$R = \frac{A}{\chi} = \frac{18.75}{12.07} = 1.553(\text{m})$$

$$n = \frac{A}{Q}R^{\frac{2}{3}}i^{\frac{1}{2}} = \frac{18.75}{20}1.553^{\frac{2}{3}}0.0004^{\frac{1}{2}} = 0.025$$

第三类问题：已知 Q、b、m、n、h_0，设计渠道底坡 i。解决这类问题的方法是：先求出 A、χ、R、C，然后代入式(7-8)，求出 i。

例 7-3 设有一矩形断面的钢筋混凝土渠($n = 0.014$)，通过流量 $Q = 25.6$ m³/s，渠道底宽 $b = 5.1$ m，正常水深 $h_0 = 3.08$ m，试求渠道底坡 i。

解：
$$A = bh_0 = 5.1 \times 3.08 = 15.708(\text{m}^2)$$

$$\chi = b + 2h_0 = 5.1 + 2 \times 3.08 = 11.26(\text{m})$$

$$R = \frac{A}{\chi} = \frac{15.708}{11.26} = 1.395(\text{m})$$

$$C = \frac{1}{n}R^{\frac{1}{6}} = \frac{1}{0.014} \times 1.395^{\frac{1}{6}} = 75.5(\text{m}^{\frac{1}{2}}/\text{s})$$

由 $Q = AC\sqrt{Ri}$ 得

$$i = \frac{Q^2}{A^2C^2R} = \frac{25.6^2}{15.708^2 \times 75.5^2 \times 1.395} = 0.0003$$

实际设计渠底坡度时，往往不是根据简单的计算来确定，而是综合考虑地形条件、土壤条件、施工费用等因素。

第四类问题：已知 Q、m、n、i，设计渠道的过流断面尺寸 b 和 h。这时，基本公式(7-8)中有两个未知数，而在一个方程中要求解两个未知数则有无数组解。因此要得到唯一解，须结合工程要求和经济条件，先定出其中一个 b 或 h 的数值，或是宽深比 β；有时，还可根据渠道

的最大允许流速 $v_{\max}$ 来进行设计。现就这四种情况分析如下。

(1) 底宽 b 已知,求相应的正常水深 h_0。

由式(7-7)得

$$K = \frac{Q}{\sqrt{i}} = AC\sqrt{R} = \frac{1}{n}A^{\frac{5}{3}}\chi^{-\frac{2}{3}}$$

$$= \frac{1}{n}[bh + mh^2]^{5/3} \cdot [b + 2h\sqrt{1+m^2}]^{-2/3}$$

这是一个较复杂的隐函数,不易直接求解,可用数值计算方法(电算法)求解。在这里介绍用试算作图法求解。

假定一系列 h 值,求出相应的流量模数 K 值,根据若干对 h 和 K 值,作出 $K = f(h)$ 曲线,如图 7-7 所示。其次,由给定的 Q 和 i,按公式求出 $K_0 = \frac{Q}{\sqrt{i}}$,在曲线上找出对应于此 K_0 值的 h 值,即为所求的正常水深 h_0。

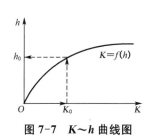

图 7-7 $K \sim h$ 曲线图   图 7-8 $K \sim h$ 曲线图

例 7-4 有一梯形断面渠道,已知底坡 $i = 0.0004$,边坡系数 $m = 1.0$,粗糙系数 $n = 0.03$,底宽 $b = 1.5$ m,求通过流量 $Q = 1 \text{ m}^3/\text{s}$ 时的正常水深 h_0。

解: $K_0 = \frac{Q}{\sqrt{i}} = \frac{1}{\sqrt{0.0004}} = 50 (\text{m}^3/\text{s})$

$$A = (b + mh)h = (1.5 + 1.0h)h = 1.5h + h^2$$

$$\chi = b + 2h\sqrt{1+m^2} = 1.5 + 2h\sqrt{1+1.0^2} = 1.5 + 2.83h$$

假定一系列 h 值,由基本公式 $K = AC\sqrt{R} = \frac{1}{n}A^{\frac{5}{3}}\chi^{-\frac{2}{3}} = f(h)$,可得对应的 K 值。计算结果列于表内,并绘出 $K = f(h)$ 曲线,如图 7-8 所示。当 $K_0 = 50 \text{ m}^3/\text{s}$ 时,得 $h_0 = 0.90$ m。

h/m	0	0.2	0.4	0.6	0.8	1.0
K/(m³/s)	0	3.41	11.07	22.57	38.06	57.78

(2) 已知正常水深 h_0,求相应的渠道底宽 b。这种情况与上面的情况一样,

亦可用试算作图法求解。假定一系列 b 值,求出相应的 K 值,作出 $K = f(b)$ 曲线。按公式求出 $K_0 = \frac{Q}{\sqrt{i}}$,在 $K = f(b)$ 曲线上找出对应于此 K_0 值的 b 值,即为所求的底宽 b。

例 7-5 某梯形断面渠道中的均匀流,流量 $Q = 3.46 \text{ m}^3/\text{s}$,渠底坡度 $i = 0.0008$,边坡系数 $m = 1.5$,粗糙系数 $n = 0.02$,正常水深 $h_0 = 1.25 \text{ m}$,试设计渠底宽度 b。

解: $K_0 = \dfrac{Q}{\sqrt{i}} = \dfrac{3.46}{\sqrt{0.0008}} = 122.32 (\text{m}^3/\text{s})$

$$A = (b + mh)h = (b + 1.5 \times 1.25) \times 1.25 = 1.25b + 2.344$$

$$\chi = b + 2h\sqrt{1+m^2} = b + 2 \times 1.25\sqrt{1+1.5^2} = b + 4.51$$

假定一系列 b 值,由基本公式 $K = AC\sqrt{R} = \dfrac{1}{n}A^{\frac{5}{3}}\chi^{-\frac{2}{3}} = f(b)$,可得对应的 K 值

当 $K_0 = 122.32 \text{ m}^3/\text{s}$ 时,得 $b = 0.80 \text{ m}$。

(3) 按给定宽深比 $\beta = \dfrac{b}{h_0}$,求相应的 h_0 和 b 值。小型渠道的宽深比可按水力最优条件 $\beta = \dfrac{b}{h_0} = 2(\sqrt{1+m^2} - m)$ 给出;大型渠道的宽深比则可根据工程具体条件及综合经济技术比较给出。这种情况实际上与上面两种情况相同。由于补充了一个条件,设定了 β,使 h_0 和 b 转变成相互依赖的一个变数,使方程有确定的解。按上面介绍的方法,求得 h_0 或 b 后,由 $\beta = \dfrac{b}{h_0}$ 即可求得 b 或 h_0。

(4) 根据最大允许流速 $v_{\max}$,设计渠道的过流断面尺寸 b 或 h_0。当允许流速成为设计渠道的控制条件时,就需采用这一方法计算。由连续性方程式 $A = \dfrac{Q}{v_{\max}}$,可求得对应的过流断面面积 A;由谢才公式 $v_{\max} = C\sqrt{Ri} = \dfrac{i^{\frac{1}{2}}}{n}A^{\frac{2}{3}}\chi^{-\frac{2}{3}}$ 可求得湿周 $\chi = \left(\dfrac{i^{\frac{1}{2}}A^{\frac{2}{3}}}{nv_{\max}}\right)^{\frac{3}{2}}$。将所求得 A、χ 值代入梯形断面的

$$A = (b + mh)h = f_1(b,h) \text{ 及 } \chi = b + 2h\sqrt{1+m^2} = f_2(b,h)$$

中,联立求解,可得 b 和 h_0。

例 7-6 有一梯形断面渠道,通过流量 $Q = 3.5 \text{ m}^3/\text{s}$,底坡 $i = 0.004, m = 1.0, n = 0.025$。(1) 按最大允许流速 $v_{\max} = 1.4 \text{ m/s}$,设计渠道断面尺寸 b 和 h;(2) 按水力最优断面设计渠道断面尺寸 b 和 h。

解 (1) 按允许流速设计。

$$A = \dfrac{Q}{v_{\max}} = \dfrac{3.5}{1.4} = 2.5 (\text{m}^2)$$

$$\chi = \left(\dfrac{i^{\frac{1}{2}}A^{\frac{2}{3}}}{nv_{\max}}\right)^{\frac{3}{2}} = \left(\dfrac{0.004^{1/2} \times 2.5^{2/3}}{0.025 \times 1.4}\right)^{3/2} = 6.07 (\text{m})$$

由梯形断面条件得

$$A = (b + m \times h)h = (b + 1.0 \times h)h = 2.5 (\text{m}^2)$$

$$\chi = b + 2 \times h\sqrt{1+m^2} = b + 2h\sqrt{1+1.0^2} = 6.07 (\text{m})$$

联立解上两式得

$b=-1.96\text{ m}, h=2.84\text{ m}$，不合题意舍去；

$b=4.71\text{ m}, h=0.48\text{ m}$

校核：当 $h=0.48\text{ m}, b=4.71\text{ m}, A=(b+m\times h)h=2.5\text{ m}^2, v=\dfrac{Q}{A_0}=\dfrac{3.5}{2.5}=1.4\text{ m/s}=v_{\max}$，

满足要求

渠道有水部分断面尺寸为 $b=4.71\text{ m}, h_0=0.48\text{ m}, m=1.0$，渠道的总高度应为正常水深加保护高度（规范规定的超过水面的高度）。

（2）按水力最优断面设计

$$\beta=\frac{b}{h}=2(\sqrt{1+m^2}-m)=2(\sqrt{2}-1)=0.83$$

$$b=0.83h$$

$$A=(b+mh)h=(0.83h+h)h=1.83h^2$$

$$\chi=b+2h\sqrt{1+m^2}=0.83h+2\sqrt{2}h=3.66h$$

$$R=0.5h$$

因为 $Q=\dfrac{1}{n}AR^{\frac{2}{3}}i^{\frac{1}{2}}$，将 A、R、i、n 等代入上式有

$$3.5=\frac{1}{0.025}\times(1.83h^2)\times(0.5h)^{\frac{2}{3}}\times 0.004^{\frac{1}{2}}$$

解之得 $h=1.07\text{ m}, b=0.83h=0.89\text{ m}$。

校核：$A=1.83h^2=2.09\text{ m}^2, v=\dfrac{Q}{A}=1.67\text{ m/s}>v_{\max}=1.4\text{ m/s}$。因为 $v>v_{\max}$，需对设计计算进行调整。一种方法，对渠底、边坡采取加固措施，增加防冲刷能力；因 n 值发生了变化，需复核水力条件。另一种方法，调整过水断面的边坡系数 m，减小过水断面流速，满足允许流速的要求。

2）圆形断面无压均匀流的水力计算

工程中的管道常为圆形，是由于圆形过水断面形式符合水力最优条件，又具有节省材料，便于预制、运输、受力性能好等特点。城市污水管为了通风、防爆、排除有害气体以及适应污水量变化，设计时使圆管内水流不充满整个管道横断面，管道水流具有自由表面，表面压强为大气压，这种管内水流称不满管流；如果圆管内水流恰好充满整个管道横断面，但断面顶端压强仍为大气压，这种管内水流称满管流。不满管流和满管流都是无压流。对长直的无压圆管，当其底坡 i、粗糙系数 n 及管径 d 均保持沿程不变时，管中水流可认为是明渠均匀流。

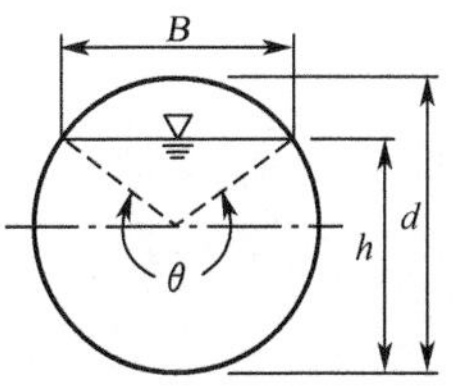

如图 7-9 所示，定义管内水深与管道直径的比值 $\alpha=\dfrac{h}{d}$ 为充满度，θ 称为充满角（弧度）。由几何关系可得各水力要素间关系如下：

图 7-9　无压圆管过流断面

过水断面面积 $$A = \frac{d^2}{8}(\theta - \sin\theta) \tag{7-16}$$

湿周 $$\chi = \frac{d}{2}\theta \tag{7-17}$$

水力半径 $$R = \frac{d}{4}\left(1 - \frac{\sin\theta}{\theta}\right) \tag{7-18}$$

水面宽度 $$B = d\sin\frac{\theta}{2} \tag{7-19}$$

充满度 $$\alpha = \frac{h}{d} = \sin^2\frac{\theta}{4} \tag{7-20}$$

《室外排水设计规范》(GB 50014—2006)规定污水管道的最大设计充满度按表 7-4 数据采用。

表 7-4　污水管渠最大设计充满度

管径或渠高/mm	最大设计充满度
200～300	0.55
350～450	0.65
500～900	0.70
≥1 000	0.75

排水管道的最大设计流速：金属管道 10 m/s，非金属管道 4 m/s。

排水管道的最小设计流速：污水管道(不满管流)在设计充满度下为 0.60 m/s，而雨水管道和合流管道在满管流时为 0.75 m/s。

另外，无压圆管水力计算，对最小管径和最小设计坡度等也有规定，在实际工作中可参考有关手册和规范。

圆形断面无压均匀流可按公式(7-8)直接进行计算，也可以用图表来进行计算。现介绍图的制作及其使用方法。为了使图在应用上更具有普遍意义，能适用不同管径、不同粗糙系数的情况，特引入几个量纲一的量来表示图形的坐标，如图 7-10 所示。

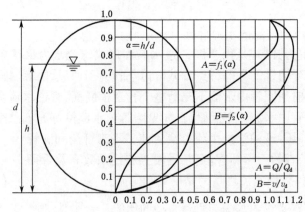

图 7-10　$\dfrac{Q}{Q_d} \sim \dfrac{h}{d}$，$\dfrac{v}{v_d} \sim \dfrac{h}{d}$ 关系曲线

设 Q_d、v_d 分别表示满管流时的流量和流速，Q 和 v 表示不满管流时的流量和流速，它们的比值为

$$A = \frac{Q}{Q_d} = \frac{K\sqrt{i}}{K_d\sqrt{i}} = f_1\left(\frac{h}{d}\right) = f_1(\alpha) \tag{7-21}$$

$$B = \frac{v}{v_d} = \frac{C\sqrt{Ri}}{C_d\sqrt{R_d i}} = f_2\left(\frac{h}{d}\right) = f_2(\alpha) \tag{7-22}$$

按式(7-21)和式(7-22)计算，设一个 α 值，即可求得相应的 A、B 值，根据它们的对应关系可绘出如图 7-10 所示的曲线。

在求解具体问题时，不满管流的流量可按下式计算

$$Q = AQ_d = f(\alpha, d, i) \tag{7-23}$$

公式中有 Q、α、d、i 四个变量，在管道材料一定(即 n 值确定)的情况下，圆形断面无压均匀流的水力计算，主要解决以下四类问题。

(1) 已知 d、α、i，求 Q。这类问题的求解可在图 7-10 的曲线上查得相应于 α 值的 A 值，由 d、n、i 求得 Q_d，再由 $A = \dfrac{Q}{Q_d}$ 求得 Q。也可直接应用公式计算，见例 7-7。

(2) 已知 Q、d、α，求 i。

(3) 已知 Q、d、i，求 α，即求 h。

(4) 已知 Q、α、i，求 d。

由图可见，流速和流量分别在水流为满流之前达到最大。当充满度 $\alpha \approx 0.95$ 时，得流量比的最大值 $A_{max} \approx 1.08$，此时，管中流量最大，为满管流时流量的 1.08 倍；当 $\alpha \approx 0.81$ 时，得流速比的最大值 $B_{max} \approx 1.14$，此时，管中的流速最大，为满管流时流速的 1.14 倍。这是由于圆形断面上部充水时，当超过某一水深后，其湿周比水流过流断面面积增长得快，水力半径开始减小，从而导致流量和流速相应减小。当 $\alpha = 0.8$ 时，$A \approx 1$，即管内水深达到 80% 管径时，流量接近满管流时的流量；当 $\alpha = 0.5$ 时，$B \approx 1$，即管内水深达到直径一半时，流速接近满管流时的流速。

例 7-7 某钢筋混凝土圆形污水管，管径 $d = 1\,000$ mm，管壁粗糙系数 $n = 0.014$，管底坡度 $i = 0.001$，求最大设计充满度时的流速和流量。

解 由表 7-4 查得管径 1 000 mm 的污水管的最大设计充满度为 $\alpha = \dfrac{h}{d} = 0.75$，代入 $\alpha = \dfrac{h}{d} = \sin^2\dfrac{\theta}{4}$，解得 $\theta = \dfrac{4}{3}\pi$。则

$$A = \frac{d^2}{8}(\theta - \sin\theta) = \frac{1.0^2}{8}\left(\frac{4}{3}\pi - \sin\frac{4}{3}\pi\right) = 0.63(\text{m}^2)$$

$$\chi = \frac{d}{2}\theta = \left(\frac{1.0}{2} \times \frac{4}{3}\pi\right) = 2.09(\text{m})$$

$$R = \frac{A}{\chi} = \frac{0.63}{2.09} = 0.30(\text{m})$$

$$C = \frac{1}{n}R^{\frac{1}{6}} = \left(\frac{1}{0.014} \times 0.30^{\frac{1}{6}}\right) = 58.44 (\mathrm{m}^{\frac{1}{2}}/\mathrm{s})$$

$$v = C\sqrt{Ri} = 58.44 \times \sqrt{0.3 \times 0.001} = 1.01(\mathrm{m/s}) \text{（在允许流速范围内）}$$

$$Q = Av = 1.01 \times 0.63 = 0.64(\mathrm{m}^3/\mathrm{s})$$

3）复式断面明渠均匀流的水力计算

在实际工程中，当通过渠道的流量变化范围较大时，渠道的断面形状常采用由两个或两个以上的单式断面组成的复式断面，如图 7-11 所示。它与单式断面比较，能更好地控制淤积、减少开挖量。河流漫滩也可形成复式断面。

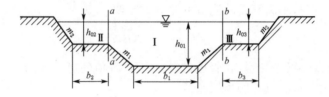

图 7-11 复式断面渠道

在复式断面渠道中，由于各部分粗糙系数不同、水深不一，断面上各部分流速相差较大，如果把整个断面当作一个统一的总流来考虑，直接用均匀流公式(7-8)计算，将会得出不符合实际情况的结果。为此，必须采取分别计算的方法，即将复式断面划分为若干个单一断面，常用图 7-11 所示的垂线将明渠划分成Ⅰ、Ⅱ、Ⅲ等几个部分，认为每个部分都符合式(7-8)；又因为整个断面上的水面是水平的，所以各部分流股的水力坡度、水面坡度、渠底坡度均相等，即 $J_1 = J_2 = \cdots = J_{z_1} = J_{z_2} = \cdots = i_1 = i_2 = \cdots = i$。

分别计算各部分的过流断面面积、湿周、水力半径、谢才系数、流速、流量等。复式断面的流量为各部分流量的总和，即

$$Q = \sum_{i=1}^{n} A_i v_i = \sum_{i=1}^{n} Q_i = \sum_{i=1}^{n} K_i \sqrt{i} \tag{7-24}$$

要注意的是，各部分的湿周仅考虑水流与固体壁面接触的周界，各单一断面间的水流交界线，如图中 a-a、b-b，在计算时不计入湿周。

例 7-8 某一复式断面渠道中的均匀流，如图 7-11 所示，已知底坡 $i = 0.002$，主槽粗糙系数 $n_1 = 0.023$；左右两滩地对称，滩地粗糙系数 $n_2 = n_3 = 0.025$。底宽 $b_1 = 20\text{ m}$，$b_2 = b_3 = 6\text{ m}$；$m_1 = 1.0$，$m_2 = m_3 = 1.5$，$h_{01} = 2.6\text{ m}$，$h_{02} = h_{03} = 1.0\text{ m}$，求渠道中流量 Q。

解： 将复式断面渠道分成主槽和左右两边滩地部分，如图所示，分别计算各个部分断面的流量。

主槽部分：

$$A_1 = b_1 h_{01} + \frac{1}{2}(h_{01} + h_{02}) \times m_1(h_{01} - h_{02}) \times 2$$

$$= 20 \times 2.6 + \frac{1}{2}(2.6 + 1.0) \times 1.0 \times (2.6 - 1.0) \times 2 = 57.76(\mathrm{m}^2)$$

$$\chi_1 = b_1 + 2\sqrt{(h_{01}-h_{02})^2 + [m_1(h_{01}-h_{02})]^2}$$
$$= 20 + 2\sqrt{(2.6-1.0)^2 + [1.0(2.6-1.0)]^2} = 24.52(\text{m})$$

$$R_1 = \frac{A_1}{\chi_1} = 2.36(\text{m})$$

$$C_1 = \frac{1}{n_1}R_1^{\frac{1}{6}} = \frac{1}{0.023}2.36^{\frac{1}{6}} = 50.17(\text{m}^{\frac{1}{2}}/\text{s})$$

$$Q_1 = A_1 C_1 \sqrt{R_1 i_1} = 57.76 \times 50.170 \times \sqrt{2.36 \times 0.002} = 199.08(\text{m}^3/\text{s})$$

左边滩部分：

$$A_2 = b_2 h_{02} + \frac{1}{2} m_2 h_{02}^2 = 6 \times 1.0 + \frac{1}{2} \times 1.5 \times 1.0^2 = 6.75(\text{m}^2)$$

$$\chi_2 = b_2 + \sqrt{h_{02}^2 + (m_2 h_{02})^2} = 6 + \sqrt{1.0^2 + (1.5 \times 1.0)^2} = 7.8(\text{m})$$

$$R_2 = \frac{A_2}{\chi_2} = 0.86(\text{m})$$

$$C_2 = \frac{1}{n_2}R_2^{\frac{1}{6}} = \frac{1}{0.025}0.86^{\frac{1}{6}} = 39(\text{m}^{\frac{1}{2}}/\text{s})$$

$$Q_2 = A_2 C_2 \sqrt{R_2 i_2} = 6.75 \times 39 \times \sqrt{0.86 \times 0.002} = 10.92(\text{m}^3/\text{s})$$

右边滩部分：

$$Q_3 = Q_2 = 10.92(\text{m}^3/\text{s})$$

$$Q = Q_1 + Q_2 + Q_3 = 199.08 + 2 \times 10.92 = 220.92(\text{m}^3/\text{s})$$

7.2 恒定明渠非均匀流若干基本概念

在明渠中，由于渠道的断面尺寸和底部高程随着实际地形情况及其设计要求进行改变，同时修建的水工建筑物，如闸、桥梁、隧洞等也会破坏河渠均匀流发生的条件，从而产生明渠非均匀流动。明渠非均匀流的特点是渠道的总水头线、水面线、底坡线不再相互平行。明渠非均匀流同样有渐变流与急变流之分。若流线是接近于相互平行的直线，或者流线间的夹角很小，这种流动称为明渠非均匀渐变流，反之，则为明渠非均匀急变流。

在明渠非均匀流水力计算中，需要确定各断面水深沿程变化的规律和水面曲线型式。例如，在河流上筑坝取水，需要估计由于水位抬高所造成的水库淹没范围，必须计算水面曲线。所以，对明渠水面曲线的研究，工程实践意义重大。下面先就明渠流的流动型态和若干基本概念做一些介绍。

7.2.1 缓流和急流

观察明渠中障碍物对水流的影响，可以发现，水流明渠流具有两种不同的运动状态。在底坡陡峻、水流湍急的溪涧中，涧底若有大块孤石阻水，水面在石上隆起激起浪花，而孤石对上游远处的涧流没有影响。又如在底坡平坦，水流徐缓的平原河流中，若有大块孤石阻水，孤石对水流的影响向上游传播，使较长一段距离的上游水流受到影响。为了区别这两种流动状态，我们分别称之为急流和缓流。障碍物的影响能够向上游传播的明渠水流称为缓流；而障碍物的影响只能对附近水流引起局部扰动，不能向上游传播的明渠水流称为急流。明渠中的两种流态对障碍物有不同的流动现象，显然，明渠非均匀流水面曲线的型式及其沿程水深的变化是与明渠中的两种流态有关。下面具体分析两种流态的实质和判别标准。

7.2.2 断面单位能量、临界水深、临界底坡

1) 断面单位能量

如图 7-12 所示，在明渠渐变流的任一过水断面上，取过渠底最低高程的平面为基准面 $0'-0'$，它与基准面 $0-0$ 不同。$0'-0'$ 随各过水断面的底高程而变，此时单位重量液体所具有的液体机械能 E_s，称为断面单位能量或比能。

$$E_s = h + \frac{\alpha v^2}{2g} = h + \frac{\alpha Q^2}{2gA^2} \tag{7-25}$$

单位重量液体对同一基准面 $0-0$ 的总机械能 E 为

$$E = z + \frac{p}{\rho g} + \frac{\alpha v^2}{2g} \tag{7-26}$$

$$E = a + h + \frac{\alpha v^2}{2g} \tag{7-27}$$

在均匀流中，水深 h 及流速 v 均沿程不变，因而断面单位能量沿程不变；在非均匀流中，水深 h 及流速 v 均沿程改变，因而断面单位能量也沿程变化，且可能增大也可能减小。但是，在均匀流和非均匀流中，单位总机械能 E 则永远是沿程减小的，即 $\dfrac{\mathrm{d}E}{\mathrm{d}s}<0$。因此，断面单位能量 E_s 和单位总机械能 E 是两个有区别的概念。

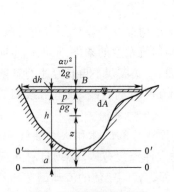

图 7-12 断面单位能量

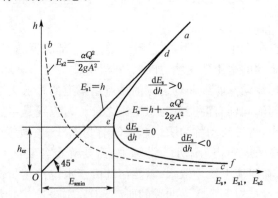

图 7-13 断面单位能量曲线

在渠道通过的流量固定不变、断面形状和尺寸确定的棱柱体规则断面的情况下，由式(7-25)可知，断面单位能量是水深的连续函数，可用 $E_s = f(h)$ 曲线表示出来，即为断面单位能量曲线(图 7-13)。

从式(7-25)看出,在断面形状、尺寸和流量一定时,当 $h \to 0$ 时,$A \to 0$,$E_s \to \infty$,断面单位能量曲线以横坐标为渐近线;当 $h \to \infty$ 时,$A \to \infty$,此时,$E_s = h + \dfrac{\alpha Q^2}{2gA^2} \to h$,则断面单位能量曲线以45°直线($E_s = h$)为渐近线。由图7-13可以看出,相应于任一可能的断面单位能量 E_s,均有两个水深,则必有一个对应于最小断面比能的水深。在渠道断面形状、尺寸和流量一定的条件下,相应于断面单位能量最小的水深称为临界水深 h_{cr}。

由图可见,临界水深 h_{cr} 将 $E_s = f(h)$ 曲线分成上、下两支。在上支,即 $h > h_{cr}$ 时,断面单位能量随水深增加而增加,$\dfrac{dE_s}{dh} > 0$,这时断面单位能量中的势能占主要地位,断面单位能量的变化主要表现为势能的变化,即水深的变化;这种水流遇到障碍物干扰所引起的变化,主要表现为水位的壅高或降低,即前面所称的缓流。在下支,即 $h < h_{cr}$ 时,断面单位能量随水深增加而减小,$\dfrac{dE_s}{dh} < 0$;这时,断面单位能量中的动能占主要地位,断面单位能量的变化主要表现为动能的变化,即流速的变化;这种水流遇到障碍物干扰所引起的变化,主要表现为水流的局部隆起,即前面所称的急流。在上、下支的交点,即 $h = h_{cr}$ 时,$\dfrac{dE_s}{dh} = 0$,这时的流态即为临界流。这就是从能量观点来探讨明渠中两种流态的本质,并且可以看出,可用临界水深来判别明渠流的型态,即

$$\left. \begin{array}{l} h > h_{cr}, \dfrac{dE_s}{dh} > 0 \quad \text{为缓流} \\ h < h_{cr}, \dfrac{dE_s}{dh} < 0 \quad \text{为急流} \\ h = h_{cr}, \dfrac{dE_s}{dh} = 0 \quad \text{为临界流} \end{array} \right\} \tag{7-28}$$

明渠流除符合连续性方程、伯努利方程外,也要符合此规律(特殊规律)。

2)临界水深

根据临界水深的定义,对式(7-25)求导等于零,即可确定临界水深,即

$$\frac{dE_s}{dh} = \frac{d}{dh}\left(h + \frac{\alpha Q^2}{2gA^2}\right) = 1 - \frac{\alpha Q^2}{gA^3} \frac{dA}{dh} = 0。$$

式中:$\dfrac{dA}{dh}$ 为过流断面面积随水深的变化率,可近似地以水面宽度 B 代替,即 $\dfrac{dA}{dh} = B$。可得临界水深的计算公式为

$$\frac{A_{cr}^3}{B_{cr}} = \frac{\alpha Q^2}{g} \tag{7-29}$$

由上式可知,等号右端是已知值,左端是关于临界水深的高次隐函数式。另外,可以看出临界水深仅与断面形状、尺寸和流量有关,而与渠底坡度 i 及壁面粗糙系数 n 无关;这与明渠均匀流正常水深的计算公式是不同的。下面介绍常见的梯形、矩形、圆形断面的临界水深的计算方法。

(1) 梯形断面渠道临界水深的计算方法

可用试算法或作图法求解临界水深。先根据已知流量求出 $\dfrac{A_{cr}^3}{B_{cr}} = \dfrac{\alpha Q^2}{g}$ 值；然后假设一系列 h 值，求出相应的 $\dfrac{A^3}{B}$ 值，作出 $\dfrac{A^3}{B} \sim h$ 关系曲线，如图 7-14 所示；最后在曲线上找出对应于 $\dfrac{\alpha Q^2}{g}$ 值的 h 值，即为所求的临界水深 h_{cr}。

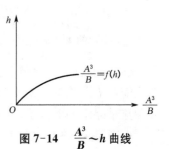

图 7-14　$\dfrac{A^3}{B} \sim h$ 曲线

例 7-9　设有一梯形断面渠道，底宽 $b = 5\ \text{m}$，边坡系数 $m = 1.0$，当通过流量 $Q = 20\ \text{m}^3/\text{s}$ 时，试求渠道的临界水深 h_{cr}。

解： $\dfrac{A_{cr}^3}{B_{cr}} = \dfrac{\alpha Q^2}{g} = \dfrac{1.0 \times 20^2}{9.8} = 40.8\ \text{m}^5$。假设 $h = 1.3\ \text{m}$，则

$$A = (b + mh)h = (5 + 1.0 \times 1.3) \times 1.3 = 8.19\ (\text{m}^2)$$

$$B = b + 2mh = 5 + 2 \times 1.0 \times 1.3 = 7.6\ (\text{m})$$

$$\dfrac{A^3}{B} = \dfrac{8.19^3}{7.6} = 72.28\ \text{m}^5 > 40.8\ \text{m}^5$$

另设 $h = 1.2\ \text{m}$、$1.09\ \text{m}$、$1.0\ \text{m}$、$0.8\ \text{m}$，相应的 A、B、A^3、$\dfrac{A^3}{B}$ 值列入下表内。

h/m	A/m^2	B/m	A^3/m^6	$\dfrac{A^3}{B}/\text{m}^5$	附 注
1.3	8.19	7.60	549.35	72.28	
1.2	7.44	7.40	411.83	55.65	
1.09	6.64	7.18	292.75	40.77	$\dfrac{A_{cr}^3}{B_{cr}} = 40.8\ \text{m}^5$
1.0	6.00	7.00	216.0	30.86	
0.8	4.64	6.60	99.90	15.14	

根据上表数值绘制 $\dfrac{A^3}{B} - h$ 曲线，如图 7-15 所示。由曲线可求得相应于 $\dfrac{A_{cr}^3}{B_{cr}} = \dfrac{\alpha Q^2}{g} = 40.8\ \text{m}^5$ 的值 $h_{cr} = 1.09\ \text{m}$。

(2) 矩形断面渠道临界水深的计算方法

当 $A = bh$，$b = B$，代入式 (7-29) 得

$$\dfrac{\alpha Q^2}{g} = \dfrac{A_{cr}^3}{B_{cr}} = \dfrac{B^3 h_{cr}^3}{B} = B^2 h_{cr}^3,$$

所以

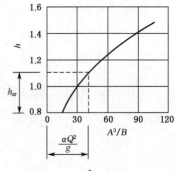

图 7-15　$\dfrac{A^3}{B} \sim h$ 曲线

$$h_{cr} = \sqrt[3]{\dfrac{\alpha Q^2}{gB^2}} = \sqrt[3]{\dfrac{\alpha q^2}{g}} \tag{7-30}$$

式中：$q = \dfrac{Q}{B}$ 称为单宽流量，单位为 m^2/s。

由于 $q = v_{cr}h_{cr}$，代入上式加以整理可得

$$h_{cr} = \frac{\alpha v_{cr}^2}{g} = 2\frac{\alpha v_{cr}^2}{2g} \tag{7-31}$$

上式说明，当矩形断面渠道中出现临界水深时，临界水深为流速水头的两倍。将上式代入式(7-25)，可得矩形断面渠道临界水深与临界流时断面单位能量的关系为

$$E_{smin} = h_{cr} + \frac{\alpha v_{cr}^2}{2g} = \frac{3}{2}h_{cr} \tag{7-32}$$

或

$$h_{cr} = \frac{2}{3}E_{smin} \tag{7-33}$$

例 7-10 设有一块石砌体矩形水槽，已知流量 $Q = 2\,\mathrm{m^3/s}, n = 0.025$。(1) 若槽底坡度为 0.09，按最优水力断面试求水槽的临界水深 h_{cr}、正常水深 h_0，并判别其流态；(2) 若水槽底宽不变，槽底坡度为 0.000 9，槽中水流流态又如何？

解：(1) 若 $i = 0.09$，由式(7-12)得，$\beta = \dfrac{B}{h_0} = 2$。

$$Q = \frac{1}{n}i^{\frac{1}{2}}A^{\frac{5}{3}}\chi^{-\frac{2}{3}}, A = Bh_0 = 2h_0^2, \chi = B + 2h_0 = 4h_0$$

则

$$2 = \frac{1}{0.025} \times 0.09^{\frac{1}{2}} \times (2h_0^2)^{\frac{5}{3}}(4h_0)^{-\frac{2}{3}}$$

解得 $h_0 = 0.47\,\mathrm{m}, B = 2h_0 = 0.94\,\mathrm{m}$

所以 $h_{cr} = \sqrt[3]{\dfrac{\alpha Q^2}{gB^2}} = \sqrt[3]{\dfrac{1 \times 2^2}{9.8 \times 0.94^2}} = 0.77(\mathrm{m})$。

$h_0 < h_{cr}$，水槽中水流为急流。

(2) 若 $i = 0.000\,9, B = 0.94\,\mathrm{m}$，则 $A = Bh = 0.94h, \chi = 0.94 + 2h$。所以

$$2 = \frac{1}{0.025} \times 0.000\,9^{\frac{1}{2}} \times (0.94h)^{\frac{5}{3}}(0.94 + 2h)^{-\frac{2}{3}}$$

经试算迭代，得 $h = 3.2\,\mathrm{m}, h_{cr} = \sqrt[3]{\dfrac{\alpha Q^2}{gB^2}} = \sqrt[3]{\dfrac{1 \times 2^2}{9.8 \times 0.94^2}} = 0.77(\mathrm{m}), h > h_{cr}$，水槽中水流为缓流。

(3) 圆形断面渠道临界水深的计算方法

这种情况计算比较繁复，因此常用预先作好的图或表来进行计算。这时，式(7-29)可写成

$$\frac{\alpha Q^2}{g} = \frac{A_{cr}^3}{B_{cr}} = f(d, h_{cr})$$

其中 $A_{cr} = \dfrac{d^2}{8}(\theta - \sin\theta), B_{cr} = d\sin\dfrac{\theta}{2}, \theta = 4\arcsin\left(\dfrac{h_{cr}}{d}\right)^{\frac{1}{2}}$。

将上式等号两边同除以 d^5，得量纲一的数关系式为

$$\frac{\alpha Q^2}{gd^5} = \frac{A_{cr}^3}{B_{cr}d^5} = f\left(\frac{h_{cr}}{d}\right) \tag{7-34}$$

根据上式可绘出 $\frac{A_{cr}^3}{B_{cr}d^5} - \frac{h_{cr}}{d}$ 曲线,如图 7-16 所示。求解时,先根据流量 Q、管径 d,求出

$$\frac{\alpha Q^2}{gd^5} = \frac{A_{cr}^3}{B_{cr}d^5}$$

然后在曲线上找出对应于 $\frac{\alpha Q^2}{gd^5}$ 值的 $\frac{h_{cr}}{d}$ 值,即可求出 h_{cr}。

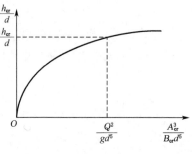

图 7-16 $\frac{A_{cr}^3}{B_{cr}d^5} - \frac{h_{cr}}{d}$ 曲线

3) 临界底坡

当已知流量 Q,在一定断面形状、渠壁粗糙系数的棱柱体渠道中作均匀流动时,正常水深 h_0 将随渠底坡度 i 的不同而变化。当正常水深恰好等于临界水深 h_{cr} 时的渠底坡度称为临界底坡,并以 i_{cr} 表示。当正常水深等于临界水深时,明渠均匀流计算公式可写为

$$Q = A_{cr}C_{cr}\sqrt{R_{cr}i_{cr}} \tag{1}$$

临界水深的普遍式,即

$$\frac{\alpha Q^2}{g} = \frac{A_{cr}^3}{B_{cr}} \tag{2}$$

联立解以上两式,可得

$$i_{cr} = \frac{g\chi_{cr}}{\alpha C_{cr}^2 B_{cr}} \tag{7-35}$$

式中:χ_{cr}、B_{cr} 分别为相应于临界水深 h_{cr} 的湿周、水面宽度。

渠道的实际底坡 i 与临界底坡 i_{cr} 相比较有三种可能情况:当 $i < i_{cr}$ 时,渠底坡度成为缓坡;当 $i > i_{cr}$ 时,渠底坡度成为陡坡;当 $i = i_{cr}$ 时,渠底坡度成为临界坡。对明渠均匀流来说,缓坡上水流一定为缓流,即 $h_0 > h_{cr}$;陡坡上水流一定为急流,$h_0 < h_{cr}$;临界坡上水流则为临界流,$h_0 = h_{cr}$。因此,在明渠均匀流的情况下,用底坡的类型就可以判别水流的型态,坡别类型与流动型态对应,即在缓坡上水流一定为缓流,在陡坡上水流一定为急流,在临界坡上水流为临界流。非均匀流时,就不一定了。临界底坡、缓坡和陡坡的概念是对于某一已知渠道通过一定流量而言,随着流量的变化,缓、急坡可以相互转化的。

4) 明渠流流动型态的判别准则

(1) 临界水深法

当明渠流中水深 $h > h_{cr}$ 时为缓流;$h = h_{cr}$ 时为临界流;$h < h_{cr}$ 时为急流。

(2) 弗劳德数法

对式(7-25)求导得

$$\frac{dE_s}{dh} = \frac{d}{dh}\left(h + \frac{\alpha Q^2}{2gA^2}\right) = 1 - \frac{\alpha Q^2}{gA^3}\frac{dA}{dh} = 1 - \frac{\alpha Q^2}{gA^3}B = 1 - Fr^2 \tag{7-36}$$

式中 Fr 为弗劳德数。$Fr = \dfrac{v}{\sqrt{gh}}$。当 $Fr < 1.0$ 时,水流为缓流;当 $Fr = 1.0$ 时,水流为临界流;当 $Fr > 1.0$ 时,水流为急流。

(3) 波速法

根据水流的能量方程和连续性方程,可推导出微幅扰动波的传播速度(推导过程略)即

$$c = \sqrt{g\bar{h}} \tag{7-37}$$

当速度 $v > c$ 时,水流为急流;当 $v = c$ 时,水流为临界流;当 $v < c$ 时,水流为缓流。

例 7-11 长直的矩形断面渠道,底宽 $b = 1$ m,粗糙系数 $n = 0.014$。渠底坡度 $i = 0.0004$,均匀流正常水深 $h_0 = 0.5$ m。试分别用 h_{cr}、Fr 及 i_{cr} 来判别明渠水流流态。

解:(1) 用临界水深判别

$$R = \frac{A}{\chi} = \frac{bh_0}{b + 2h_0} = \frac{1 \times 0.5}{1 + 2 \times 0.5} = 0.25 \text{(m)}$$

$$C = \frac{1}{n} R^{\frac{1}{6}} = \frac{1}{0.014} \times 0.25^{\frac{1}{6}} = 56.7 \text{(m}^{\frac{1}{2}}/\text{s)}$$

断面平均流速 $v = C\sqrt{Ri} = 56.7 \times \sqrt{0.25 \times 0.0004} = 0.57 \text{(m/s)}$

单宽流量 $\qquad q = vh_0 = 0.57 \times 0.5 = 0.29 \text{(m}^2/\text{s)}$

临界水深 $\qquad h_{cr} = \sqrt[3]{\dfrac{\alpha q^2}{g}} = \sqrt[3]{\dfrac{1.0 \times 0.29^2}{9.8}} = 0.20 \text{(m)}$

可见 $h_0 = 0.5$ m $> h_{cr} = 0.20$ m,该均匀流为缓流。

(2) 用弗劳德数判别

$Fr = \dfrac{v}{\sqrt{g\bar{h}}} = \dfrac{0.57}{\sqrt{9.8 \times 0.5}} = 0.258 < 1.0$,该均匀流为缓流

(3) 用临界底坡判别

$$B_{cr} = b = 1 \text{(m)}$$

$$\chi_{cr} = b + 2h_{cr} = 1.4 \text{(m)}$$

$$R_{cr} = \frac{A_{cr}}{\chi_{cr}} = \frac{bh_{cr}}{\chi_{cr}} = \frac{1.0 \times 0.2}{1.4} = 0.143$$

$$C_{cr} = \frac{1}{n} R_{cr}^{\frac{1}{6}} = \frac{1}{0.014} \times 0.143^{\frac{1}{6}} = 51.65 \text{(m}^{\frac{1}{2}}/\text{s)}$$

$$i_{cr} = \frac{g\chi_{cr}}{\alpha C_{cr}^2 B_{cr}} = \frac{9.8 \times 1.4}{1.0 \times 51.65^2 \times 1} = 0.0051$$

可见 $i = 0.0004 < i_{cr} = 0.0051$,此均匀流为缓流

7.3 水跃和跌水

7.3.1 水跃

1) 水跃现象

水跃是明渠水流从急流过渡到缓流时水面突然跃起的局部水力现象。例如在溢洪道下、泄水闸下、平坡渠道中的闸下出流均可形成水跃。当跃前弗劳德数大于1.7时,水跃具有强烈的表面漩滚区,称完整水跃。如图7-17所示,从侧面观察,水跃可分为上、下两部分:在水跃区域上部是表面漩滚区,有饱掺空气的水流作剧烈的回旋运动;漩滚区下部为主流区,是一个水深越来越大的扩散体,在某一位置穿越临界水深h_{cr}。主流与表面水滚间并无明显的分界,两者不断地进行着质量交换,即主流质点被卷入表面水滚,同时,表面水滚内的质点又不断

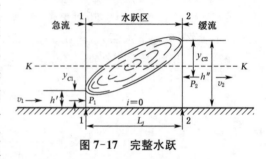

图 7-17 完整水跃

地回到主流中。表面水滚的首端称为跃首(或跃前断面),该处的水深称为跃前水深h',尾端称为跃尾(或跃后断面),该处的水深称为跃后水深h''。h'与h''又称为共轭水深。首尾间的距离称为跃长,跃尾与跃首之高差称为跃高。在水跃段内,水流的内部结构发生了剧烈的变化,这种变化消耗了水流的大量的能量,据以往的研究表明,有时可达跃前断面能量的60%~70%。因此,在实际工程中,水跃常作为重要的消能手段。人们通过人工措施促成水跃在指定范围内发生,消除余能以减免下泄水流对河床的冲刷。

2) 水跃基本方程

以平坡棱柱体渠道中的完整水跃为例推导水跃方程式,如图7-17所示,并作如下假设:

(1) 水跃段长度不大,渠床的摩擦阻力较小,可以忽略不计;

(2) 跃前、跃后两断面的水流符合渐变流条件,因此断面上的动水压强分布服从静水压强分布规律;

(3) 跃前、跃后断面的动量修正系数相等,即$\beta_1 = \beta_2 = \beta$。

取跃前断面1-1和跃后断面2-2之间的水体作为控制体,对水流水平方向写总流的动量方程,可得

$$\beta \rho Q(v_2 - v_1) = P_1 - P_2$$

$P_1 = \rho g y_{C1} A_1$,$P_2 = \rho g y_{C2} A_2$,其中y_{C1}、y_{C2}分别为断面1-1、2-2形心点处水深。

由连续性方程可得跃前、后断面平均流速$v_1 = \dfrac{Q}{A_1}$,$v_2 = \dfrac{Q}{A_2}$。

将上述关系代入上式,经适当整理后可得

$$\frac{\beta Q^2}{g A_1} + y_{C1} \cdot A_1 = \frac{\beta Q^2}{g A_2} + y_{C2} \cdot A_2 \tag{7-38}$$

上式即为平底棱柱体明渠中恒定水流的水跃基本方程。它表明了跃首、跃尾有关水力要素间的关系。当明渠断面的形状、尺寸及渠中的流量一定时,水跃方程的左右两边都仅是水深 h 的函数,称为水跃函数,以 $J(h)$ 表示。则式(7-38)可写为

$$J(h') = J(h'')$$

上式表明在棱柱体水平明渠中,共轭水深 h' 与 h'' 的水跃函数值相等。当给定任一共轭水深 h' 或 h'',即可用式(7-38)直接计算出另一共轭水深 h'' 或 h'。

在矩形断面情况下,水跃方程式(7-38)可简化,且可直接求得共轭水深(推导略),即

$$h'' = \frac{h'}{2}(\sqrt{1+8Fr_1^2} - 1) \tag{7-39}$$

7.3.2 跌水

缓坡($i < i_{cr}$)渠道中的水流,如果下游渠道坡度变陡($i > i_{cr}$)或渠道断面突然扩大,将引起水面急剧降落。这时,水流通过临界水深 h_{cr} 断面转变为急流。这种由缓流向急流过渡时水面突然跌落的水力现象称为跌水(或水跌)。这种现象常见于渠道由缓坡突然变为陡坡(图 7-18a)或缓坡渠道末端有跌坎(图 7-18b)。缓流是以临界水深通过突变的断面过渡到急流,是水跌现象的特征。这样可以将临界水深的突变断面作为控制断面。

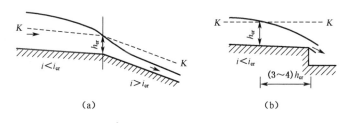

图 7-18 跌水现象

7.4 恒定明渠非均匀渐变流动的基本微分方程

设有一顺坡非棱柱形渠道中的恒定非均匀渐变流动,如图 7-19 所示,流量为 Q。取相距 $\mathrm{d}s$ 的两过流断面 1-1、2-2,断面 1-1 到某起始断面的距离为 s。令 z、v 为断面 1-1 的水面到基准面 0-0 的高度及断面平均流速,$z+\mathrm{d}z$、$v+\mathrm{d}v$ 为断面 2-2 的水面到基准面 0-0 的高度及断面平均流速。对两断面写总流的伯努利方程,且认为 $\alpha_1 = \alpha_2 = \alpha$,则可得

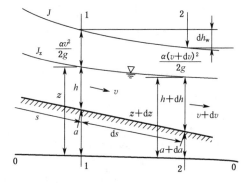

$$z + \frac{p_a}{\rho g} + \frac{\alpha v^2}{2g} = z + \mathrm{d}z + \frac{p_a}{\rho g} + \frac{\alpha (v+\mathrm{d}v)^2}{2g} + \mathrm{d}h_w$$

式中:$\mathrm{d}h_w$ 为所取两断面间的水头损失,考虑

图 7-19 恒定非均匀渐变流

到渐变流,局部水头损失可忽略不计。$dh_w = dh_f$。$\frac{(v+dv)^2}{2g} = \frac{v^2}{2g} + d(\frac{v^2}{2g}) + \frac{(dv)^2}{2g}$,略去二阶无穷小量 $\frac{(dv)^2}{2g}$,得 $\frac{\alpha(v+dv)^2}{2g} = \frac{\alpha v^2}{2g} + d(\frac{\alpha v^2}{2g})$。

将这些关系式代入上式,可得

$$-dz = d(\frac{\alpha v^2}{2g}) + dh_f \tag{7-40}$$

上式即为恒定明渠非均匀渐变流动的基本微分方程。它说明水流单位势能的改变,等于单位动能的改变与单位能量损失之和。克服阻力所损失的能量总是正值,但是非均匀流动有加速和减速运动之分,动能的改变可以是正值或负值。相对应的水深同样也有增有减。

将上式等号两边各项除以 ds,得

$$-\frac{dz}{ds} = \frac{d}{ds}(\frac{\alpha v^2}{2g}) + \frac{dh_f}{ds}$$

式中:$-\frac{dz}{ds}$ 为明渠流的水面坡度 J_z,$\frac{dh_f}{ds}$ 为摩阻坡度 J_f(水力坡度)。因此,上式可写为

$$J_z = \frac{d}{ds}(\frac{\alpha v^2}{2g}) + J_f \tag{7-41}$$

对于具有平整渠底的非棱柱体渠道来讲,水面坡度可用渠底坡度 i 与水深变化率 $\frac{dh}{ds}$ 表示为

$$J_z = -\frac{dz}{ds} = -\frac{da}{ds} - \frac{dh}{ds} = i - \frac{dh}{ds}$$

因 $h + \frac{\alpha v^2}{2g} = E_s$,因此,式(7-41)可写为

$$\frac{dE_s}{ds} = i - J_f \tag{7-42}$$

上式为恒定明渠非均匀渐变流动基本微分方程的另一表达式。可用于棱柱体或非棱柱体渠道中水面曲线的分析和计算。

式(7-42)虽是在顺坡渠道情况下推导得出,但是对平坡、逆坡渠道亦适用,平坡时 $i=0$,逆坡时 $i<0$。

对于棱柱体渠道,断面形状沿程不变,过流断面面积仅为水深 h 的函数。因此,断面单位能量的沿程变化取决于断面单位能量随水深的变化和水深的沿程变化,即 $\frac{dE_s}{ds} = \frac{dE_s}{dh} \cdot \frac{dh}{ds}$,代入式(7-42)得

$$\frac{dE_s}{ds} = \frac{dE_s}{dh} \cdot \frac{dh}{ds} = i - J_f$$

对上式整理后得

$$\frac{dh}{ds} = \frac{i - J_f}{\frac{dE_s}{dh}}$$

又因 $E_s = h + \frac{\alpha v^2}{2g} = h + \frac{\alpha Q^2}{2gA^2}, \frac{dA}{dh} = B, \frac{dE_s}{dh} = 1 - \frac{\alpha Q^2 B}{gA^3} = 1 - Fr^2$

所以上式可写为

$$\frac{dh}{ds} = \frac{i - J_f}{1 - \frac{\alpha Q^2 B}{gA^3}} = \frac{i - J_f}{1 - Fr^2} \qquad (7\text{-}43)$$

式中：对每一微小流段，摩阻坡度 J_f 可近似地按均匀流公式计算，即 $J_f = \frac{v^2}{C^2 R} = \frac{Q^2}{K^2}$，代入上式可得

$$\frac{dh}{ds} = \frac{i - \frac{Q^2}{K^2}}{1 - Fr^2} \qquad (7\text{-}44)$$

上式即为棱柱体渠道中非均匀渐变流动的微分方程，它表示水深沿程变化的规律，可用于顺坡、平坡、逆坡渠道中水面曲线的分析。

7.5 棱柱体渠道中恒定非均匀渐变流水面曲线的分析

在进行水面曲线计算前，必须先对水面曲线形状进行定性分析。棱柱体渠道的底坡可能存在 $i>0, i=0$ 和 $i<0$ 的三种情况。在断面形状、尺寸和流量确定以后，各种底坡的渠道都有相应的临界水深 h_{cr}，且临界水深 h_{cr} 的大小既不受渠道底坡大小的影响，也不沿流程改变，所以可在渠道中绘出一条表征各断面临界水深的 K-K 线，而且 K-K 线与渠道底坡线平行。对于 $i>0$ 的棱柱形顺坡渠道，还有均匀流时的正常水深存在，均匀流的正常水深线以 N-N 线表示，N-N 线也与渠道底坡线平行。由于渠道底坡不同，以及临界水深与正常水深线的相对位置不同，可把棱柱体渠道上的水流空间划分为 12 个流动区域，如图 7-20 所示，因此，对应的水面曲线型式也就有 12 种。

由图 7-20 可以看出，N-N 线与 K-K 线以上的区域为 a 区，N-N 线与 K-K 线之间的区域为 b 区，N-N 线与 K-K 以下的区域为 c 区。渠道按底坡的不同可以分为顺坡、平坡、逆坡三种渠道，而顺坡渠道又包括缓坡、陡坡和临界坡。在缓坡和陡坡渠道中，正常水深与临界水深同时存在，即 N-N 线与 K-K 线共存，因此各有 a、

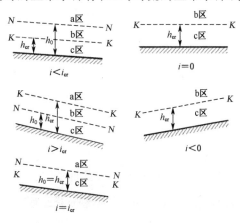

图 7-20 棱柱体渠道水流的 12 个流动区域

b、c 三个区;在临界坡渠道中,正常水深与临界水深相等,即 N-N 线与 K-K 线重合,这时,相当于两水深线之间的 b 区被排挤出去,只剩下 a、c 两个区;平坡和逆坡渠道中,不可能发生均匀流动,因此,只有 K-K 线。在这种情况下,如果按 h_0 为无穷大,即 N-N 线位于无穷远处的假定考虑,则相当于排挤出了 a 区,仅剩下 b、c 两个区。这样,棱柱体渠道中的恒定非均匀渐变流动共有五种底坡渠道、12 个区,每个区中有一条唯一的水面曲线,共有 12 条水面曲线型式。12 条水面曲线的形状可根据式(7-44)进行分析。总的来说存在两种可能,即 $\frac{dh}{ds}>0$,表示水深沿流程增加,水流出现壅水;$\frac{dh}{ds}<0$,水流出现降水。

7.5.1 顺坡渠道($i>0$)的水面曲线

在顺坡渠道中,非均匀流有向均匀流过渡的可能,因此,作为极限情况考虑,式(7-44)中的流量可用均匀流流量 $Q=K_0\sqrt{i}$ 代入,可得

$$\frac{dh}{ds}=i\frac{1-\left(\dfrac{K_0}{K}\right)^2}{1-Fr^2} \tag{7-45}$$

由上式可以看出,当 $h\to h_0$ 时,$K\to K_0$,$\frac{dh}{ds}\to 0$,即非均匀流水面曲线在水深接近正常水深时以均匀流水面曲线为渐近线。

棱柱体顺坡渠道分为缓坡、陡坡和临界坡三种情况,故需分别对三种底坡上不同型式水面曲线进行分析。

1) 缓坡渠道($i<i_{cr}$)

在缓坡渠道中,正常水深大于临界水深($h_0>h_{cr}$),因此,N-N 线在 K-K 线之上,如图 7-21 所示。视渠道渠首(或渠尾)的进流(或出流)条件,实际水深的三种情况,即 $h>h_0>h_{cr}$,$h_0>h>h_{cr}$,$h_0>h_{cr}>h>0$。

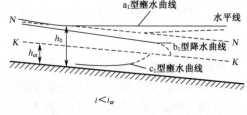

图 7-21 缓坡渠道水流的 3 个流动区域

(1) $h>h_0>h_{cr}$,水面曲线位于 a 区。这时,$h>h_0$,$K>K_0$,并因 $h>h_{cr}$,$Fr^2<1$,所以,$\frac{dh}{ds}>0$,说明水深沿程递升,因为位于 a 区,所以称为 a_1 型壅水曲线。水面曲线两端的变化是:上游端,当 $h\to h_0$ 时,$K\to K_0$,$Fr^2<1$,$\frac{dh}{ds}\to 0$,以 N-N 线为渐近线;在理论上,a_1 型水面曲线上端与正常水深线在无穷远处重合,但在实际工程中,可假定在有限距离内与正常水深线相重合,一般认为在 $h=(1.01\sim1.05)h_0$ 处重合。下游端,当 $h\to\infty$ 时,$\frac{K_0}{K}\to 0$,$v\to 0$,$Fr^2\to 0$,$\frac{dh}{ds}\to i$,以水平线为渐近线。

(2) $h_0>h>h_{cr}$,水面曲线位于 b 区。因为 $h_0>h$,$K_0>K$,并因 $h>h_{cr}$,$Fr^2<1$,所以,$\frac{dh}{ds}<0$,说明水深沿程递降,为 b_1 型降水曲线。上游端,当 $h\to h_0$ 时,$K\to K_0$,$Fr^2<1$,$\frac{dh}{ds}\to 0$,以 N-N 线为渐近线;下游端,当 $h\to h_{cr}$ 时,$Fr^2\to 1$,$\frac{dh}{ds}\to\infty$,水面曲线与 K-K

线正交,将出现跌水现象。

(3) $h_0 > h_{cr} > h$,水面曲线位于 c 区。这时,$K_0 > K_{cr} > K$,并因 $Fr^2 > 1$,所以,$\dfrac{dh}{ds} > 0$,说明水深沿程递升,为 c_1 型壅水曲线。上游端,起始于某一已知的控制断面水深(如收缩断面水深 h_c);下游端,当 $h \to h_{cr}$ 时,$Fr^2 \to 1$,$\dfrac{dh}{ds} \to +\infty$,水面曲线与 K-K 线正交,将出现水跃与下游水面曲线衔接。

2) 陡坡渠道($i > i_{cr}$)

在陡坡渠道中,正常水深小于临界水深($h_0 < h_{cr}$),因此 N-N 线在 K-K 线之下,如图 7-22 所示。实际水深也有三种情况,即 $h > h_{cr} > h_0$,$h_{cr} > h > h_0$,$h_{cr} > h_0 > h > 0$。

(1) $h > h_{cr} > h_0$,水面曲线位于 a 区。仿照前面的分析方法,由式(7-45)知 $K > K_0$,

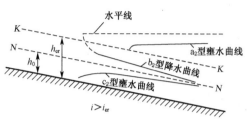

图 7-22 陡坡渠道水流的 3 个流动区域

$Fr^2 < 1$,$\dfrac{dh}{ds} > 0$,水深沿程递升,为 a_2 型壅水曲线。上游端,$h \to h_{cr}$ 时,$Fr^2 \to 1$,$\dfrac{dh}{ds} \to +\infty$,水面曲线与 K-K 线正交,将发生水跃;下游端,$h \to \infty$ 时,$\dfrac{dh}{ds} \to i$,以水平线为渐近线。

(2) $h_{cr} > h > h_0$,水面曲线位于 b 区。由式(7-45)知 $K > K_0$,$Fr^2 > 1$,$\dfrac{dh}{ds} < 0$,水面曲线沿程递降,为 b_2 型降水曲线。上游端,$h \to h_{cr}$ 时,$Fr^2 \to 1$,$\dfrac{dh}{ds} \to -\infty$,水面曲线与 K-K 线正交,将发生跌水;下游端,$h \to h_0$ 时,$\dfrac{dh}{ds} \to 0$,以 N-N 线为渐近线。

(3) $h_{cr} > h_0 > h > 0$,水面曲线位于 c 区。由式(7-45)知 $K < K_0$,$Fr^2 > 1$,$\dfrac{dh}{ds} > 0$,水深沿程递升,为 c_2 型壅水曲线。上游端,起始于某一控制断面水深;下游端,$h \to h_0$ 时,$K \to K_0$;$\dfrac{dh}{ds} \to 0$,以 N-N 线为渐近线。

3) 临界坡渠道($i = i_{cr}$)

因为正常水深与临界水深相等($h_{cr} = h_0$),所以 N-N 线与 K-K 线重合,如图 7-23 所示。实际水深有两种情况,即 $h > h_0 = h_{cr}$ 和 $h_0 = h_{cr} > h > 0$,即临界坡上分为两个区

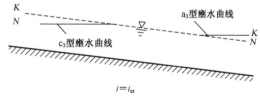

图 7-23 临界坡渠道水流的 2 个流动区域

域,其相应的水面曲线为 a_3 型和 c_3 型。经分析 a_3 型和 c_3 型水面曲线均为水深沿程增加的壅水曲线,且在接近 N-N 线或 K-K 线时几乎为水平线(证明从略)。

7.5.2 平坡渠道($i = 0$)的水面曲线

这时,公式(7-44)变为 $\dfrac{dh}{ds} = -\dfrac{\dfrac{Q^2}{K^2}}{1 - Fr^2}$。由于平坡渠道中不可能发生均匀流动,因此正

常水深 h_0 失去意义。由于临界水深与渠道底坡无关,所以临界水深在平坡中依然存在。若引入临界水深时的均匀流,则

$$Q = A_{cr}C_{cr}\sqrt{R_{cr}i_{cr}} = K_{cr}\sqrt{i_{cr}}$$

代入上式得

$$\frac{dh}{ds} = -i_{cr}\frac{(\frac{K_{cr}}{K})^2}{1-Fr^2} \quad (7\text{-}46)$$

平坡渠道水面曲线的分析,依据式(7-46)来进行。在平坡渠道中,不可能发生均匀流动,因此没有 N-N 线,只有 K-K 线,如图 7-24 所示,实际水深有两种情况,即 $h > h_{cr}$ 和 $h < h_{cr}$。

1) $h > h_{cr}$,水面曲线位于 b 区。由式(7-46)知,$Fr^2 < 1$,$\frac{dh}{ds} < 0$,水深沿程递降,为 b_0 型降水曲线。上游端,$h \to \infty$ 时,$K \to \infty$,$Fr^2 \to 0$,$\frac{dh}{ds} \to 0$,以水平线为渐近线;下游端,$h \to$

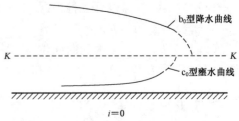

图 7-24 平坡渠道水流的 2 个流动区域

h_{cr} 时,$Fr^2 \to 1$,$\frac{dh}{ds} \to -\infty$,水面曲线与 K-K 线正交,将出现跌水现象。

2) $h < h_{cr}$,水面曲线位于 c 区。$Fr^2 > 1$,$\frac{dh}{ds} > 0$,水深沿程递升,为 c_0 型壅水曲线。上游端,起始于某一控制断面水深(如收缩断面 h_c);下游端,$h \to h_{cr}$ 时,$Fr^2 \to 1$,$\frac{dh}{ds} \to +\infty$,水面曲线与 K-K 线正交,将出现水跃现象。

7.5.3 逆坡渠道($i < 0$)的水面曲线

逆坡渠道中也不可能发生均匀流动。为了便于分析,不妨引入与此逆坡渠道断面形状相同、坡度相等的顺坡渠道 $i' = -i$,于是借用均匀流公式 $Q = K'_0\sqrt{i'}$,代入式(7-44)得

$$\frac{dh}{ds} = -i'\frac{1+(\frac{K'_0}{K})^2}{1-Fr^2} \quad (7\text{-}47)$$

逆坡渠道水面曲线的分析依据式(7-47)来进行。在逆坡渠道中,不可能发生均匀流动,因此只有 K-K 线,如图 7-25 所示。实际水深有两种情况,即 $h > h_{cr}$ 和 $h < h_{cr}$。

1) $h > h_{cr}$,水面曲线位于 b 区。由式(7-47)知 $Fr^2 < 1$,$\frac{dh}{ds} < 0$,水深沿程递降,为 b' 型降水曲线。上游端,$h \to \infty$ 时,$K \to$

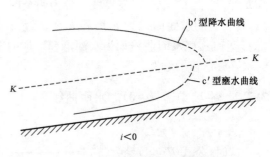

图 7-25 逆坡渠道水流的 2 个流动区域

∞，$Fr^2 \to 0$，以水平线为渐近线；下游端，$h \to h_{cr}$ 时，$Fr^2 \to 1$，$\dfrac{\mathrm{d}h}{\mathrm{d}s} \to -\infty$，水面曲线与 $K\text{-}K$ 线正交，将出现跌水现象。

2) $h < h_{cr}$，水面曲线位于 c 区。$\dfrac{\mathrm{d}h}{\mathrm{d}s} > 0$，水深沿程递升，为 c' 型壅水曲线。上游端，起始于某一控制断面水深（如收缩断面 h_c）；下游端，$h \to h_{cr}$ 时，$Fr^2 \to 1$，$\dfrac{\mathrm{d}h}{\mathrm{d}s} \to +\infty$，水面曲线与 $K\text{-}K$ 线正交，将出现水跃现象。

综上所述，在棱柱体渠道的非均匀渐变流中，共有 12 条水面曲线，其中，顺坡渠道有 8 种，平坡和逆坡渠道各有 2 种。各类水面曲线的型式及工程实例见表 7-5。

表 7-5　各类水面曲线及工程实例

	各型水面曲线	实例	
$i>0$ $i<i_{cr}$ $h_0>h_{cr}$	$h>h_0>h_{cr}$（a_1 曲线）	a_1 坝前壅水	a_1 水库
	$h_0>h>h_{cr}$（b_1 曲线）	b_1	$i_1<i_{cr}$ $i_1<i_2$ $i_2<i_{cr}$
	$h_0>h_{cr}>h$（c_1 曲线）	水跃 c_1	$i_1<i_{cr}$ $i_1>i_2$ $i_2<i_{cr}$
$i>0$ $i>i_{cr}$ $h_0<h_{cr}$	$h>h_{cr}>h_0$（a_2 曲线）	a_2	$i_1>i_{cr}$ $i_2<i_{cr}$
	$h_{cr}>h>h_0$（b_2 曲线）	$i_1>i_{cr}$ $i_1<i_2$ $i_2>i_{cr}$	$i_1<i_{cr}$ $i_1<i_2$ $i_2>i_{cr}$
	$h_{cr}>h_0>h$（c_2 曲线）	$i_1>i_{cr}$ $i_1>i_2$ $i_2>i_{cr}$	

续表 7-5

各型水面曲线		实 例
$i>0$ $i=i_{cr}$ $h_0=h_{cr}$	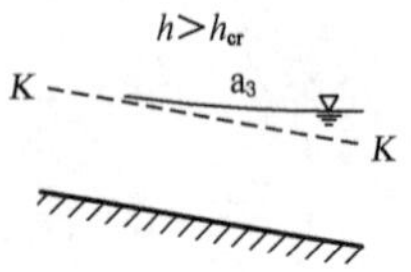	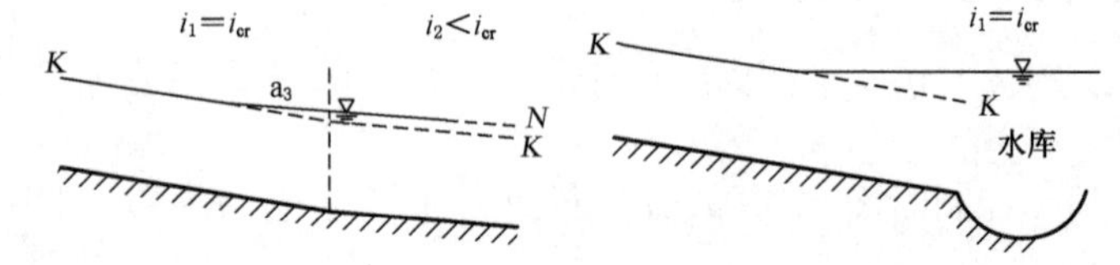
	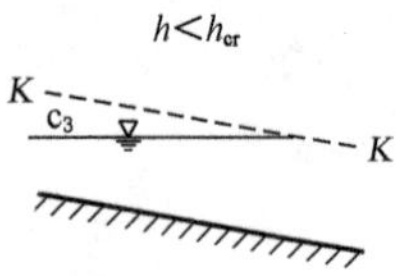	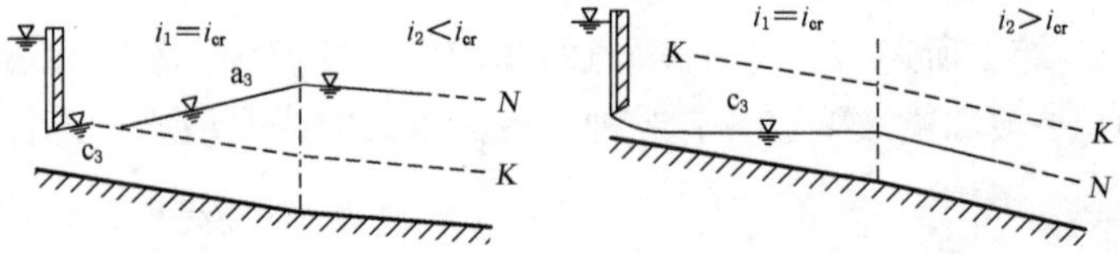
$i=0$	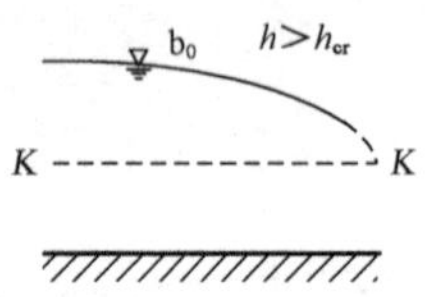	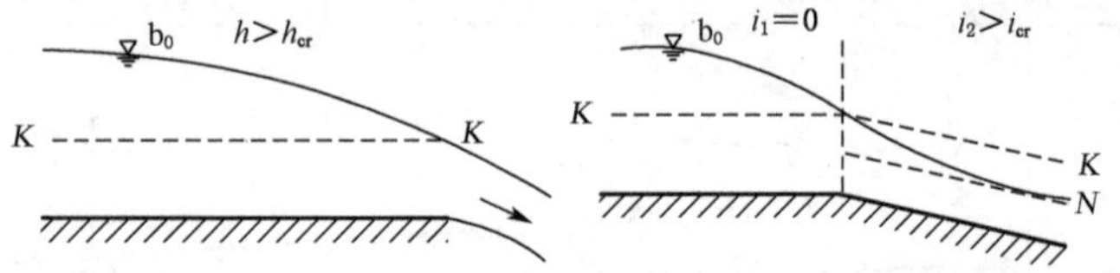
	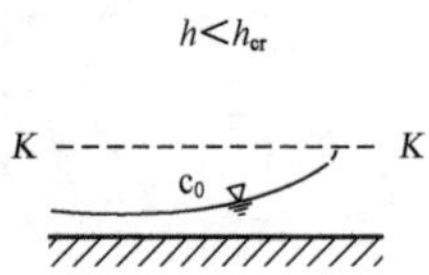	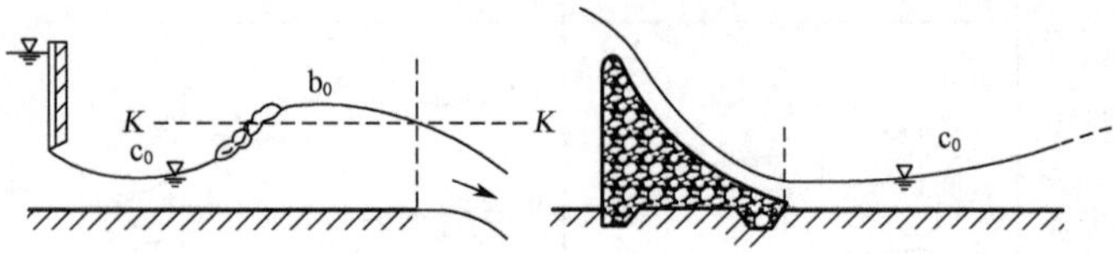
$i<0$	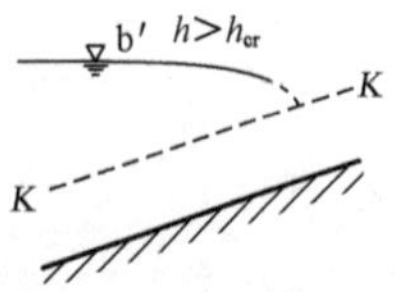	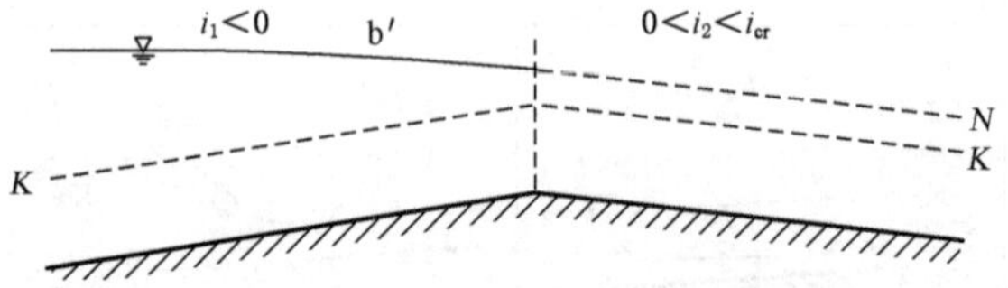
	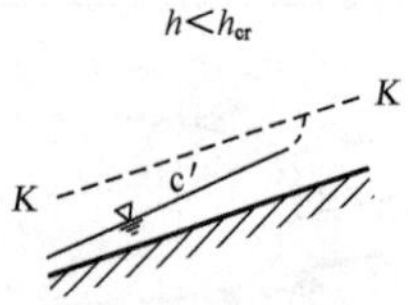	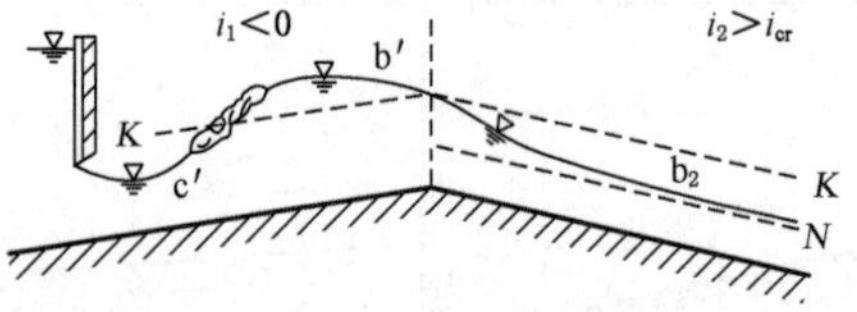

7.5.4 水面曲线的共性与分析方法

1）水面曲线的共性

（1）所有 a 型及 c 型水面曲线都是水深沿程增加的壅水曲线，所有 b 型水面曲线都是水深沿程减小的降水曲线。

（2）除 a_3、c_3 型曲线外，其余的水面曲线在水深趋于正常水深时，以 N-N 线为渐近线；当水深趋于临界水深时，水面曲线的连续性发生中断，或与水跌，或与水跃相连接，至于水跃的具体位置需计算确定，跌水可认为在跌坎处开始，或在缓坡变到陡坡的过渡断面处发生；当水深趋于无穷大时，水面曲线以水平线为渐近线。

(3) 当渠道足够长时,在非均匀流影响不到的地方,水流将形成均匀流,水深为正常水深 h_0,水面曲线为 N-N 线。

(4) 对于 a_3、c_3 型曲线,当 $h \to h_0 = h_{cr}$ 时,$\dfrac{\mathrm{d}h}{\mathrm{d}s} = i = i_{cr}$,水面曲线以水平线为渐近线。

2) 水面曲线的分析步骤

(1) 根据已知条件绘出顺坡渠道的 N-N 线和 K-K 线,绘出平坡和逆坡渠道的 K-K 线,将流动空间分区。

(2) 选择控制断面并确定控制水深。有以下几种情况:长直渠道中的正常水深 h_0 可由已知条件计算确定;水流由缓流过渡到急流时,水面曲线以跌水方式平滑地通过临界水深 h_{cr},可由已知条件计算确定;由波的传播理论可知,急流时,波的干扰只能向下游传播,缓流时,波可向下游也可以向上游传播。因此,缓流的控制断面在下游找,急流的控制断面在上游找。如以上分析的水面曲线中,a_1、a_2、b_1、b_0 等水面曲线的控制断面位于曲线下游,而 c_1、c_2、c_0、b_2 等水面曲线的控制断面位于曲线的上游;闸、坝上游的挡水高程、坝下游收缩断面的水深可分别作为缓流下游的控制水深和急流上游的控制水深。

(3) 分析水面曲线所处区域、变化趋势及上、下游的极限情况。

(4) 绘出具体工程中的水面曲线。

例 7-12 一棱柱体梯形断面渠道,底宽 $b = 10$ m,边坡系数 $m = 1.5$,粗糙系数 $n = 0.022$。渠底坡度 $i = 0.0016$,当通过流量 $Q = 50$ m³/s 时,渠道末端水深 $h = 3.0$ m。试判别渠中水面曲线属于哪种类型?

解:(1) 计算正常水深 h_0

$$A = (b + mh_0)h_0 = (10 + 1.5h_0)h_0$$

$$\chi = b + 2h_0\sqrt{1 + m^2} = 10 + 2h_0\sqrt{1 + 1.5^2}$$

因为 $K = AC\sqrt{R} = \dfrac{1}{n}A^{\frac{5}{3}}\chi^{-\frac{2}{3}} = \dfrac{Q}{\sqrt{i}} = \dfrac{50}{\sqrt{0.0016}}$

经试算得正常水深　　　　　　　　$h_0 = 1.77$ m

(2) 计算临界水深 h_{cr}

由　　　　$\dfrac{A_{cr}^3}{B_{cr}} = \dfrac{\alpha Q^2}{g} = \dfrac{[(10 + 1.5h_{cr})h_{cr}]^3}{10 + 2 \times 1.5h_{cr}} = \dfrac{50^2}{9.8}$

经试算得临界水深 $h_{cr} = 1.27$ m

因 $h_0 = 1.77$ m $> h_{cr} = 1.27$ m,故渠中水流为缓流,渠道属缓坡渠道,又因渠道末端水深 $h = 3.0$ m $> h_0 > h_{cr}$,所以水面曲线属 a_1 壅水曲线。

例 7-13 某棱柱形顺坡渠道,因地形变化而用两种底坡连接。已知 $i_1 > i_2 > i_{cr}$,试定性分析渠道中可能出现的水面曲线类型(渠道上下游都充分长)

解: 如图 7-26 所示,因上下游均匀流都是急流,变坡干扰不会传播影响到上游,故上游段为均匀流。下游段以变坡处的正常水深 h_{01} 为控制水

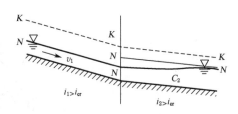

图 7-26　水面衔接

深，$h_{01} < h_{02}$，水深处于陡坡上的 c 区，即形成 c_2 型壅水曲线。

7.6 恒定明渠非均匀渐变流水面曲线的计算

计算水面曲线的方法很多，目前应用较普遍的是分段求和法和数值积分法，以及在这些方法基础上的电算法，本节仅介绍常用的分段求和法。该方法将整个流动划分为若干微小流段，并以有限差分代替基本方程中的微分，将微分方程(7-42)改写成差分方程，在每一流段上应用此差分方程来求解。逐段计算并将各段的计算结果累加起来，即可得到整段渠道的水面曲线。

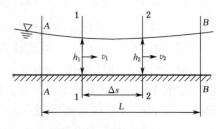

图 7-27 分段求和法

设有一明渠渐变流，如图 7-27 所示。

令过流断面 1-1、2-2 间的距离为有限差量 Δs，则式(7-42)可改写为

$$\frac{\Delta E_s}{\Delta s} = i - \overline{J}_f \tag{7-48}$$

或

$$\Delta s = \frac{\Delta E_s}{i - \overline{J}_f} \tag{7-49}$$

上式即为恒定明渠非均匀渐变流动微分方程的差分形式，可用来计算不同渠底坡度的棱柱体或非棱柱体渠道中的水面曲线。平坡时以 $i = 0$、逆坡时以 $i < 0$ 代入。式中 ΔE_s 为所计算流段的两端断面上的断面单位能量差，可由下式计算，即

$$\Delta E_s = \left(h_2 + \frac{\alpha_2 v_2^2}{2g}\right) - \left(h_1 + \frac{\alpha_1 v_1^2}{2g}\right) \tag{7-50}$$

$\overline{J}_f$ 为水流在 Δs 流段上的平均摩阻坡度。对一段长度不大的棱柱体渠道，$\overline{J}_f$ 值可按下式计算，即

$$\overline{J}_f = \frac{\overline{v^2}}{\overline{C}^2 \overline{R}} \tag{7-51}$$

式中 $\overline{v}$、$\overline{C}$、$\overline{R}$ 分别为断面 1-1、2-2 的平均流速、谢才系数、水力半径的平均值，即

$$\overline{v} = \frac{1}{2}(v_1 + v_2), \overline{C} = \frac{1}{2}(C_1 + C_2), \overline{R} = \frac{1}{2}(R_1 + R_2)$$

对非棱柱体渠道，$\overline{J}_f$ 可按照下式计算，即

$$\overline{J}_f = \frac{1}{2}(J_{f1} + J_{f2}) \tag{7-52}$$

式中：J_{f1}、J_{f2} 分别为断面 1-1、2-2 的摩阻坡度，即

$$J_{f1} = \frac{v_1^2}{C_1^2 R_1} \quad J_{f2} = \frac{v_2^2}{C_2^2 R_2}$$

7.6.1 棱柱体渠道中水面曲线的计算

分段求和法计算水面曲线的步骤：

1) 分析判断水面曲线类型，确定控制断面位置及水深。

2) 按计算精度要求进行分段。选用适当的 Δh 值。

3) 从某一控制断面开始，以此为断面 1-1，水深为 h_1，根据水面曲线型式给出相邻断面 2-2 的水深 h_2。

4) 计算 h_1 和 h_2 断面间的 ΔE_{s1}、$\overline{J}_{f2}$，利用式(7-49)计算出此两断面间的距离 Δs_1。

5) 重复 3 和 4 两步骤，注意计算下一流段时，以上一流段水深 h_2 作为该流段第一断面水深，并给出第二断面水深，求得 ΔE_{s2}、$\overline{J}_{f2}$ 及 Δs_2。如此逐段计算下去，即可求得水面曲线总长 L 和沿程水深的数值。水面曲线总长 L 为

$$L = \sum_{i=1}^{n} \Delta s_i = \sum_{i=1}^{n} \frac{\Delta E_{si}}{i - \overline{J}_{ft}} \tag{7-53}$$

6) 根据计算结果，在图中按一定比例绘出水面曲线。

上面所讨论的计算问题，如果变换一下条件，已知两断面间渠段长度和其中一个断面的水深，求另一断面水深。因为这种情况，ΔE_s 和 $\overline{J}_f$ 都与水深有关，需用试算法求解，可参阅下面介绍的解法。

7.6.2 非棱柱体渠道中水面曲线的计算

非棱柱体渠道的断面形状和尺寸是沿流程变化的，过流断面面积 A 不仅与水深有关，而且与距离 s 有关，即 $A = f(h, s)$。

非棱柱体渠道的水面曲线的计算仍应用式(7-49)。已知渠底坡度 i、粗糙系数 n、流量 Q、水深 h_1 及 $A = f(h, s)$，这种情况，仅假设 h_2 还不能求得 A_2、v_2，因此不能求得 Δs，必须同时假设 Δs 和 h_2，用试算法求解，其计算步骤如下：

1) 将明渠分为若干计算流段 Δs；

2) 由已知控制断面水深 h_1 求出 $\frac{\alpha_1 v_1^2}{2g}$、$E_{s1}$ 及 $J_{f1} = \frac{v_1^2}{C_1^2 R_1}$；

3) 按给定的 Δs，由控制断面开始向上游（或下游）定出断面 2-2 的形状、尺寸，再假设 h_2；由 h_2 求得 A_2、v_2、$\frac{\alpha_2 v_2^2}{2g}$、$E_{s2}$ 及 J_{f2}。根据 $\overline{J}_f = \frac{1}{2}(J_{f1} + J_{f2})$ 求出 $\overline{J}_f$，将 $\overline{J}_f$、i 及有关数据代入式(7-49)算出 Δs，如算出的 Δs 与给定的 Δs 相等，则认为所设 Δs 及 h_2 即为所求。否则重新假设 h_2，再求 Δs，直至计算值与给定值相等（或很接近）为止。如此逐段计算。

采用分段求和法计算曲线，分段愈多，计算结果的精度愈高，但计算工作量愈大，因此，分段情况要根据工程要求而定。对于以 h_0 为渐近线的水深，为了减少计算量，不宜取 $h = h_0$，一般规定 a 型曲线，$h > h_0$ 时，取 $h = 1.01 h_0$；b、c 型曲线，$h < h_0$ 时，$h = 0.99 h_0$。

例 7-14 设有连接上、下渠道的矩形断面陡槽,如图 7-28 所示。已知流量 $Q = 2.0\,\text{m}^3/\text{s}$,槽底宽度 $b = 0.94\,\text{m}$,底坡 $i = 0.09$,粗糙系数 $n = 0.025$,槽长 $L = 20\,\text{m}$,上、下游渠道中均为缓流。试计算并绘制陡槽中的水面曲线。

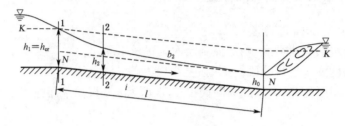

图 7-28 水面曲线定量计算

解:(1)分析陡槽中的水面曲线型式

由例 7-10 计算结果,$h_0 = 0.47\,\text{m}$,$h_{cr} = 0.77\,\text{m}$。因为 $h_0 < h_{cr}$,故陡槽为陡坡渠道。可绘出渠道底坡上的 K-K 线和 N-N 线。

因上游坡为缓坡渠道,它与陡坡渠道连接,连接处水深为临界水深 h_{cr};陡槽中形成 b_2 型降水曲线。当陡槽足够长时,曲线下游以正常水深线为渐近线。

(2)按分段求和法计算陡槽中的水面曲线。根据急流的干扰波只能往下游传播的理论,选上游控制断面作为计算的起始断面,以临界水深 h_{cr} 为起始断面水深。将起始断面与终了断面之间渠段按水深差分为若干段。这里设定水深分别为 $h = 0.77\,\text{m}(=h_{cr})$、$0.70\,\text{m}$、$0.60\,\text{m}$、$0.48\,\text{m}$(最小水深不能小于 $h_0 = 0.47\,\text{m}$),分三段进行计算,现计算第一小段。

$$h_1 = 0.77\,\text{m}, A_1 = bh_1 = 0.94 \times 0.77 = 0.724(\text{m}^2)$$

$$\chi_1 = b + 2h_1 = 0.94 + 2 \times 0.77 = 2.48(\text{m})$$

$$R_1 = \frac{A_1}{\chi_1} = \frac{0.724}{2.48} = 0.292(\text{m})$$

$$C_1 = \frac{1}{n}R_1^{\frac{1}{6}} = \frac{1}{0.025} \times 0.292^{\frac{1}{6}} = 32.58(\text{m}^{\frac{1}{2}}/\text{s})$$

$$v_1 = \frac{Q}{A_1} = \frac{2.0}{0.724} = 2.76(\text{m/s})$$

$$E_{s1} = h_1 + \frac{\alpha_1 v_1^2}{2g} = 0.77 + \frac{1.0 \times 2.76^2}{2 \times 9.8} = 1.16(\text{m})$$

$$h_2 = 0.70\,\text{m}, A_2 = bh_2 = 0.94 \times 0.70 = 0.658(\text{m}^2)$$

$$\chi_2 = b + 2h_2 = 0.94 + 2 \times 0.70 = 2.34(\text{m})$$

$$R_2 = \frac{0.658}{2.34} = 0.281\,\text{m}, C_2 = \frac{1}{0.025} \times 0.281^{\frac{1}{6}} = 32.37(\text{m}^{\frac{1}{2}}/\text{s})$$

$$v_2 = \frac{2.0}{0.658} = 3.04\,\text{m/s}, E_{s2} = 0.70 + \frac{1.0 \times 3.04^2}{2 \times 9.8} = 1.17(\text{m})$$

$$\overline{v} = \frac{1}{2}(v_1 + v_2) = \frac{1}{2}(2.76 + 3.04) = 2.9 \text{(m/s)}$$

$$\overline{C} = \frac{1}{2}(C_1 + C_2) = \frac{1}{2}(32.58 + 32.37) = 32.49 \text{(m}^{\frac{1}{2}}\text{/s)}$$

$$\overline{R} = \frac{1}{2}(R_1 + R_2) = \frac{1}{2}(0.292 + 0.281) = 0.287 \text{(m)}$$

$$\overline{J}_f = \frac{\overline{v}^2}{\overline{C}^2 \overline{R}} = \frac{2.9^2}{32.49^2 \times 0.287} = 0.0278$$

$$\Delta s_1 = \frac{\Delta E_s}{i - \overline{J}_f} = \frac{1.17 - 1.16}{0.09 - 0.0278} = 0.16 \text{(m)}$$

类似于上面的计算,可求得各流段长度 Δs_i 及非均匀流长度 L,列于下表。

断面	h/m	A/m²	χ/m	R/m	C/(m$^{1/2}$/s)	v/(m/s)	$\dfrac{\alpha v^2}{2g}$/m	E_s/m
1—1	0.77	0.724	2.48	0.292	32.58	2.76	0.39	1.16
2—2	0.70	0.658	2.34	0.281	32.37	3.04	0.47	1.17
3—3	0.60	0.564	2.14	0.264	32.04	3.55	0.64	1.24
4—4	0.48	0.451	1.9	0.237	31.47	4.43	1.00	1.48

断面	ΔE_s/m	$\overline{v}$/(m/s)	$\overline{C}$/(m$^{\frac{1}{2}}$/s)	$\overline{R}$/m	$\overline{J}_f$	$i - \overline{J}_f$	ΔS_i/m	$L = \sum\limits_{i=1}^{n}\Delta S_i$/m
1—1～2—2	0.01	2.9	32.49	0.287	0.0278	0.0622	0.16	
2—2～3—3	0.07	3.3	32.21	0.273	0.0384	0.0561	1.36	1.52
3—3～4—4	0.24	3.99	31.76	0.251	0.06	0.03	8.00	9.52

由计算结果可知,$L = \sum\limits_{i=1}^{n}\Delta S_i = 9.52 \text{ m} < 20 \text{ m}$ 说明上面的分析是正确的。陡槽长度足以使在到达渠道末端之前,水面曲线达到正常水深 h_0。根据计算结果,按一定比例绘制水面曲线,如图 7-28 所示。

7.7 堰 流

在环境工程、水利工程、给水排水、市政等工程中,常修建闸、堰等泄水建筑物,以控制水库或河渠中的水位和流量。当堰顶部闸门部分开启,闸前水位壅高,水流受闸门的控制而从堰顶与闸门下缘的孔口流出时,其自由水面是不连续的,这种水流现象称为闸孔出流,如图 7-29(a)、(b) 所示。当堰顶部的闸门完全开启,闸门下缘脱离水面,闸门对水流不起控制作用,但水流受到堰墙或两侧边墙束窄的阻碍,上游水位壅高,水流从堰顶溢过,水面线为一条连续的降落曲线,这种水流现象称为堰流,如图 7-29(c)、(d) 所示。

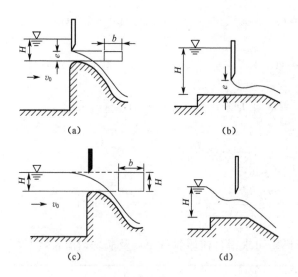

图 7-29 堰流与闸孔出流

堰流和闸孔出流虽然是两种不同的水流现象,但从研究过流能力及其影响因素的角度来看,两者有许多共同点,即堰流和闸孔出流都是水流在局部区段由势能转化为动能的急变流过程,其流动过程的能量损失以局部损失为主,沿程损失可以忽略不计。

堰流和闸孔出流主要是从水面是否受闸门的控制来区分。这两种水流现象在一定的边界条件下又是可以相互转化的,转化的条件除与闸孔的相对开度 e/H 有关外,还和闸底坎及闸门的型式有关。一般情况下,堰流和闸孔出流的判别式如下:

1) 闸门底坎为平顶堰(包括无底坎和宽顶堰坎),$e/H \leqslant 0.65$,为闸孔出流;$e/H > 0.65$,为堰流。

2) 闸门底坎为曲线实用堰坎,$e/H \leqslant 0.75$,为闸孔出流;$e/H > 0.75$,为堰流。

式中,e 为闸孔开度;H 为从堰顶或底板算起的闸前水深。

根据堰流的水力特点,堰有各种不同的分类。首先,依堰顶的厚度 δ 与堰上水头 H 的比值大小将堰分为薄壁堰、实用堰和宽顶堰,分别如图 7-30a、b、c 所示。其判别标准是:$\delta/H < 6.7$ 为薄壁堰;$0.67 < \delta/H < 2.5$ 为实用堰;$2.5 < \delta/H < 10$ 为宽顶堰。当 $\delta/H > 10$ 以后,堰顶的沿程损失不能忽略,水流特性不再属于堰流,而成为明渠水流。

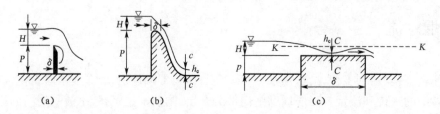

图 7-30 各种类型的堰流

上述三种堰又可按以下特征进行分类:

(1) 按堰槛在平面上的位置分为:垂直于水流轴线方向的正交堰(或称直堰),与水流斜交的斜堰,与水流相平行的侧堰,分别如图 7-31(a)、(b)、(c)所示。

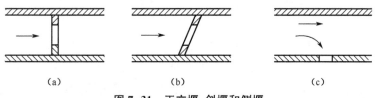

图 7-31 正交堰、斜堰和侧堰

（2）按堰口的形状分为矩形堰、三角形堰、梯形堰及曲线形堰,分别如图 7-32(a)、(b)、(c)、(d)所示。

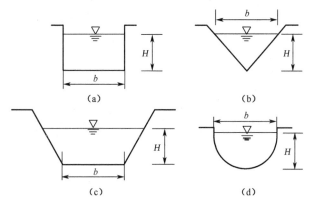

图 7-32 矩形、三角形、梯形及曲线形堰

（3）按水流行近堰体的条件分为无侧收缩堰和有侧收缩堰。当矩形堰宽度 b 等于引渠宽度 B_0 时为无侧收缩堰,否则为有侧收缩堰,分别如图 7-33(a)、(b)所示。

图 7-33 无侧收缩和有侧收缩堰

（4）按下游出流是否影响泄流能力而分为非淹没堰和淹没堰。当下游水深足够小时,不影响过堰流量,为非淹没堰;当下游水深足够大时,下游水位影响堰的过流能力,为淹没堰,分别如图 7-34(a)、(b)所示。

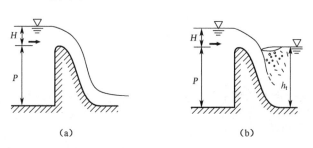

图 7-34 非淹没堰和淹没堰

工程中应用较多的是正交矩形堰,今后讨论中如没有特别说明,即指这种堰。

7.7.1 薄壁堰流

由于薄壁堰的堰壁很薄,堰顶厚度对溢流的性质没有影响,水流在重力作用下越过堰顶,水面具有较大的弯曲。当堰上水头 H 很小时,因受表面张力的作用,溢流水股(以后称水舌)将贴附壁面下泄,如图 7-35(a)所示。当堰上水头增大到一定程度,水舌在惯性力的作用下收缩并脱离堰壁下泄,形成完善的溢流状态,如图 7-35(b)所示。此时,如果水舌与堰壁间通气不充分,则因水舌不断地将该空间的空气带走,致使压强降低,甚至出现负压,水舌在外表面大气压强的作用下迫向堰壁,再次出现类似图 7-35(a)的贴壁下泄的不完善堰流,影响泄流能力。此种状态极不稳定,周期性摆动极易造成堰体破坏。因此,通常需保证水舌下方通气充分,以保证在一定作用水头下稳定溢流。

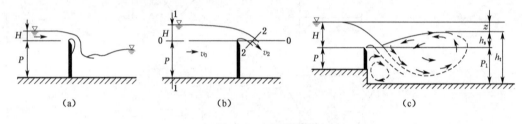

图 7-35 薄壁堰流

水股下泄时,水流由缓流变为急流,部分势能转化为动能,加之局部阻力损失,使水面下降并延伸至上游某一范围。研究表明当堰上水头为 H 时,距堰顶上游 $3H$ 距离处水面下降 $0.003H$。因此,通常所说的堰上水头就是指堰壁上游 $3H$ 以上处堰顶到水面的高度。

1) 矩形薄壁堰

如图 7-35(b)所示,过堰顶取基准面 0-0,距上游堰面 $(3\sim5)H$ 处取渐变流断面 1-1,过基准面与水舌中心线的交点取过水断面 2-2,1-1 和 2-2 均为渐变流断面。写伯努利方程可得

$$H + \frac{p_a}{\rho g} + \frac{\alpha_0 v_0^2}{2g} = \frac{p_2}{\rho g} + \frac{\alpha_2 v_2^2}{2g} + \zeta \frac{v_2^2}{2g}$$

因水舌上下游与大气接触,故上式中 $p_2 = p_a$,令 $H_0 = H + \frac{\alpha_0 v_0^2}{2g}$,则由上式可得

$$v_2 = \varphi \sqrt{2gH_0} \tag{7-54}$$

式中:$\varphi = \dfrac{1}{\sqrt{\alpha_2 + \zeta}}$ 为薄壁堰的流速系数。设断面 2-2 水舌厚度为 kH_0,堰顶溢流宽为 B,则薄壁堰流的流量 Q 为

$$Q = mB\sqrt{2g}H_0^{\frac{3}{2}} \tag{7-55}$$

因薄壁堰常作为测量流量的设备,根据堰上水头 H 来求流量较方便,为此可把上式写成下列形式

$$Q = m_0 B\sqrt{2g} H^{\frac{3}{2}} \tag{7-56}$$

上两式中 $m = k\varphi$,$m_0 = m\left[1 + \dfrac{\alpha_0 v_0^2}{2gH}\right]^{\frac{3}{2}}$,均为薄壁堰的流量系数,$m_0$ 中包含了行进流速 v_0 的影响。研究表明,两者均与水舌的垂向收缩程度、堰顶断面的流速分布及堰前作用水头以及表面张力的作用有关。实际工程中,常以法国科学家巴赞提出的经验公式进行计算,即

$$m_0 = \left(0.405 + \dfrac{0.0027}{H}\right)\left[1 + 0.55\left(\dfrac{H}{H+P}\right)^2\right] \tag{7-57}$$

式中水头 H 为堰上水头,P 为上游堰高,均以 m 计。公式的适用范围为:$H = 0.05 \sim 1.24\,\text{m}$,$B = 0.2 \sim 2.0\,\text{m}$,$P = 0.24 \sim 1.13\,\text{m}$,流量范围 $0.05 \sim 0.1\,\text{m}^3/\text{s}$。若以式(7-55)计算流量,则流量系数为

$$m = 0.405 + \dfrac{0.0027}{H} \tag{7-58}$$

有侧收缩的矩形薄壁堰,在以式(7-56)计算流量时,流量系数 m_0 按下式计算

$$m_0 = \left[0.405 + \dfrac{0.0027}{H} - 0.03\dfrac{B-b}{B}\right] \times \left[1 + 0.55\left(\dfrac{b}{B}\right)^2\left(\dfrac{H}{H+P}\right)^2\right] \tag{7-59}$$

式中:b 为堰顶溢流宽度;B 为引渠宽度;H、P、b、B 均以 m 计。

当堰下游水位高于某一数值时,会影响到堰流的水力特性,如果具备以下两个条件时,便形成淹没出流,如图 7-35c 所示。薄壁堰的淹没出流的条件为:堰下游水位要高出堰顶,并在下游形成淹没式水跃,即 $\dfrac{z}{P_1} < 0.70$(z 为堰上、下游水位差,P_1 为下游堰高)。矩形薄壁堰淹没出流的流量为

$$Q = \sigma m_0 B\sqrt{2g} H^{\frac{3}{2}} \tag{7-60}$$

式中:σ 为考虑下游水位淹没影响的系数,称为淹没系数,可用下式计算

$$\sigma = 1.05\left(1 + 0.2\dfrac{h_s}{P_1}\right)\sqrt[3]{\dfrac{z}{H}} \tag{7-61}$$

式中:h_s 为下游水面高出堰顶的高度。

实验证明,薄壁堰淹没出流时,下游水位的波动会对堰流水力特性造成影响,使堰的过流能力降低,且水面波动较大,所以,作为出水堰和测量流量设备的薄壁堰,不宜在淹没条件下工作。

例 7-15 一无侧向收缩的矩形薄壁堰,堰宽 $B = 0.5\,\text{m}$,上游堰高 $P = 0.4\,\text{m}$,堰为非淹没出流,堰上水头 $H = 0.2\,\text{m}$。试求堰上通过的流量为多少?

解 流量按式(7-56)计算

$$Q = m_0 B \sqrt{2g} H^{\frac{3}{2}}$$

流量系数由(7-57)计算

$$m_0 = \left(0.405 + \frac{0.0027}{H}\right)\left[1 + 0.55\left(\frac{H}{H+P}\right)^2\right]$$

$$= \left(0.405 + \frac{0.0027}{0.2}\right)\left[1 + 0.55\left(\frac{0.2}{0.2+0.4}\right)^2\right] = 0.444$$

则通过的流量

$$Q = 0.444 \times 0.5 \times \sqrt{2 \times 9.8} \times 0.2^{\frac{3}{2}} = 0.0879 \,(\text{m}^3/\text{s})$$

2) 三角形薄壁堰

当测量和排泄较小流量($Q < 0.1 \,\text{m}^3/\text{s}$)时,常将堰口做成三角形,夹角为 θ,如图 7-36 所示。通过三角堰的流量可认为是各具有一固定水头、堰宽为 db 的铅垂矩形薄壁堰自由出流流量的总和。每一矩形薄壁堰的流量为

$$dQ = m_0 db \sqrt{2g} h^{\frac{3}{2}}$$

式中:h 为 db 宽度上的平均作用水头。由几何关系知:

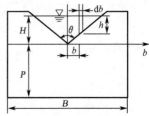

图 7-36 三角形薄壁堰

$$b = (H-h) \cdot \tan\frac{\theta}{2}, db = -\tan\frac{\theta}{2} \cdot dh,\text{代入上式得}$$

$$dQ = -m_0 \tan\frac{\theta}{2} \cdot \sqrt{2g} h^{\frac{3}{2}} dh$$

假设 m_0 为常数,对上式积分并乘以 2 后可得三角形薄壁堰的流量为

$$Q = -2m_0 \tan\frac{\theta}{2} \cdot \sqrt{2g} \int_H^0 h^{\frac{3}{2}} dh$$

$$Q = \frac{4}{5} m_0 \tan\frac{\theta}{2} \cdot \sqrt{2g} H^{\frac{5}{2}} = M H^{\frac{5}{2}} \tag{7-62}$$

式中:M 为三角形堰流量系数。

实用上,θ 角常为直角,根据实验资料,当 $H = 0.05 \sim 0.25$ m 时,$m_0 = 0.396$,得直角三角形薄壁堰流量公式为

$$Q = 1.4 H^{\frac{5}{2}} \tag{7-63}$$

式中:H 以 m 计,流量 Q 以 m^3/s 计。该式的适用范围为 $H = 0.05 \sim 0.25$ m,$P \geq 2H$,$B \geq (3 \sim 4)H$。当 $Q < 0.1 \,\text{m}^3/\text{s}$ 时,上式具有足够高的精度。另有较精确的经验公式为

$$Q = 1.343 H^{2.47} \tag{7-64}$$

式中符号及单位同式(7-63)。

3) 梯形薄壁堰

当测量较大流量($Q > 0.1 \text{ m}^3/\text{s}$)时,常用梯形薄壁堰,如图7-37所示。梯形薄壁堰的流量可认为是中间矩形堰的流量与两侧三角形堰的流量的叠加,即

$$Q = m_0 B \sqrt{2g} H^{\frac{3}{2}} + M H^{\frac{5}{2}}$$
$$= m_t B \sqrt{2g} H^{\frac{3}{2}} \quad (7-65)$$

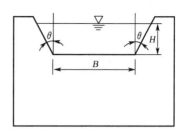

图 7-37 梯形薄壁堰

式中:m_t 称梯形堰流量系数,$m_t = m_0 + \frac{M}{\sqrt{2g}} \frac{H}{B}$。

1897年,意大利工程师西波利地(Cipoletti)的研究表明,对 $\tan\theta = 0.25$(即 $\theta = 14°$)的梯形堰,当 $B > 3H$ 时,m_t 不随 H 和 B 而变化,可取 $m_t = 0.42$,即有计算公式

$$Q = 0.42 B \sqrt{2g} H^{\frac{3}{2}} = 1.86 B H^{\frac{3}{2}} \quad (7-66)$$

式中:流量 Q 以 m^3/s 计;B、H 均以 m 计。$\theta = 14°$ 的梯形堰又称西波利地堰。

7.7.2 实用堰流

实用堰($0.67 < \frac{\delta}{H} < 2.5$)是水利工程中用来挡水同时又能泄流的构筑物,溢流时,水舌下缘与堰顶呈面接触,水流受到堰顶的约束和顶托,越过堰顶的水流主要还是在重力作用下的自由跌落。根据工程要求,实用堰的剖面可设计成曲线形或折线形(堰口形状矩形或梯形),分别如图7-38(a)、(b)、(c)所示。曲线形实用堰又根据溢流时堰表面是否出现真空而分为非真空剖面堰和真空剖面堰。如果堰的剖面曲线基本上与薄壁堰自由溢流的水舌下缘曲线相吻合,水流作用在堰面上的压强近似为大气压强,称为非真空剖面堰(图7-38(a))。当堰的剖面曲线低于薄壁堰的水舌下缘曲线时,在设计水头下,水舌将在局部范围与堰面脱离并形成真空区,即成为真空剖面堰,如图7-38(b)所示。真空剖面堰由于堰面上真空区的存在,相当于增大了上、下游的有效作用水头,因而增加了堰的过流能力;但当真空值过大时,常导致堰体振动,引起堰表面的空蚀破坏,且水流也不稳定。

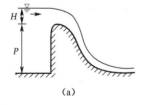 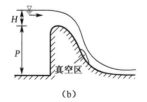 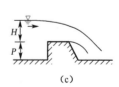

(a)　　　　　　　　(b)　　　　　　　　(c)

图 7-38 实用堰

折线形实用堰大多在小型工程中应用,当材料不便加工成曲线时,其剖面形状多为梯形,如图7-38(c)所示。

类似于对薄壁堰流的分析,可得无侧收缩、非淹没实用堰流的基本公式为

$$Q = mB\sqrt{2g}H_0^{\frac{3}{2}} \tag{7-67}$$

式中各项符号的意义同薄壁堰公式(7-55)。实用堰的流量系数 m 主要决定于堰顶的几何形状及上游的作用水头。其具体数值应由模型实验决定。对曲线形剖面堰，$m = 0.43 \sim 0.50$；折线形剖面堰，$m = 0.35 \sim 0.43$。具体计算时，可根据不同情况查阅有关水力计算手册。

对于有侧收缩和淹没的堰流，在上式的基础上分别乘以侧收缩系数 ε 和淹没系数 σ，对流量加以修正，即流量公式为

$$Q = \sigma m \varepsilon B\sqrt{2g}H_0^{\frac{3}{2}} \tag{7-68}$$

实用堰的侧收缩系数可按奥菲采洛夫(H.C.O)公式计算

$$\varepsilon = 1 - 0.2[\zeta_k + (n-1)\zeta_0]\frac{H_0}{nb} \tag{7-69}$$

式中：ζ_k 为边墩形状系数，ζ_0 为闸墩形状系数，n 为实用堰顶的闸孔数，b 为每孔净宽。ζ_0、ζ_k 可按闸墩和边墩的头部形状由表7-6和表7-7查得。上式的适用条件是：$\frac{H_0}{b} \leqslant 1.0$；（当 $\frac{H_0}{b} > 1.0$ 时按1.0计）；$B_0 \geqslant B + (n-1)d$，式中 B_0 为堰上游引渠宽度，$B = nb$ 为实用堰净宽，d 为闸墩宽度。

表 7-6 闸墩形状系数 ζ_0 值

闸墩头部平面形状	$\frac{h_s}{H_0} \leqslant 0.75$	$\frac{h_s}{H_0} = 0.80$	$\frac{h_s}{H_0} = 0.85$	$\frac{h_s}{H_0} = 0.90$	$\frac{h_s}{H_0} = 0.95$	附 注
矩形	0.80	0.86	0.92	0.98	1.00	1) h_s 为下游水面高出堰顶的高度； 2) 闸墩尾部形状与头部相同； 3) 顶端与上游壁面齐平
尖角形 $\theta = 90°$	0.45	0.51	0.57	0.63	0.69	
半圆形 $r = \frac{d}{2}$	0.45	0.51	0.57	0.63	0.69	
尖圆形	0.25	0.32	0.39	0.46	0.53	

表 7-7 边墩形状系数 ζ_k 值

边墩平面形状	ζ_k
直角形	1.00
斜角形	0.70
圆弧形	0.70

实用堰的淹没条件同薄壁堰，也必须同时满足以下两个条件，即下游水面高出堰顶和堰下形成淹没式水跃。当实用堰形成淹没出流时，其淹没系数 σ 与堰的相对淹没深度 $\frac{h_s}{H}$（其中 h_s 为下游水面高出堰顶的高度）有关，非真空剖面堰的淹没系数 σ 可由表7-8查得。

表 7-8　非真空剖面堰的淹没系数 σ

h_s/H	0.05	0.20	0.30	0.40	0.50	0.60	0.70	0.75	0.80
σ	0.997	0.985	0.972	0.957	0.935	0.906	0.856	0.823	0.776
h_s/H	0.85	0.90	0.92	0.95	0.96	0.98	0.99	0.995	1.00
σ	0.710	0.621	0.570	0.470	0.421	0.274	0.170	0.100	0

7.7.3　宽顶堰流

1) 无侧收缩、非淹没宽顶堰溢流

根据实验资料，当 $2.5 < \dfrac{\delta}{H} < 4$ 时，无侧收缩、非淹没水平顶面宽顶堰流在堰顶水面只有一次跌落，在堰坎末端偏上游处的水深为临界水深 h_{cr}，如图 7-39(a) 所示。当 $4 < \dfrac{\delta}{H} < 10$ 时，堰顶水面有两次跌落，如图 7-39b 所示。其主要特点是：水流在堰首由于堰坎的垂向约束，过流断面减小，流速增大，势能减小，水面最大跌落处形成收缩断面 c-c，水深 $h_c = (0.8 \sim 0.92) h_{cr}$；而后，由于堰顶阻力，使水面形成壅水曲线，逐渐接近堰顶断面的临界水深 h_{cr}。如果下游水位较低，在堰坎末端再次出现跌落。工程中常遇的是 $4 < \dfrac{\delta}{H} < 10$ 的宽顶堰，下面给予讨论。这种堰流的基本公式可近似地应用于 $2.5 < \dfrac{\delta}{H} < 4$ 的宽顶堰。

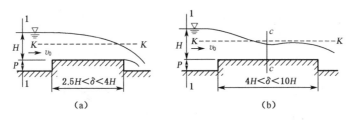

图 7-39　宽顶堰

宽顶堰溢流如图 7-39(b) 所示，对过流断面 1-1 及收缩断面 c-c 写伯努利方程。因断面 c-c 在流线的凹曲处，各点压强比静水压强有所增加，如以收缩断面 c-c 处水深 h_c 表示该断面的势能，应乘以一修正系数 β_0，所以得

$$H + \frac{\alpha_0 v_0^2}{2g} = \beta_0 h_c + \frac{\alpha_c v_c^2}{2g} + \zeta \frac{v_c^2}{2g}$$

式中：ζ 为宽顶堰进口局部损失系数；令 $H + \dfrac{\alpha_0 v_0^2}{2g} = H_0$，称堰上总水头；$\varphi = \sqrt{\dfrac{1}{\alpha_c + \zeta}}$；代入上式可得收缩断面的流速

$$v_c = \varphi \sqrt{2g(H_0 - \beta_0 h_c)} \tag{7-70}$$

因 $Q = A_c v_c$，$A_c = B h_c$，B 为堰宽；令 $\dfrac{h_c}{H_0} = k$，为一比例系数。$\varphi k \sqrt{1 - \beta_0 k} = m$，$m$ 称流量系数，代入流速公式得无侧收缩、非淹没宽顶堰的基本公式为

$$Q = mB\sqrt{2g}H_0^{\frac{3}{2}} \tag{7-71}$$

式中宽顶堰的流量系数 m 与作用水头 H、堰高 P、堰顶入口、边缘形状和顶面粗糙程度有关，通常可用下列经验公式计算。

对堰顶入口为直角的宽顶堰：

当 $P/H \leqslant 3$，

$$m = 0.32 + 0.01 \dfrac{3 - P/H}{0.46 + 0.75 P/H} \tag{7-72}$$

当 $P/H > 3$ 时，

$$m = 0.32$$

对堰顶入口为圆角（$r \geqslant 0.2H$）的宽顶堰：

当 $P/H \leqslant 3$ 时，

$$m = 0.36 + 0.01 \dfrac{3 - P/H}{1.2 + 1.5 P/H} \tag{7-73}$$

当 $P/H > 3$ 时，

$$m = 0.36$$

上两式中 r、P、H 以 m 计。

当 $\varphi = 1.0$，$\beta_0 = 1.0$，流量最大，而 m 亦最大，此时 $h_c = h_{cr}$。$h_c = h_{cr} = \sqrt[3]{\dfrac{\alpha Q^2}{g B^2}} = k H_0$，如取 $\alpha = 1.0$，可解得 $k = \dfrac{2}{3}$，$m_{\max} = 0.385$。

2）有侧收缩的宽顶堰溢流

当渠中设有闸墩，宽顶堰宽度小于进水渠宽度，则水流流经堰顶后，由于流道断面面积的变化，水流在惯性的作用下，使水流流线发生弯曲，产生附加的局部阻力，造成过流能力降低，如图 7-40 所示。有侧收缩的非淹没宽顶堰流量公式为

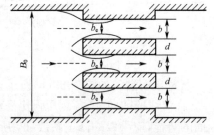

图 7-40 有侧收缩的宽顶堰流

$$Q = mB_c\sqrt{2g}H_0^{\frac{3}{2}} = m\varepsilon B\sqrt{2g}H_0^{\frac{3}{2}} \tag{7-74}$$

式中：B_c 为宽顶堰的有效宽度（m），$B_c = nb_c$，n 为宽顶堰孔数，b_c 为每孔宽顶堰的有效宽度（m）；B 为宽顶堰净宽（m），$B = nb$，b 为每孔宽顶堰净宽（m）；ε 称侧收缩系数，$\varepsilon = \dfrac{B_c}{B}$，由式（7-69）确定，中墩形状系数 ζ_0 值和边墩形状系数 ζ_k 值分别见表 7-6 和表 7-7。

3) 宽顶堰淹没出流

由于宽顶堰的泄流特性，$h_c < h_{cr}$，收缩断面为急流，下游水位 h_t 小于堰高 P'，堰流为自由出流。当 $h_t > P'$，随下游水位超过堰顶水深 h_s 的增大，堰顶在收缩断面后发生波状水跃，但这时的下游水深并不影响 h_c，收缩断面后仍然保持急流状态，泄流能力并未受到影响；当 h_s 大于堰顶水深 h_c 的跃后共轭水深时，成为淹没出流，下游水深将影响堰顶水位变化，堰上水位被壅高，堰顶呈缓流，如图 7-41 所示。如果上游水位不变，则泄流能力下降。

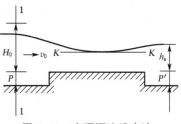

图 7-41 宽顶堰淹没出流

这种堰顶呈缓流，泄水能力受下游水位影响的宽顶堰流，为淹没出流。下游水位高出堰顶 $h_s > 0$ 是形成淹没出流的必要条件，但不是充分条件。其充分条件是下游水位足以使在堰顶上发生淹没式水跃，使水流由急流变成缓流。根据实验得到宽顶堰淹没出流的判别条件为 $h_s \geqslant 0.8 H_0$。

对于宽顶堰的淹没出流，由于堰顶水流流向下游时，过流断面增大，水流的部分动能转变为势能，故下游水位略高于堰顶水面（如图 7-41 所示）。

类似于前面的推导，可得宽顶堰淹没出流的基本公式

$$Q = \sigma m B \sqrt{2g} H_0^{\frac{3}{2}} \tag{7-75}$$

式中：σ 为宽顶堰的淹没系数，它的大小与 $\dfrac{h_s}{H_0}$ 成反比，取值范围见表 7-9。

表 7-9 宽顶堰淹没系数 σ

h_s/H_0	0.80	0.81	0.82	0.83	0.84	0.85	0.86	0.87	0.88
σ	1.00	0.995	0.99	0.98	0.97	0.96	0.95	0.93	0.90
h_s/H_0	0.89	0.90	0.91	0.92	0.93	0.94	0.95	0.96	0.97	0.98
σ	0.87	0.84	0.82	0.78	0.74	0.70	0.65	0.59	0.50	0.40

4) 无坎宽顶堰

以上介绍的是有坎宽顶堰流的计算。工程实践中还有许多属于无坎宽顶堰流的问题，如水流经过平底引水闸、桥、涵、跌水、陡槽进口等的流动。无坎宽顶堰虽然没有底坎的阻碍作用，但因受到平面上的束窄而引起水面跌落，其流动现象与有坎宽顶堰流相似，并且流量计算公式也完全相同，只是流量系数 m 不同。此种情况下，侧向收缩系数不单独计算，而将其包含在流量系数 m 中。流量系数 m 可由表 7-10 中选用。当下游水位大于 $1.3 h_{cr}$ 或 $0.8 H_0$ 时，按淹没出流考虑，淹没系数 σ 仍可由表 7-9 选用。

表 7-10　无坎宽顶堰流量系数 m

$\beta=b/B_0$ \ $\cot\theta$	0	0.5	1.0	2.0	3.0
0.0	0.320	0.343	0.350	0.353	0.350
0.1	0.322	0.344	0.351	0.354	0.351
0.2	0.324	0.346	0.352	0.355	0.352
0.3	0.327	0.348	0.354	0.357	0.354
0.4	0.330	0.350	0.356	0.358	0.356
0.5	0.334	0.352	0.358	0.360	0.358
0.6	0.340	0.356	0.361	0.363	0.361
0.7	0.346	0.360	0.364	0.366	0.364
0.8	0.355	0.365	0.369	0.370	0.369
0.9	0.367	0.373	0.375	0.376	0.375
1.0	0.385	0.385	0.385	0.385	0.385

$\beta=b/B_0$ \ r/b	0.00	0.05	0.10	0.20	0.30	0.40	≥ 0.50
0.0	0.320	0.335	0.342	0.349	0.354	0.357	0.360
0.1	0.322	0.337	0.344	0.350	0.355	0.358	0.361
0.2	0.324	0.338	0.345	0.351	0.356	0.359	0.362
0.3	0.327	0.340	0.347	0.353	0.357	0.360	0.363
0.4	0.330	0.343	0.349	0.355	0.359	0.362	0.364
0.5	0.334	0.346	0.352	0.357	0.361	0.363	0.366
0.6	0.340	0.350	0.354	0.360	0.363	0.365	0.368
0.7	0.346	0.355	0.359	0.363	0.366	0.368	0.370
0.8	0.355	0.362	0.365	0.368	0.371	0.372	0.373
0.9	0.367	0.371	0.373	0.375	0.376	0.377	0.378
1.0	0.385	0.385	0.385	0.385	0.385	0.385	0.385

翼墙形式示意图

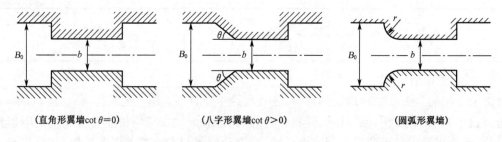

（直角形翼墙$\cot\theta=0$）　　　　（八字形翼墙$\cot\theta>0$）　　　　（圆弧形翼墙）

　　由以上分析可以看出,无论是薄壁堰,实用堰还是宽顶堰,尽管流动特征各有所别,但所要解决的基本问题大体相同。在基本公式 $Q=mB\sqrt{2g}H_0^{\frac{3}{2}}$ 中,有三个基本变量 Q、B、H,因此,构成所需解决的三类基本问题:

（1）已知 B、H,求流量 Q;

（2）已知 H、Q,求堰宽 B;

（3）已知 B、Q,求堰前水头 H。

例 7-16 求流经直角进口无侧收缩宽顶堰的流量 Q。已知堰上水头 $H = 0.85\,\mathrm{m}$，堰坎高 $P = P' = 0.5\,\mathrm{m}$，堰宽 $b = 1.28\,\mathrm{m}$，堰下游水深 $h_t = 1.12\,\mathrm{m}$。

解：(1) 首先判别此堰是自由式或淹没式。

因 H_0 未知，暂略去行近流速水头，即 $H_0 = H$，$\dfrac{h_t - P'}{H} = \dfrac{1.12 - 0.5}{0.85} = 0.73 < 0.8$，为非淹没宽顶堰流。

(2) 计算流量系数 m，$\dfrac{P}{H} = \dfrac{0.5}{0.85} = 0.588$

$$m = 0.32 + 0.01 \dfrac{3 - \dfrac{P}{H}}{0.46 + 0.75 \dfrac{P}{H}} = 0.347$$

(3) 试算 H_0 及 Q

由于 $H_0 = H + \dfrac{\alpha v_0^2}{2g}$，$v_0 = \dfrac{Q}{b(P+H)}$

$$Q = mb\sqrt{2g}\,H_0^{\frac{3}{2}} = mb\sqrt{2g}\left[H + \dfrac{\alpha Q^2}{2gb^2(H+P)^2}\right]^{\frac{3}{2}}$$

用迭代法解此高次方程。第一次近似值可用 $H_0 = H$ 计算，即

$$Q_1 = Q = mb\sqrt{2g}\,H^{\frac{3}{2}} = 0.347 \times 1.28 \times 4.43 \times 0.85^{\frac{3}{2}} = 1.54\,(\mathrm{m^3/s})$$

$$v_{01} = \dfrac{Q_1}{b(P+H)} = \dfrac{1.54}{1.28(0.5+0.85)} = 0.891\,(\mathrm{m/s})$$

$$\dfrac{\alpha_{01} v_{01}^2}{2g} = \dfrac{0.891^2}{19.6} = 0.0405\,(\mathrm{m})$$

$$H_{02} = H + \dfrac{\alpha_{01} v_{01}^2}{2g} = 0.85 + 0.04 = 0.89\,(\mathrm{m})$$

$$Q_2 = mb\sqrt{2g}\,H_{02}^{\frac{3}{2}} = 0.347 \times 1.28 \times 4.43 \times 0.89^{\frac{3}{2}} = 1.65\,(\mathrm{m^3/s})$$

$$v_{02} = \dfrac{Q_2}{b(P+H)} = \dfrac{1.65}{1.28(0.5+0.85)} = 0.95\,(\mathrm{m/s})$$

$$H_{03} = H + \dfrac{\alpha_{02} v_{02}^2}{2g} = 0.85 + 0.046 = 0.896\,(\mathrm{m})$$

再以 H_{03} 求第三次近似值 Q_3

$$Q_3 = mb\sqrt{2g}\,H_{03}^{\frac{3}{2}} = 0.347 \times 1.28 \times 4.43 \times 0.896^{\frac{3}{2}} = 1.67\,(\mathrm{m^3/s})$$

$$\left|\dfrac{Q_3 - Q_2}{Q_3}\right| = \dfrac{0.02}{1.67} \approx 0.01$$

若此计算误差小于要求的误差，则 $Q \approx Q_3 = 1.67\,\mathrm{m^3/s}$。当计算误差要求为 ε 时，要一

直计算到 $\left|\dfrac{Q_n-Q_{n-1}}{Q_n}\right|<\varepsilon$ 为止，则 $Q\approx Q_n$。

(4) 校核堰上游是否为缓流。取 $v_0=\dfrac{Q_3}{b(P+H)}=\dfrac{1.67}{1.28(0.5+0.85)}=0.97\,(\mathrm{m/s})$

弗劳德数 $Fr=\dfrac{v_0}{\sqrt{g(H+P)}}=\dfrac{0.97}{\sqrt{9.8\times1.35}}=0.27<1$

故上游水流为缓流。

7.8 小桥孔径的水力计算

水流流经小桥孔，由于受桥台、桥墩的侧向收缩，使过水断面减小，造成局部阻力。水流在桥孔前水位壅高，进入桥孔后，流速增加，造成水面一次跌落；当水流流出桥孔后，由于水面变宽，又产生局部阻力，使水面再次跌落。这种水力现象与宽顶堰水流过程相似。一般情况下，桥孔下坎高 $P=P'=0$，故小桥孔的过水是有侧收缩的无坎宽顶堰流。

7.8.1 小桥孔径的水力计算

小桥孔径 B（或净跨径 L'）系指在垂直于水流方向之平面内泄水孔口的最大水平距离。对于单孔矩形桥孔断面的桥梁而言，就是指桥台内壁之间的距离，如图 7-42 所示。

1) 小桥孔过流现象的分析

与宽顶堰溢流一样，小桥过流也可分为自由（非淹没）出流和淹没出流两种情况，如图 7-43a、b 所示。它们的判别条件和宽顶堰类似，实验表明，当下游河渠水深 $h_t\leqslant1.3h_{cr}$ 时，为自由出流；当 $h_t>1.3h_{cr}$ 时，为淹没出流，且假设桥下水深即为下游河渠水深，其间差别不予考虑。这里的 h_{cr} 为桥孔内水流的临界水深，它和桥前河渠中水流的临界水深在数值上是不等的。

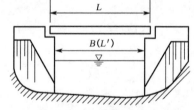

图 7-42 小桥孔径示意图

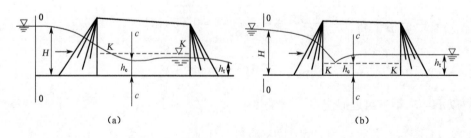

图 7-43 小桥孔过流

2) 小桥孔径水力计算原则

由水文计算决定设计流量，当此流量流经桥下时，应保证桥下不发生冲刷，即桥下流速

v 不超过河床土壤或铺砌材料的不冲刷允许流速(最大不冲流速)v_{max};同时桥前壅水高度(水深)H 不大于由路肩标高及桥梁梁底离水面的超高决定的允许值等。因此在设计时,常从最大不冲流速 v_{max} 出发来计算小桥孔径,核算桥前壅水高度 H 是否满足规定,或由允许壅水水深出发,设计孔径,再校核桥下流速;同时还要考虑到选用小桥定型设计的标准跨径问题。现介绍矩形桥孔断面的小桥孔径的水力计算步骤和方法。

3) 小桥孔径水力计算的步骤和方法

(1) 河渠下游水深 h_t 和桥孔下临界水深 h_{cr} 的计算。

因为小桥孔径的水力计算首先要判别是否淹没,即要先确定下游水深 h_t 和临界水深 h_{cr}。下游水深可根据设计流量,根据水文资料的流量-水位曲线,求出下游水深 h_t。当缺乏这种资料时,运用明渠均匀流理论计算出河渠断面的正常水深 h_0 来代替 h_t,如图 7-43a 所示。

因受侧收缩影响,桥孔有效过流宽度为 εB,则临界水深

$$h_{cr} = \sqrt[3]{\frac{\alpha Q^2}{g(\varepsilon B)^2}} \tag{7-76}$$

上式中含有桥孔宽度 B,所以无法直接求得 h_{cr}。如前所述,设计小桥孔径的原则是:要保证在通过设计流量 Q 时,桥下不发生冲刷,即桥下流速 v 小于最大不冲流速 v_{max},现依此来计算临界水深。因

$$h_c = \psi h_{cr} \tag{7-77}$$

式中:ψ 为垂向收缩系数,视小桥进口形式和水流收缩情况而定。非平滑进口 $\psi = 0.75 \sim 0.80$,平滑进口 $\psi = 0.80 \sim 0.85$。考虑到侧收缩又有

$$Q = A_{cr} v_{cr} = \varepsilon B h_{cr} v_{cr} = A_c v_c = \varepsilon B \psi h_{cr} v_c$$

式中:ε 为侧收缩系数,数据见表 7-11。v_{cr}、v_c 分别为桥孔下临界水深和收缩断面水深时的流速。根据设计原则,v_c 应小于 v_{max},则可得

$$h_{cr} = \frac{\alpha v_{cr}^2}{g} \tag{7-78}$$

或

$$h_{cr} = \frac{\alpha \psi^2 v_{max}^2}{g} \tag{7-79}$$

表 7-11 小桥侧收缩系数 ε 及流速系数 φ

桥台形状	ε	φ
1. 单孔,有锥体填土(护坡)	0.90	0.90
2. 单孔,有八字翼墙	0.85	0.90
3. 多孔;或无锥填土,或桥台伸出锥体之外	0.80	0.85
4. 拱脚浸水的拱桥	0.75	0.80

根据上述求得的 h_t 和 h_{cr} 的比较,即可判断是自由出流还是淹没出流。

（2）小桥孔径的确定

若为自由出流，通常为了减少小桥孔径的尺寸，常取桥孔中的流速为最大不冲流速 v_{max}。因为 $v_c = v_{max} = \frac{1}{\psi} v_{cr}$，$Q = \varepsilon B h_{cr} v_{cr} = A_c v_c = \varepsilon B \psi h_{cr} v_{max}$，小桥孔径为

$$B = \frac{gQ}{\alpha \varepsilon \psi^3 v_{max}^3} \tag{7-80}$$

式中：B 即为桥孔宽度（小桥孔径）。

若为淹没出流，则为

$$B = \frac{Q}{\varepsilon h_t v_{max}} \tag{7-81}$$

式中：B 即为小桥孔径。

按计算出的结果选定标准孔径 $L'(L' > B)$。铁路、公路、桥梁的标准孔径一般为 4 m、5 m、6 m、8 m、10 m、12 m、16 m、20 m 等多种。

选用标准孔径 L' 后，需以 L' 替代计算值 B，由式(7-76)重新计算临界水深 h_{cr}'，并判别水流状态，如果原设计计算时流态为自由式，取标准孔径后流态变为淹没式，则按淹没计算公式，重新计算 B、L' 值。如果仍为自由式，则可校核桥下过水断面流速和桥前壅水高度。

（3）桥前壅水高度的计算

若为自由出流，如图 7-43a 所示，对过水断面 0-0 与 c-c 列伯努利方程得

$$H + \frac{\alpha_0 v_0^2}{2g} = h_c + (\alpha + \zeta)\frac{v_c^2}{2g} = h_c + \frac{v_c^2}{2g\varphi^2}$$

因为 $h_c = \psi h_{cr}$，$v_c = \frac{v_{cr}}{\psi}$，所以上式可表达为

$$H = \psi h_{cr} + \frac{v_{cr}^2}{2g\varphi^2 \psi^2} - \frac{\alpha_0 v_0^2}{2g} \tag{7-82}$$

或

$$H = \psi h_{cr} + \frac{v_c^2}{2g\varphi^2} - \frac{\alpha_0 v_0^2}{2g} \tag{7-83}$$

式中：$\varphi = \sqrt{\frac{1}{\alpha + \zeta}}$ 为流速系数，数据见表 7-11；α、α_0 为动能修正系数，常取 $\alpha = \alpha_0 = 1.0$；v_0 为桥前壅水高度为 H 时的桥前水流速度。一般行进流速水头项略去不计，计算结果偏于安全。

例 7-17 平滑小桥设计流量 $Q = 30 \text{ m}^3/\text{s}$，下游水深 $h_t = 1.0$ m，桥前允许壅水高度 $H' = 2.0$ m。现桥下加固拟采用碎石垫层上铺片石（由设计手册查得最大允许流速 $v_{max} = 3.5$ m/s），桥孔为单孔，并有八字翼墙和较为平滑的进口，可参阅图 7-42。试确定小桥的孔径及桥前壅水高度。

解： 由表 7-11 查得取 $\varepsilon = 0.85$，$\varphi = 0.90$；另取 $\psi = 0.80$，$\alpha = \alpha_0 = 1.0$。因此桥孔内临界水深为

$$h_{cr} = \frac{\alpha \psi^2 v_{max}^2}{g} = \frac{1 \times 0.8^2 \times 3.5^2}{9.8} = 0.8 \, (\text{m})$$

$1.3 h_{cr} = 1.3 \times 0.80 = 1.04 \, \text{m} > h_t = 1.0 \, \text{m}$,小桥为自由出流。由式(7-80)得

$$B = \frac{gQ}{\alpha \varepsilon \psi^3 v_{max}^3} = \frac{9.8 \times 30}{1.0 \times 0.85 \times 0.8^3 \times 3.5^3} = 15.8 \, (\text{m})$$

取标准孔径 $L' = 16 \text{m}$,相应的临界水深为

$$h_{cr} = \sqrt[3]{\frac{\alpha Q^2}{(\varepsilon \times L')^2 g}} = \sqrt[3]{\frac{30^2}{(0.85 \times 16)^2 \times 9.8}} = 0.792 \, (\text{m})$$

$1.3 h_{cr} = 1.3 \times 0.792 = 1.03 \, \text{m} > h_t = 1.0 \, \text{m}$,仍为自由出流。此时桥下流速

$$v_c = \frac{Q}{\varepsilon L' \psi h_{cr}} = \frac{30}{0.85 \times 16 \times 0.8 \times 0.792} = 3.48 \, (\text{m/s}) < v_{max} = 3.5 (\text{m/s})$$

满足要求。不考虑行进流速水头(偏于安全),计算桥前水深。

$$H = \psi h_{cr} + \frac{v_c^2}{2g\varphi^2}$$

$$= \left(0.8 \times 0.792 + \frac{3.48^2}{2 \times 9.8 \times 0.90^2}\right) = 1.40 \, (\text{m}) < H' = 2.0 (\text{m})$$

最后选定小桥孔径为16m。

7.9 闸孔出流

在环境工程、给水排水、市政等工程中,常修建闸、堰等泄水构筑物,以控制和调节水库和河渠中的水位和流量。闸门底坎有无底坎(平坎)、实用堰坎、宽顶堰坎,分别如图7-44(a)、(b)、(c)所示;闸门形式主要有平板闸门和弧形闸门两种。当闸门部分开启后,水流受闸门控制,闸前水位壅高,水流从闸孔部分开启的孔口出流,称为闸孔出流。闸孔出流形式亦分非淹没(自由)出流和淹没出流,若下游水深不影响出流流量,为自由出流;若有影响,为淹没出流。

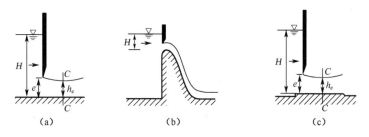

图 7-44 闸门底坎形式

水流自闸孔流出,约在闸门下游 $(0.5 \sim 1)e$(闸门开度)处形成水深最小的收缩断面 c-c,如图 7-45 所示。收缩断面可认为是渐变流断面,压强按静水压强规律分布。收缩断面

水深 h_c，一般小于临界水深 h_{cr}，水流为急流状态。而闸孔下游渠道中的水深 h_t 一般大于 h_{cr}，水流为缓流状态，所以闸孔后渠道中要发生水跃，与下游水流相衔接。水跃位置随下游水深 h_t 而变。闸孔出流受水跃位置的影响可分为自由出流和淹没出流两种。

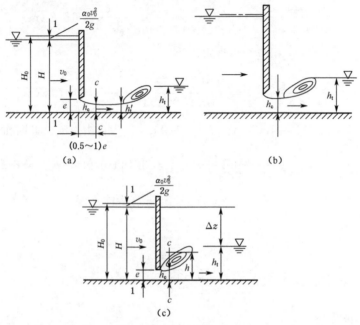

图 7-45 无底坎闸孔出流

设收缩断面水深 h_c 的共轭水深为 h_c''，当 $h_t \leqslant h_c''$ 时，如图 7-45(a)所示。闸后产生远驱式水跃(图 7-45(a))或临界水跃(图 7-45(b))。此时，下游水位 h_t 不影响闸孔流量，为自由出流。

当 $h_t > h_c''$ 时，水跃水滚涌向闸门，淹没了收缩断面。闸孔下游发生淹没水跃(图 7-45(c))，下游水位 h_t 影响闸孔流量，为淹没出流。

7.9.1 闸孔自由出流

图 7-45a 为无底坎闸孔出流。对过流断面 1-1 及闸孔收缩断面 c-c 写伯努利方程(忽略沿程水头损失)得

$$H + \frac{\alpha_0 v_0^2}{2g} = h_c + \frac{\alpha_c v_c^2}{2g} + \zeta \frac{v_c^2}{2g}$$

式中：H 为闸前水头，ζ 为闸孔局部损失系数；令 $H + \frac{\alpha_0 v_0^2}{2g} = H_0$，称闸前总水头；$\varphi = \sqrt{\frac{1}{\alpha_c + \zeta}}$ 为流速系数。代入上式可得收缩断面的流速

$$v_c = \varphi \sqrt{2g(H_0 - h_c)}$$

因 $Q = A_c v_c, \varepsilon = \frac{A_c}{A}, \mu = \varepsilon \varphi$ 为闸孔出流的基本流量系数，$A = Be$（B 为闸孔宽度），$A_c = Bh_c = \varepsilon Be$，可得闸孔出流公式

$$Q = \mu A\sqrt{2g(H_0 - h_c)} = \mu Be\sqrt{2g(H_0 - \varepsilon e)} \tag{7-84}$$

为了便于实际应用,可将上式化为更简单的形式,即

$$Q = \mu A\sqrt{1 - \frac{h_c}{H_0}} \times \sqrt{2gH_0}$$

令 $\mu_0 = \mu\sqrt{1 - \frac{h_c}{H_0}} = \varphi\varepsilon\sqrt{1 - \varepsilon\frac{e}{H_0}}$,$\mu_0$ 称为闸孔出流流量系数。代入上式可得

$$Q = \mu_0 Be\sqrt{2gH_0} \tag{7-85}$$

上式即为无底坎矩形平板闸门闸孔自由出流的基本公式。式中,B 为矩形闸孔宽度;H_0 为包括行进流速水头在内的闸前水头;φ 为流速系数,主要决定于闸孔进口的边界条件,无底坎平板闸孔的 $\varphi = 0.95 \sim 1.0$;ε 为闸孔垂向收缩系数。

闸孔垂向收缩系数和闸门底坎、闸门型式以及闸门相对开度 $\frac{e}{H}$ 有关,H 为闸门底坎顶到自由表面的深度,称闸前水头。表 7-12 是 H. E. 儒柯夫斯基用理论分析方法求得的平板闸门收缩系数 ε 随着 $\frac{e}{H}$ 的变化关系,它与无侧收缩的实验资料相符合。实际计算时,如果引水渠道宽度大于闸孔,仍可采用表 7-12 中数据。

表 7-12　平板闸门垂向收缩系数 ε 值

e/H	0.10	0.20	0.30	0.35	0.40	0.45	0.50	0.55	0.60	0.65	0.70	0.75
ε	0.615	0.620	0.625	0.628	0.630	0.638	0.645	0.650	0.660	0.675	0.690	0.705

对于有边墩或闸墩的闸孔出流,一般不需考虑侧收缩的影响。实验表明,闸孔上游断面水深较大,流速较小,边墩或闸墩对水流影响不大。

7.9.2　闸孔淹没出流

图 7-45c 为无底坎闸孔淹没出流。因闸后发生淹没水跃,淹没了收缩断面,所以收缩断面处水深实为 h,且 $h > h_c$,实际的作用水头减小为 $(H_0 - h)$。所以闸孔淹没出流的流量小于自由出流的流量。但由于 h 位于漩滚区不易测量,故在实际计算中,在式(7-85)乘以一个淹没系数 σ_s,得下式:

$$Q = \sigma_s \mu_0 Be\sqrt{2gH_0} \tag{7-86}$$

σ_s 通常用实验方法研究确定,由实验资料得

$$\sigma_s = 0.95\sqrt{\frac{\ln(\frac{H}{h_t})}{\ln(\frac{H}{h_c''})}} \tag{7-87}$$

式中 H 为闸前水头(m);h_c'' 为 h_c 的完整水跃的共轭水深(m)。

思考题

7-1 与有压管流相比,明渠水流的主要特征是什么?

7-2 明渠均匀流的特性和形成条件是什么?

7-3 为什么只有在正坡渠道上才能产生均匀流,而平坡和逆坡则没有可能?

7-4 水力最优断面有何特点?它是否一定是渠道的经济断面?

7-5 渠道的允许流速是什么?设计时如何考虑?

7-6 不满管流、满管流的概念是什么?为什么圆形无压管道中,流量在满管流之前已达到最大值?

7-7 明渠非均匀流的水力特征是什么?

7-8 断面单位能量和单位重量水体总机械能有何异同?

7-9 临界水深的概念是什么?如何计算梯形、矩形、圆形断面的临界水深?

7-10 急流、缓流、临界流的概念是什么?如何判别?

7-11 水跃和跌水的概念是什么?

7-12 计算水面曲线的方法有哪几种?如何运用分段求和法来计算?

7-13 堰流的概念是什么?闸孔出流的概念是什么?

7-14 堰流与闸孔出流是如何划分的?

7-15 堰流有哪些类型?它们各有哪些特点?如何区分?

7-16 实用堰的流量公式与薄壁堰的流量公式有什么异同?

7-17 无侧收缩、非淹没宽顶堰上的水面曲线是怎样的?它的流量公式是怎样的?有侧收缩和淹没出流及无坎宽顶堰溢流分别如何考虑?

7-18 小桥水流现象与宽顶堰流有什么相似?小桥孔径水力计算的步骤和方法是怎样的?

7-19 闸孔出流与下游水流如何衔接?其条件是什么?

7-20 当闸孔出流为淹没出流时,出流流量应如何确定?

习 题

7-1 一梯形土渠,按均匀流设计。已知渠道底宽 $b=2.4\,\text{m}$,水深 $h_0=1.2\,\text{m}$,边坡系数 $m=1.5$,渠底坡度 $i=0.0016$,粗糙系数 $n=0.025$。求渠中流速 v 和流量 Q。

7-2 已知梯形渠道底宽 $b=1.5\,\text{m}$,边坡系数 $m=1.0$,底坡 $i=0.0006$;当流量 $Q=1.0\,\text{m}^3/\text{s}$ 时,测得正常水深 $h_0=0.86\,\text{m}$。试求渠道粗糙系数 n。

7-3 设有一梯形断面的半岩性土渠道,其宣泄流量 $Q=2.28\,\text{m}^3/\text{s}$,渠道底宽 $b=2.5\,\text{m}$,正常水深 $h_0=1.0\,\text{m}$,$m=1.0$,$n=0.0225$,试求渠道底坡 i。

7-4 有一条大型输水土渠($n=0.0025$),梯形断面,边坡系数 $m=1.5$,底坡 $i=0.0003$,正常水深 $h_0=2.65\,\text{m}$,$Q=40\,\text{m}^3/\text{s}$,试求渠道底宽 b。

7-5 有一梯形断面土渠,底宽 $b=4.0\,\text{m}$,边坡系数 $m=1.5$,渠底坡度 $i=0.0006$,粗糙系数 $n=0.025$,通过的流量 $Q=9.0\,\text{m}^3/\text{s}$,试确定均匀流时的断面水深 h_0。

7-6 设有一块石砌体矩形陡槽,陡槽中为均匀流。已知流量 $Q=2.0\,\text{m}^3/\text{s}$,底坡 $i=0.09$,粗糙系数 $n=0.020$,断面宽深比 $\beta=\dfrac{b}{h_0}=2.0$,试求陡槽的断面尺寸 h_0 及 b。

7-7 一梯形土渠,通过流量 $Q=1.0\,\text{m}^3/\text{s}$,底坡 $i=0.005$,边坡系数 $m=1.5$,粗糙系数 $n=0.025$,试按水力最优条件设计断面尺寸。

7-8 需在粉质粘土地段上设计一条梯形断面渠道。已知均匀流流量 $Q=3.5\,\text{m}^3/\text{s}$,渠底坡度 $i=$

0.005，边坡系数 $m=1.5$，粗糙系数 $n=0.025$，试分别按(1)不冲允许流速 v_{max} 及(2)水力最优条件设计渠道断面尺寸，并确定采用哪种方案设计的断面尺寸和分析是否需要加固。

7-9 某圆形污水管道，如图所示。已知管径 $d=1\,000\,\mathrm{mm}$，粗糙系数 $n=0.016$，底坡 $i=0.01$，试求最大设计充满度时的均匀流流量 Q 及断面平均流速 v。

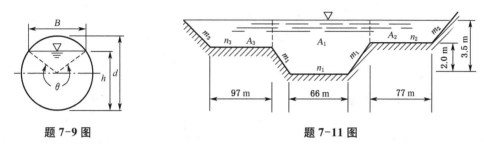

题 7-9 图　　　　　　　　　　题 7-11 图

7-10 有一圆形排水管，已知底坡 $i=0.005$，粗糙系数 $n=0.014$，充满度 $\alpha=0.75$ 时的流量 $Q=0.2\,\mathrm{m^3/s}$，试求该管的管径 d（管内为均匀流）。

7-11 某明渠复式断面如图所示，已知渠底坡度 $i=0.000\,64$，$n_1=0.025$，$n_2=n_3=0.04$。$m_1=1.0$，$m_2=m_3=2.0$，其他尺寸如图所示，求渠道中流量 Q。

7-12 有一长直矩形断面渠道，底宽 $b=5\,\mathrm{m}$，粗糙系数 $n=0.017$，均匀流时的正常水深 $h_0=1.85\,\mathrm{m}$，通过的流量 $Q=10\,\mathrm{m^3/s}$，试分别以临界水深、临界底坡、波速、弗劳德数判别渠中水流是急流还是缓流。

7-13 设有一直径 $d=0.8\,\mathrm{m}$ 的无压力式圆形输水管道，试求通过流量 $Q=1.4\,\mathrm{m^3/s}$ 时的临界水深 h_{cr}。

7-14 有一矩形混凝土渠道，底宽 $2\,\mathrm{m}$，在 1-1 断面处由上游渠底坡度 $i_1=0.001$ 变成为下游渠底坡度 $i_2=0.002\,5$，如图所示。已知粗糙系数 $n=0.015$，通过流量 $Q=5\,\mathrm{m^3/s}$。试确定变坡处的水面曲线型式。

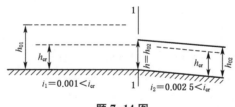

题 7-14 图

7-15 试定性绘制题图中的棱柱体渠道中可能出现的水面曲线，并注明曲线类型（渠道各段均充分长，粗糙系数和流量均相同）。

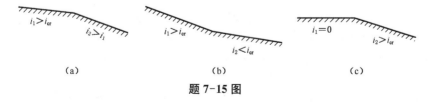

题 7-15 图

7-16 有一棱柱形矩形断面陡坡渠道，如图所示，通过的流量 $Q=3.5\,\mathrm{m^3/s}$，长度 $L=10\,\mathrm{m}$，渠宽 $b=2\,\mathrm{m}$，粗糙系数 $n=0.020$，渠底坡度 $i_2=0.30$。试按分段求和法计算并绘出该陡坡渠道的水面曲线。

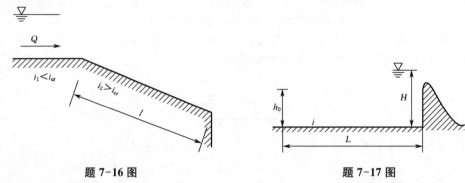

题 7-16 图　　　　　　　　　　　题 7-17 图

7-17　设有一棱柱体梯形断面渠道,底坡 $i=0.0003$,底宽 $b=10$ m,粗糙系数 $n=0.02$,边坡系数 $m=1.5$,流量 $Q=31.2$ m³/s,现于下游修建一挡水低坝,如图所示。修坝后坝前水深变为 $H=4.0$ m,试分析水面曲线型式,并用分段求和法计算筑坝前水位抬高的影响范围 L(水位抬高不超过均匀流水深的 1%即可认为已无影响)。

7-18　用无侧收缩的矩形薄壁堰测量流量,堰上水头 $H=0.3$ m,堰高 $P=0.5$ m,需通过流量 $Q=0.195$ m³/s。问堰宽度 B 应为多少?

7-19　有一铅垂三角形薄壁堰。夹角 $\theta=90°$,通过流量 $Q=0.05$ m³/s,试求堰上水头 H。

7-20　一直角进口无侧收缩宽顶堰,如图所示,堰宽 $B=4.0$ m,堰高 $P=P'=0.60$ m,水头 $H=1.20$ m,堰下游水深 $h_t=0.8$ m,试求通过的流量 Q。

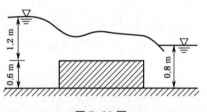　　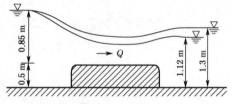

题 7-20 图　　　　　　　　　　题 7-21 图

7-21　有一圆角进口无侧收缩宽顶堰,如图所示,水头 $H=0.85$ m,堰高 $P=P'=0.50$ m,堰宽 $B=1.28$ m,下游水深 $h_t=1.12$ m,试求通过的流量 Q。若下游水深 $h_t=1.30$ m,求通过的流量 Q。

7-22　设一平板闸门下的自由出流,如图所示。闸宽 $b=10$ m,闸前水头 $H=8$ m,闸门开度 $e=2$ m,试求闸孔出流流量(取闸孔流速系数 $\varphi=0.97$)。

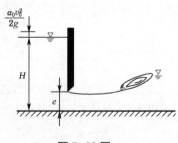

题 7-22 图

7-23　某河道中,通过设计流量 $Q=15$ m³/s,天然河渠水深 $h_t=1.3$ m,桥台进口采用八字形翼墙,取($\varepsilon=0.90$, $\varphi=0.90$, $\psi=0.85$),河床取碎石单层铺砌加固(最大允许流速 $v_{max}=3.5$ m/s),桥孔为单孔。试确定小桥的孔径及桥前壅水高度 H。

第 8 章 渗 流

8.1 概 述

渗流是指流体在孔隙介质中的流动。在土建工程中渗流主要是指水在地表以下的土壤或岩层中的流动,所以渗流也称地下水流动。本章研究以地下水流动为代表的渗流运动规律及其在工程中的应用,例如土木工程中基坑排水、隧道防水、渗透压力作用下建筑物受力分析、给排水工程中水源井、集水廊道出水量的计算,以及合理开发利用地下水资源、防治地下水污染等方面,均需应用渗流理论的有关知识。

地下水流动是受多种因素影响的复杂流体运动,它的运动规律既和水在土壤中的存在状态有关,又和土壤介质的渗流特性有关。下面先对这两方面作些简单介绍。

水在土壤中的存在状态可分为气态水、附着水、薄膜水、毛细水和重力水。气态水以蒸汽的状态存在于土壤孔隙内,数量很少,一般不考虑。附着水以最薄的分子层吸附在土壤颗粒周围,呈现出固态水的性质;薄膜水以厚度不超过分子作用半径的膜层包围着土颗粒,其性质和液态水近似。在研究宏观的渗流运动时,一般不考虑气态水、附着水、薄膜水对工程实际问题的影响。由于毛细力(即表面张力)的作用而保持在土壤细小孔隙中的水称为毛细水。重力水是指在重力作用下在土壤孔隙中流动的水。毛细水在毛细力的作用下可以移动,可以传递静水压强,但重力不起主要作用,除特殊情况外,一般亦可忽略。从工程实用观点看,参与地下水流动的主要是重力水。本章将研究重力水在土壤中的运动规律。

土壤按水的存在状态,可以分为饱和带与非饱和带,饱和带中土壤孔隙全部为水所充满,主要为重力水区,非饱和带中的土壤孔隙为水和空气所充满。本章所介绍的是饱和带重力水的运动规律。

影响渗流运动规律的土壤性质称为土壤的渗流特性,例如土壤的透水性即重要的渗流特性。土壤的透水性与土壤孔隙的大小、多少、形状、分布等有关,也与土壤颗粒的粒径、形状、均匀程度、排列方式等有关。

土壤孔隙的多少(紧密度)用孔隙率 m 来反映。孔隙率是表示一定体积的土壤中,孔隙体积 δ 与土壤的总体积的比值,即

$$m = \frac{\delta}{V} \tag{8-1}$$

一般讲,孔隙率大土壤透水性也大,而且其容纳水的能力也大。

实际土壤的孔隙形状和分布是相当复杂的,从渗流特性的角度,可将土壤分类。渗流特性

与各点位置无关的土壤,称为均质土壤;否则为非均质土壤。各个方向渗流特性相同的土壤称各向同性土壤;否则称为各向异性土壤。本章主要讨论均质各向同性土壤中的恒定渗流问题。

8.2 渗流的简化模型

实际土壤颗粒在形状和大小上相差悬殊,颗粒间孔隙的大小、形状和分布情况十分复杂。要详细考察每一孔隙中的水流动状况是非常困难的,一般也无此必要。工程问题所关心的主要是渗流的宏观平均效果。为了研究方便,常用简化的渗流模型来代替实际的渗流运动。所谓渗流的简化模型,是设想水作为连续介质连续地充满渗流区的全部空间,包括土壤颗粒骨架所占据的空间,把渗流运动要素作为全部空间场的连续函数来研究。以渗流模型取代实际渗流,必须遵循下面原则:(1)渗流模型中任意过水断面上所通过的流量必须与实际渗流中该断面所通过的真实流量相等;(2)渗流模型某一确定作用面上渗流压力要与实际渗流在该作用面的真实压力相等;(3)渗流模型的阻力与实际渗流的阻力相等,即能量损失相等。

在渗流模型中,取微小过水断面面积为 ΔA,设过流量为 ΔQ,则渗流模型的流速为

$$u = \frac{\Delta Q}{\Delta A} \tag{8-2}$$

因为上式中 ΔA 内有一部分面积为土粒所占据,所以孔隙的过流断面面积 $\Delta A'$ 要比 ΔA 小,$\Delta A' = m\Delta A$,m 为土壤的孔隙率。因此孔隙中真实渗流速度 u' 为

$$u' = \frac{\Delta Q}{\Delta A'} = \frac{\Delta Q}{m\Delta A} = \frac{u}{m} \tag{8-3}$$

由于孔隙率 $m < 1$,所以 $u < u'$,即实际渗流的真实速度 u' 比 u 大。

采用了简化的渗流模型后,渗流和一般水流运动一样,也可分为恒定渗流与非恒定渗流,均匀渗流和非均匀渗流,渐变渗流和急变渗流,有压渗流和无压渗流等。本章只讨论恒定渗流。

8.3 渗流基本定律

8.3.1 达西定律

1855 年法国工程师达西通过实验研究总结得出了渗流的基本定律。达西实验装置如图 8-1 所示。装置的主要部分是一个上端开口的直立圆筒,筒中装有均质砂土,筒侧壁有两支(或多支)测压管,水由进水管自上端注入圆筒,并以溢水管保持筒内水位稳定。在距筒底一定距离处,安装一滤板,以阻止砂颗粒通过。在滤板与筒底之间装泄水管,用以排泄通过土壤试样后的水。最终水流

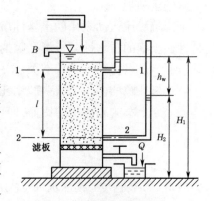

图 8-1 达西定律实验装置

入体积为 V 的容器中,据此可测得渗流流量 Q。由于渗流流速极其微小,所以渗流流速水头可略去不计,则两断面间测压管水头差即水头损失 h_w。设水头损失在沿土壤试样的长度上均匀分布,则两断面间的水力坡度 J(即测压管坡度)为

$$J = \frac{h_w}{l} = \frac{H_1 - H_2}{l} \tag{8-4}$$

式中: l 为过流断面 1-1、2-2 间的距离; h_w 为上述两断面间的水头损失; H_1、H_2 分别为断面 1-1、2-2 间的测压管水头。

令圆筒中土壤试样的过流断面面积为 A,渗流流量为 Q,则得

$$Q = kA\frac{h_w}{l} = kAJ \tag{8-5}$$

式中: k 为渗流系数,表示土壤在透水方面的物理性质,具有速度的量纲。

渗流的断面平均流速为

$$v = \frac{Q}{A} = kJ \tag{8-6}$$

式(8-5)和(8-6)即为著名的达西定律。它表明在某一均质介质的孔隙中,渗流的水力坡度与渗流速度的一次方成正比,并与土壤的性质有关。因此,也称为渗流线性定律。

式(8-6)是以断面平均流速 v 表达的达西定律,为了今后分析问题的需要,将式(8-6)推广到用点流速 u 来表示的形式。即

$$u = kJ \tag{8-7}$$

达西实验中的渗流为均匀渗流,各点的运动状态相同,任意空间点处的渗流流速 u 等于断面平均流速 v;而对于非均质土壤和非均匀渗流,u 及 J 均与位置有关,u 与 v 不一定相等,达西定律只能以式(8-7)的形式来表示。

8.3.2 达西定律的适用范围

达西定律是由均质砂土试验得到的,只能在服从线性渗流规律的范围内使用。其他学者进行了范围更为广泛的试验后发现,当土壤颗粒较大,孔隙增大,渗流的流速加大,水头损失将与流速的 1—2 次方成正比,当流速大到一定数值后,水头损失和流速的平方成正比,变为非线性渗流。由于实际土壤的渗流特性非常复杂,对于线性渗流与非线性渗流,很难找到一确切的判别标准。很多实验表明,可以用雷诺数来判别线性渗流和非线性渗流。

设 v 为渗流区的断面平均流速;d 为土壤的有效粒径,可用 d_{10} 来代表(d_{10} 为土壤颗粒筛分时占 10%重量土粒所通过的筛分直径);ν 为水的运动粘度。雷诺数公式为

$$Re = \frac{vd}{\nu} \tag{8-8}$$

按上式计算的雷诺数的临界值 $Re_{cr}=1\sim10$,即当 $Re \leqslant 1\sim10$ 时为线性渗流。为安全起见,可把 $Re_{cr}=1$ 作为线性渗流定律适用范围的上限值。

在工程中出现的渗流问题,大多数属线性渗流,只有在砾石、碎石等大颗粒土层中才会出现非线性渗流,达西定律不再适用。本章仅讨论适应达西定律范围内的渗流问题。

8.3.3 渗透系数及其确定方法

渗透系数 k 综合反映土壤孔隙介质和水的相互作用对透水性的影响。渗透系数的大小受多种因素的影响,例如土壤颗粒之大小、形状、均匀程度以及水的温度、地质构造等。一般确定渗透系数常用以下几种方法。

1) 经验公式估算。这些公式中往往包含着上述影响 k 值的因素,大多带有经验性,有其局限性,只能作为粗略估算用。当遇到重要的实际问题时,多用实验室测定法或现场测定法来确定 k 值。

2) 实验室测定法。实验室中测定渗透系数的方法常用恒定水位法和变水位法。恒定水位法测定渗透系数 k 值的装置已示于图 8-1 中。只要把需测试的未扰动的土样放入其中,用体积法测出装置中达到恒定流时的流量 Q 及水头损失 h_w,按式(8-5)即可求出渗透系数 k 值,即

$$k = \frac{Ql}{Ah_w}$$

变水位法的测定装置如图 8-2 所示,此法多用于测定细颗粒土壤中较小的渗透系数值。实验室测定法虽简单,但土样往往容易受到扰动而影响试验结果。

3) 现场测定法。在现场利用钻井或原有井作抽水或注水试验,根据井的公式(见第7节)计算 k 值。多用于重要的大型工程。

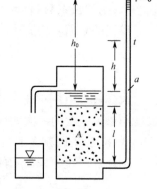

图 8-2 变水位法实验装置

当无其他资料时,各类土壤的渗透系数 k 值,可参考表 8-1 中所列的数值。

表 8-1 土壤的渗透系数值

土壤名	渗透系数 k	
	m/d	cm/s
粘土	<0.005	$<6\times10^{-6}$
亚粘土	0.005~0.1	$6\times10^{-6}\sim1\times10^{-4}$
轻亚粘土	0.1~0.5	$1\times10^{-4}\sim6\times10^{-4}$
黄土	0.25~0.5	$3\times10^{-4}\sim6\times10^{-4}$
粉砂	0.5~1.0	$6\times10^{-4}\sim1\times10^{-3}$
细砂	1.0~5.0	$1\times10^{-3}\sim6\times10^{-3}$
中砂	5.0~20.0	$6\times10^{-3}\sim2\times10^{-2}$
均质中砂	35~50	$4\times10^{-2}\sim6\times10^{-2}$
粗砂	20~50	$2\times10^{-2}\sim6\times10^{-2}$
均质粗砂	60~75	$7\times10^{-2}\sim8\times10^{-2}$
圆砾	50~100	$6\times10^{-2}\sim1\times10^{-1}$
卵石	100~500	$1\times10^{-1}\sim6\times10^{-1}$
无填充物卵石	500~1 000	$6\times10^{-1}\sim1\times10^{0}$
稍有裂隙岩石	20~60	$2\times10^{-2}\sim7\times10^{-2}$
裂隙多的岩石	>60	$>7\times10^{-2}$

例 8-1 实验室测定渗透系数的装置如图 8-1 所示。已知圆筒直径 $d=42$ cm,断面 1-1 与 2-2 之间的距离 $l=85$ cm,测压管水头差 $H_1-H_2=103$ cm,渗流流量 $Q=114$ cm³/s,试求土样的渗透系数 k 值。

解

断面平均流速 $\quad v = \dfrac{Q}{A} = \dfrac{114 \times 4}{\pi \times 42^2} = 0.082\ 3\ (\text{cm/s}) = 0.000\ 823\ (\text{m/s})$

渗透系数 $\quad k = \dfrac{v}{J} = \dfrac{v}{\Delta H/l} = \dfrac{0.000\ 823}{1.03/0.85} = 6.792 \times 10^{-4}\ (\text{m/s})$

8.4 恒定均匀渗流和非均匀渐变渗流

本节所讨论的地下水流,即地下明渠中的渗流,是指在不透水层上部均质土壤中的无压渗流,重力水的自由表面称为浸润面,在流动的纵剖面上它是一条曲线,称为浸润曲线。如果是在宽度很大的不透水层上部流动,可以视为二维地下明渠中的渗流。地下水流与地面明渠类似,亦可分为棱柱体、非棱柱体明渠;顺坡、平坡、逆坡明渠;渗流可分为均匀、非均匀渗流以及急变与渐变渗流等。

8.4.1 恒定均匀渗流

如图 8-3 所示,在正坡($i>0$)不透水层上形成恒定均匀渗流。因为是均匀渗流,所有流线都是相互平行的直线,且平行于不透水层,另外,水力坡度 J(即为测压管坡度)和渠底坡度相等,即 $J=i$。任一过流断面的测压管坡度都是相同的,由于断面上的压强为静压强分布,则断面内任一点的测压管坡度也是相同的,因而在整个渗流区内水力坡度相等。

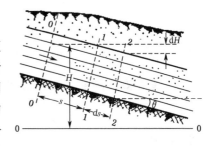

图 8-3 恒定均匀渗流

由达西定律可知, $\qquad u = kJ = ki = C \qquad$ (8-9)

C 为常数。即均匀渗流区域中任意一点的渗流流速 u 都是相等的。

由于均匀渗流的上述特点,所以渗流的断面平均流速 v 为

$$v = u = ki \qquad (8\text{-}10)$$

通过过水断面 A_0 的流量 Q 为

$$Q = vA_0 = kiA_0 \qquad (8\text{-}11)$$

当地下明渠宽度很大时,可视为矩形断面,即 $A_0 = bh_0$,代入上式可得

$$Q = kibh_0 \qquad (8\text{-}12)$$

式中:h_0 为均匀渗流的水深。单宽渗流流量为

$$q = kih_0 \qquad (8\text{-}13)$$

8.4.2 恒定渐变渗流

如图 8-4 所示为一恒定渐变渗流,渠底坡度 $i>0$,取相距为 ds 的过流断面 1-1 和 2-2,在渐变渗流断面上,动水压强分布近似服从静水压强的分布规律,因此,断面 1-1 和 2-2 各点测压管水头分别为 H 和 $H+dH$。由于渗流流速极小,流速水头可忽略不计,所以同一过水断面上各点的总水头也相等,因而断面 1-1 与 2-2 间任意流线上的水头损失也相等,以水头差 dH 表示。另外,因渐变渗流的流线曲率很小,两断面间任一流线的长度 ds 可近似认为相等,因而得渐变流过流断面上各点的水力坡度

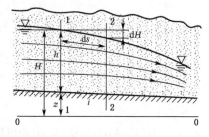

图 8-4 恒定渐变渗流

$$J = -\frac{dH}{ds} = 常数 \tag{8-14}$$

根据达西定律,同一过流断面上各点的渗流速度 u 都相等,均等于断面平均流速 v。即

$$v = u = kJ = -k\frac{dH}{ds} \tag{8-15}$$

上式称为裘布依(J. Dupuit)公式,式中 J 代表过流断面上的平均水力坡度。对于流线曲率很大的急变渗流,不能用裘布依公式。

8.4.3 渐变渗流的基本微分方程

渐变渗流的基本微分方程可用裘布依公式来推导。如图 8-4 所示,在渐变渗流断面上,设水深为 h,断面底部至基准面的高度为 z,不透水层坡度为 i。如前所述,在渐变渗流中,如忽略数值极小的流速水头,则总水头与测压管水头相等($H=z+h$)。水力坡度 J 与渠底坡度 i 的关系为

$$J = -\frac{dH}{ds} = -\left(\frac{dz}{ds} + \frac{dh}{ds}\right) = i - \frac{dh}{ds}$$

将上式代入裘布依公式(8-15),可得

$$v = k\left(i - \frac{dh}{ds}\right) \tag{8-16}$$

渐变渗流的流量 $Q = vA$,即

$$Q = kA\left(i - \frac{dh}{ds}\right) \tag{8-17}$$

上式即为渐变渗流的基本微分方程。适用于各种底坡。

若地下明渠的过水断面为矩形,宽度为 b,渗流单宽流量为 q,则其渗流流量由式(8-17)可得

$$Q = kbh\left(i - \frac{dh}{ds}\right)$$

或
$$\frac{dh}{ds} = i\left(1 - \frac{q}{ikh}\right) \tag{8-18}$$

8.5 恒定渐变渗流浸润曲线的分析和计算

在工程中,若需要解决浸润曲线的问题,可对渐变渗流的基本微分方程积分即得浸润曲线。

在渐变渗流中,由于渗流速度极其微小,故流速水头可忽略不计,断面单位能量 E 与水深 h 相等,断面单位能量曲线变成直线,不存在极小值,或者认为极小值为零,因此渗流中不存在临界水深、急坡、缓坡、临界坡、急流、缓流、临界流等概念。因此,在地下明渠中分析浸润曲线时,只考虑底坡的类型(顺坡、平坡、逆坡),以及实际水深 h 与均匀渗流水深 h_0 的相对关系,其渗流浸润曲线的型式共有 4 种。下面按不同渠底坡度分别讨论之。

1) 顺坡($i>0$)

如图 8-5 所示,在顺坡矩形地下明渠中有均匀渗流存在,此时水深沿程不变,$h=h_0$,由式(8-18)可得均匀渗流公式

$$q = kh_0 i \tag{8-19}$$

假定在水深为 h 的非均匀渗流中存在一个虚拟的等流量均匀渗流,水深为 h_0,则可将公式(8-19)代入式(8-18),并令水深比 $\eta = h/h_0$,则有

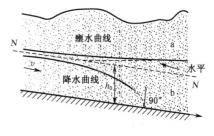

图 8-5 顺坡

$$\frac{dh}{ds} = i\left(1 - \frac{1}{\eta}\right) \tag{8-20}$$

上式即为顺坡矩形地下明渠中渐变渗流浸润曲线微分方程。在顺坡地下明渠中存在正常水深 h_0,所以可以绘出正常水深线 N-N,将渗流区分为两个区域,如图 8-5 所示的 a 区和 b 区。

在 a 区,实际水深 $h>h_0$,即 $\eta>1$,由式(8-20)知,$\frac{dh}{ds}>0$,浸润曲线为壅水曲线。向上游,当 $h \to h_0$,$\eta \to 1$,$\frac{dh}{ds} \to 0$ 时,故上游以 N-N 线为渐近线;向下游,当 $h \to \infty$,$\eta \to \infty$,$\frac{dh}{ds} \to i$ 时,将以水平线为渐近线。

在 b 区,$h<h_0$,$\eta<1$,由式(8-20)知,$\frac{dh}{ds}<0$,浸润曲线为降水曲线。向上游,当 $h \to h_0$,$\eta \to 1$,则 $\frac{dh}{ds} \to 0$,上游仍以 N-N 线为渐近线;向下游,当 $h \to 0$,$\eta \to 0$,$\frac{dh}{ds} \to -\infty$,即浸润线将与渠底有正交的趋势。实际观察表明,在水深极小时,并没有与渠底正交的现

象,因为此时流线的曲率很大,已不是渐变流,式(8-20)已不再适用。此降水曲线的末端,实际上取决于具体的边界条件。

由于 $\eta = h/h_0$,则 $\mathrm{d}h = h_0 \mathrm{d}\eta$,代入式(8-20)得

$$\mathrm{d}s = \frac{h_0}{i}(1 + \frac{1}{\eta - 1})\mathrm{d}\eta$$

对上式从断面 1-1 到 2-2 进行积分,并令 $s_2 - s_1 = L$,为两断面间距离,则

$$\frac{iL}{h_0} = \eta_2 - \eta_1 + 2.3\lg\frac{\eta_2 - 1}{\eta_1 - 1} \tag{8-21}$$

式中 $\eta_1 = h_1/h_0$,$\eta_2 = h_2/h_0$。上式可用于顺坡地下明渠中渐变渗流浸润曲线的计算。

2) 平坡($i=0$)

如图 8-6 所示,在平坡上不可能产生均匀流,以 $i=0$ 代入式(8-17)得

$$Q = kA\left(-\frac{\mathrm{d}h}{\mathrm{d}s}\right)$$

或

$$\frac{\mathrm{d}h}{\mathrm{d}s} = -\frac{Q}{kA} \tag{8-22}$$

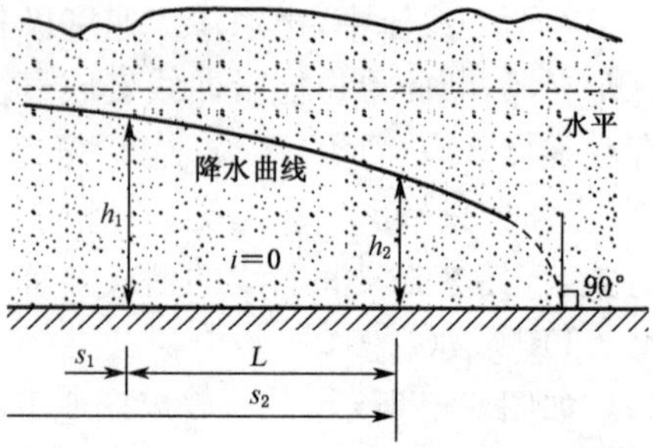

由于上式中 Q、k、A 均为正值,所以 $\frac{\mathrm{d}h}{\mathrm{d}s} < 0$,浸

图 8-6 平坡

润曲线是降水曲线,如图 8-6 所示。曲线的上游端,当 $h \to \infty$,$A \to \infty$,$\frac{\mathrm{d}h}{\mathrm{d}s} \to 0$ 时,将以水平线为渐近线;下游端,当 $h \to 0$,$A \to 0$,$\frac{\mathrm{d}h}{\mathrm{d}s} \to -\infty$ 时,曲线将与渠底有正交的趋势。如前所述,此时已不再是渐变流,不能用式(8-22)分析。

若地下明渠断面为矩形,则断面面积 $A=bh$,代入式(8-22)得

$$\frac{\mathrm{d}h}{\mathrm{d}s} = -\frac{Q}{kbh}$$

令 q 为单宽流量,将上式分离变量后积分可得

$$\frac{2q}{k}L = h_1^2 - h_2^2 \tag{8-23}$$

式中:h_1、h_2 分别为任意两断面 1-1 及 2-2 的水深。上式即为平坡矩形地下明渠中渐变渗流的浸润曲线方程。

3) 逆坡($i<0$)

如图 8-7 所示,在逆坡矩形地下明渠中也不可能发生均匀渗流。由式(8-18),经整理可得

$$\frac{\mathrm{d}h}{\mathrm{d}s} = i - \frac{Q}{kbh} \tag{8-24}$$

因此浸润曲线只能是降水曲线。曲线上游,当 $h \to \infty$,

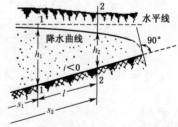

图 8-7 逆坡

$\dfrac{\mathrm{d}h}{\mathrm{d}s} \to i$，将以水平线为渐近线；曲线下游，当 $h \to 0$，$\dfrac{\mathrm{d}h}{\mathrm{d}s} \to -\infty$ 时，曲线与渠底呈正交的趋势。前已述及，当水深很小时，已不是渐变流，超出裘布依公式适用的范围。

为了计算浸润曲线，虚拟一均匀渗流，它的渠底坡度为 i'，且 $i = -i'$，渗流流量则和底坡为 i 的逆坡渐变渗流流量相等。则

$$Q = kJbh = ki'bh_0$$

h_0 为虚拟均匀渗流的正常水深。

将上式代入式(8-24)可得

$$\frac{\mathrm{d}h}{\mathrm{d}s} = i - \frac{Q}{kbh} = i - \frac{ki'h_0'b}{kbh} = i - \frac{h_0'i'}{h} = -i'\left(1 + \frac{h_0'}{h}\right) \tag{8-25}$$

令水深比 $\eta' = \dfrac{h}{h_0'}$，$\mathrm{d}h = h_0'\mathrm{d}\eta'$ 代入上式整理后可得

$$\frac{i'\mathrm{d}s}{h_0'} = -\mathrm{d}\eta' + \frac{\mathrm{d}\eta'}{\eta'+1}$$

对上式从断面 1-1 到断面 2-2 积分，令 $s_2 - s_1 = L$，为两断面的间距，$\eta_1' = \dfrac{h_1}{h_0'}$，$\eta_2' = \dfrac{h_2}{h_0'}$，则有

$$\frac{i'L}{h_0'} = \eta_1' - \eta_2' + 2.3\lg\frac{\eta_2'+1}{\eta_1'+1} \tag{8-26}$$

上式可用于计算逆坡明渠中渐变渗流的浸润曲线及其他的有关计算。

例 8-2 一渠道位于河道上方，渠水沿均质透水土壤渗入河道，如图 8-8 所示。渠道与河道之间的距离 $L = 180$ m，不透水层的坡度 $i = 0.02$，土壤的渗透系数 $k = 0.005$ cm/s，渠水在渠岸处的深度 $h_1 = 1.0$ m，河岸左侧入流深度 $h_2 = 1.9$ m。假设为平面渗流，试求单位渠长的渗流量，并绘制浸润曲线。

解：(1) 求单宽流量

先求正常水深 h_0，因坡度 $i > 0$，$h_2 > h_1$，所以浸润曲线为壅水曲线。由式(8-21)得

$$iL - h_2 + h_1 = 2.3h_0\lg\frac{h_2 - h_0}{h_1 - h_0}$$

化简后得

$$h_0\lg\frac{1.9 - h_0}{1 - h_0} = 1.174$$

用试算法求得 $h_0 = 0.945$ m。则单宽流量为

$$q = kih_0 = 0.005 \times 10^{-2} \times 0.02 \times 0.945 \text{ m}^2/\text{s} = 9.45 \times 10^{-7} \text{ m}^2/\text{s}$$

(2) 计算浸润曲线

从渠岸往下游算至河岸为止，上游水深 $h_1 = 1.0$ m，依次给出 $1.0 \text{ m} < h_2 < 1.9 \text{ m}$ 的几种渐增值，分别算出各个 h_2 处距上游的距离 L。由式(8-21)得

$$L = \frac{h_0}{i}(\eta_2 - \eta_1 + 2.3\lg\frac{\eta_2 - 1}{\eta_1 - 1})$$

式中 $\frac{h_0}{i} = \frac{0.945}{0.02} = 47.25$，$\eta_1 = \frac{h_1}{h_0} = \frac{1}{0.945} = 1.058$，$\eta_2 = \frac{h_2}{h_0} = \frac{h_2}{0.945}$ 则

$$L = 47.25\left(\frac{h_2}{0.945} - 1.058 + 2.3\lg\frac{h_2 - 0.945}{1 - 0.945}\right)$$

分别假定 $h_2 = 1.2$ m，1.4 m，1.7 m，1.9 m，依次代入上式求出相应的长度 L 分别为 82.6 m，120 m，159 m，180 m。其结果绘于图 8-8 上。

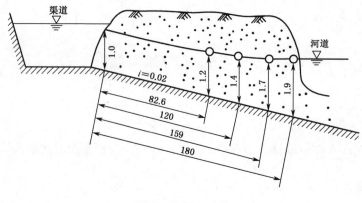

图 8-8　例 8-2 图

8.6　集水廊道的渗流

集水廊道，是吸取地下水的建筑物，从这些建筑物中抽水，会使附近的天然地下水位降落，也起着施工排水的作用。

设有一横断面为矩形的集水廊道，其底位于水平不透水层上，廊道边墙为透水材料，在廊道单侧，取坐标 xoz，如图 8-9 所示，排水前，地下水天然水面距不透水层的深度为 H；排水后，形成一条向廊道边缘方向水深逐渐下降的浸润曲线，在廊道边缘处的水深为 h。由廊道边缘处（即 h）至深为 H 处的距离 L 称为集水廊道的影响范围。当 $x = 0$ 时，$z = h$，当 $x = L$ 时，$z = H$。

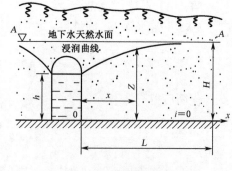

图 8-9　集水廊道

将 $h_1 = z$，$h_2 = h$，$L = x$ 代入(8-23)，得集水廊道单侧浸润曲线方程

$$z^2 - h^2 = \frac{2q}{k}x \tag{8-27}$$

将 $h_1 = H$, $h_2 = h$ 代入式(8-23),得

$$q = \frac{k}{2L}(H^2 - h^2) \tag{8-28}$$

式中 q 为廊道单侧单宽渗流量(或称产水量)

集水廊道单侧的单宽流量 q 还可采用渗流的平均水力坡度 $\bar{J}$ 来计算,则式(8-28)可改写为

$$q = \frac{k}{2L}(H+h)(H-h) = \frac{k}{2}(H+h)\frac{H-h}{L}$$

浸润曲线的平均水力坡度为

$$\bar{J} = \frac{H-h}{L}$$

则

$$q = \frac{k}{2}(H+h)\bar{J} \tag{8-29}$$

式中的平均水力坡度 $\bar{J}$ 与土壤的种类有关,初步估算时,$\bar{J}$ 可根据以下数值选取:对于粗砂及砾石为 0.003~0.005;砂土为 0.005~0.015;亚砂土为 0.03;亚粘土为 0.05~0.10;粘土为 0.15。

例 8-3 如图 8-9 所示,已知含水层厚度为 $H=4$ m,廊道边缘处水深 $h=0.6$ m,含水层的渗流系数 $k=0.003$ cm/s,平均水力坡度 $\bar{J}=0.02$,试计算流入 100 m 长集水廊道的单侧流量 Q。

解:根据式(8-29),集水廊道单侧的单宽流量 q 为

$$q = \frac{k}{2}(H+h)\bar{J} = \frac{0.003 \times 10^{-2}}{2}(4+0.6) \times 0.02 = 1.4 \times 10^{-6} \, (\text{m}^2/\text{s})$$

流入 100 m 长集水廊道的单侧流量 Q 为

$$Q = 100q = 100 \times 1.4 \times 10^{-6} = 1.4 \times 10^{-4} \, (\text{m}^3/\text{s})$$

8.7 井的渗流

井是土木工程、给水排水工程上常用的一种集水或排水建筑物。汲取地下水作为给水水源的井起集水建筑物的作用;为降低地下水水位而用井排除地下水的则起排水建筑物作用。

8.7.1 完全潜水井

在具有自由水面的潜水层中凿的井,称为普通井或潜水井;井贯穿整个潜水层,井底直达不透水层称为完全井(或完整井)。井底未达到不透水层的称为不完全井(或不完整井)。

设位于水平不透水层上的完全潜水井如图 8-10 所示。井壁为透水材料,含水层厚度为 H。

假定含水层体积很大,可供连续抽水,抽水量恒定,经初始时段抽水后,流向水井的渗流达到恒定状态,此时,井中水深不变,形成对于井中心垂直轴线对称的恒定渗流浸润漏斗面。

取半径为 r 并与井同心的圆柱面,相应于 r 处的浸润线高度为 z,其过流断面的面积为 $A = 2\pi rz$,又设井周围的地下水为渐变流,当半径有一增量 dr 后,纵坐标有一相应的增量 dz,且 dz 为正值。由渐变渗流特性知该断面各点的水力坡度 J 相同。即

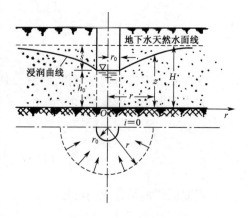

图 8-10 完全潜水井

$$J = \frac{dz}{dr} \tag{8-30}$$

因断面平均流速 $v = kJ$,所以

$$v = k\frac{dz}{dr} \tag{8-31}$$

通过该断面的渗流量 Q 为

$$Q = k\frac{dz}{dr}2\pi rz \tag{8-32}$$

分离变量得

$$zdz = \frac{Q}{2\pi k}\frac{dr}{r} \tag{8-33}$$

上式进行积分得

$$z^2 = \frac{Q}{\pi k}\ln r + C \tag{8-34}$$

式中:C 为积分常数,由边界条件确定。当 $r = r_0$ 时,$z = h_0$,代入上式得积分常数 $C = h_0^2 - \frac{Q}{\pi k}\ln r_0$,代入式(8-34)可得

$$z^2 - h_0^2 = \frac{Q}{\pi k}\ln\frac{r}{r_0} \tag{8-35}$$

或

$$z^2 - h_0^2 = \frac{0.732Q}{k}\lg\frac{r}{r_0} \tag{8-36}$$

式中:h_0 为井中水深,r_0 为井的半径。上式称为完全潜水井的浸润线方程,可用来确定沿井的径向断面上的浸润曲线。

在距井的中心距离 R 处,天然地下水面下降极微,基本上不受井的抽水影响,这一距离 R 称为井的影响半径。当 $r=R$ 时,$z=H$,代入式(8-36),可求出井的出水量 Q 为

$$Q = 1.366 \frac{k(H^2 - h_0^2)}{\lg \frac{R}{r_0}} \tag{8-37}$$

井的影响半径 R 主要与土壤的渗透性能有关。根据经验,细砂 $R=100-200$ m,中砂 $R=250-500$ m,粗砂 $R=700-1\,000$ m。R 也可用经验公式估算,即

$$R = 3\,000 s\sqrt{k} \tag{8-38}$$

式中 $s = H - h_0$,为抽水后井中水面降落深度,s、R 均以 m 计;k 为土壤的渗透系数,以 m/s 计。

由(8-37)可知,由于井的影响半径 R 在对数符号内,对井的流量影响较小;而含水层的厚度 H、渗透系数 k、井中水面的降落深度 s,对井流量影响较大。

例 8-4 在一水平不透水层上有一完全潜水井,井的半径 r_0 为 0.5 m,含水层的厚度 $H=8$ m,渗透系数 $k=0.0015$ m/s,抽水相当长时间后井中水深 h_0 的稳定值为 5 m,求井的出水量。

解:井中水面降落深度 $s=H-h_0=8-5=3$ m。井的影响半径 $R=3\,000 s\sqrt{k}=3\,000\times 3\sqrt{0.0015}=350$(m)。井的半径 $r_0=0.5$ m。将题给数据代入式(8-37)中得

$$Q = 1.366 \frac{0.0015 \times (8^2 - 5^2)}{\lg \frac{350}{0.5}} = 0.028 (\text{m}^3/\text{s})$$

8.7.2 完全自流井

含水层位于两不透水层之间,含水层中的地下水处于承压状态,渗流压强大于大气压,这样的含水层称为承压层或自流层。凿井穿过上面的不透水层,从含水层中取水,这样的井称为自流井或承压井。若井底直达下部不透水层的表面,则为完全自流井。

设一完全自流井如图 8-11 所示。承压层为一水平等厚含水层,厚度为 t。井中水位在没有抽水时升高值为 H,此 H 值即为天然状态下含水层的测压管水头,它大于含水层的厚度,有时甚至高出地面,使水从井中自动流出。经连续抽水一段时间后,井内水位 h_0 及井周围自流层的测压管水头线均达到恒定不变。井四周的测压管水头线将形成一稳定的轴对称的漏斗状曲线,如图 8-11 中的虚线所示。除井壁附近区域外,测压管水头线的曲率很小,可视为恒定渐变渗流。取距井中心轴为 r 的渗流过流断面,该断面面积 $A=2\pi rt$,它与测压管水头 z 无关。由渐变渗流的特性知断面上各点的水力坡度相同,$J=\dfrac{\mathrm{d}z}{\mathrm{d}r}$,

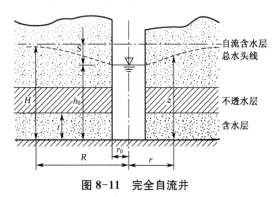

图 8-11 完全自流井

通过该断面的流量为

$$Q = k2\pi rt \frac{\mathrm{d}z}{\mathrm{d}r}$$

将上式分离变量并积分得

$$z = \frac{Q}{2\pi kt}\ln r + C \tag{8-39}$$

式中：C 为积分常数，由边界条件确定。当 $r = r_0$ 时，$z = h_0$，代入上式得 $C = h_0 - \frac{Q}{2\pi kt}\ln r_0$，将 C 值代入式(8-39)得

$$z - h_0 = \frac{Q}{2\pi kt}\ln\frac{r}{r_0}$$

或

$$z - h_0 = 0.37\frac{Q}{kt}\lg\frac{r}{r_0} \tag{8-40}$$

上式为完全自流井的测压管水头曲线方程。

若同样引入井的影响半径 R，令上式中的 $r = R$，$z = H$，就可求出井的出水量 Q，即

$$Q = 2.73\frac{kt(H-h_0)}{\lg\frac{R}{r_0}} = 2.73\frac{kts}{\lg\frac{R}{r_0}} \tag{8-41}$$

式中 $s = H - h_0$，为井中水面降落的深度。井的影响半径 R 值，仍可用经验公式(8-38)估算。

例 8-5 某完全自流井半径 $r_0 = 0.1$ m，含水层的厚度 $t = 5$ m，在距井中心轴线距离为 $r_1 = 10$ m 处钻观测孔。未抽水前，测得地下水深 $H = 12$ m。当抽水量为 10 L/s 时井中水面稳定的降落深度 $s = 2$ m，而此时观测孔中的水位降落深度 $s_1 = 1$ m。求井的影响半径 R。

解：由测压管水头线方程(8-40)可得

$$s = H - h_0 = 0.37\frac{Q}{kt}\lg\frac{R}{r_0} \tag{1}$$

$$s_1 = H - h_1 = 0.37\frac{Q}{kt}\lg\frac{R}{r_1} \tag{2}$$

由(1)、(2)两式联立求解可得

$$\frac{s}{s_1} = \frac{\lg R - \lg r_0}{\lg R - \lg r_1}$$

或

$$\lg R = \frac{s\lg r_1 - s_1\lg r_0}{s - s_1} = \frac{2\times\lg 10 - 1\times\lg 0.1}{2-1} = 3$$

解得：$R = 1\,000$ m。

8.7.3 大口井

大口井是集取浅层地下水的一种井,井的直径较大,一般为 2~10 m,有时甚至超过 10 m。大口井一般是不完全井,其底部进水面积很大,井底出水量是总出水量的一个组成部分。

设有一大口井,井壁四周为不透水层,井底为半球形,紧接下层厚度很大的含水层,供水仅能通过井底,如图 8-12 所示。水由大口井半球形底部渗入,渗流流线沿球面的半径方向。过水断面为与井底半球同心的半球面,面积 $A = 2\pi r^2$,水力坡度 $J = \dfrac{\mathrm{d}z}{\mathrm{d}r}$,所以井的出水量 Q 为

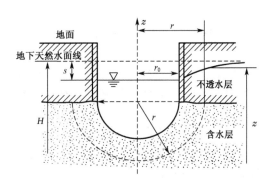

图 8-12 井底为半球形的大口井

$$Q = 2\pi r^2 k \frac{\mathrm{d}z}{\mathrm{d}r}$$

上式分离变量后积分,当 $r = r_0$ 时,$z = H - s$,当 $r = R$ 时,$z = H$,则

$$Q\int_{r_0}^{R}\frac{\mathrm{d}r}{r^2} = 2\pi k \int_{H-s}^{H}\mathrm{d}z$$

可得

$$Q = \frac{2\pi k s}{\dfrac{1}{r_0} - \dfrac{1}{R}}$$

因 $R \gg r_0$,上式可简化为

$$Q = 2\pi k r_0 s \tag{8-42}$$

上式为半球底不完全大口井的出水量公式。式中 s 为大口井抽水稳定后的井中水面降落深度。

对平底不完全大口井,福希海梅认为过流断面是半椭球面。渗流流线是双曲线。其出水量 Q 的计算公式如下:

$$Q = 4 k r_0 s \tag{8-43}$$

在条件许可时,利用实测的 $Q-s$ 关系求出水量。实践证明,当含水层的厚度比井的半径大 8 至 10 倍时,采用式(8-42)较好。

例 8-6 某圆形施工基坑,直径为 10 m,深度为 4 m,基坑上部井壁部分为透水性极小的密实土壤,基坑底部为均质砂土,其渗透系数 $k = 0.001$ m/s。现天然地下水位在地面下 2 m,为了施工方便,需将基坑中水抽出,使底部无水,试求应从基坑中抽排的水量。

解:为了在无水的基坑中施工,地下水位必需降落至基坑底面,即地下水位降深为 $s = 4 - 2 = 2$ m。若基坑底部为平底,则按平底不完全大口井计算式(8-43)得抽水量 Q 为

$$Q = 4 k r_0 s = 4 \times 0.001 \times 5 \times 2 = 0.04 (\mathrm{m^3/s})$$

8.8 井群的水力计算

工程中为了大量汲取地下水,或在基坑开挖时,为了更有效地降低地下水位都常用井群。井群是指多个井同时工作,井间的距离不是很大,每一口井均处于其他井的影响范围之内的多个井的组合。由于各井之间相互影响,渗流区浸润面的形状很复杂。所以井群的计算与单井不同,需应用势流叠加原理来进行。

8.8.1 完全潜水井的井群

如图 8-13 所示,在水平不透水层上有 n 个完全潜水井,在井群影响范围内的某点 A,它距各井的距离分别为 r_1、r_2、r_3、$\cdots$、r_n;各井的半径分别为 r_{01}、r_{02}、r_{03}、$\cdots$、r_{0n};各井单独抽水时,井中水深分别为 h_{01}、h_{02}、h_{03}、$\cdots$、h_{0n};在 A 点处的地下水位分别为 z_1、z_2、z_3、$\cdots$、z_n。由于渗流可以看作有势流,可以证明 z^2 为无压渗流完全潜水井的势函数,由式(8-35)得各井的浸润曲线方程分别为

$$z_1^2 = \frac{Q_1}{\pi k}\ln\frac{r_1}{r_{01}} + h_{01}^2$$

$$z_2^2 = \frac{Q_2}{\pi k}\ln\frac{r_2}{r_{02}} + h_{02}^2$$

$$\cdots$$

$$z_n^2 = \frac{Q_n}{\pi k}\ln\frac{r_n}{r_{0n}} + h_{0n}^2$$

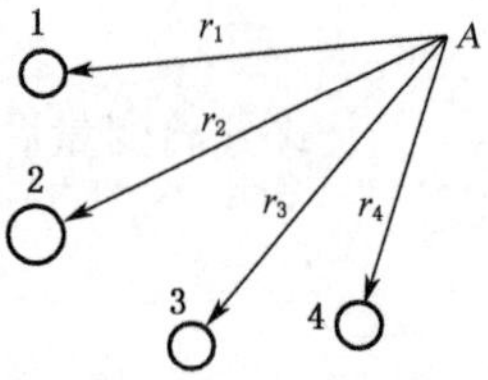

图 8-13 井群

当 n 个井同时抽水时,必形成一公共浸润面,按势流叠加原理,A 点的水位 z 可写为

$$z^2 = \frac{Q_1}{\pi k}\ln\frac{r_1}{r_{01}} + \frac{Q_2}{\pi k}\ln\frac{r_2}{r_{02}} + \cdots + \frac{Q_n}{\pi k}\ln\frac{r_n}{r_{0n}} + C \tag{8-44}$$

式中:C 为某一常数,需由边界条件确定。

若各井的抽水量相等,即

$$Q_1 = Q_2 = Q_3 = \cdots = Q_n = \frac{Q_0}{n} = Q$$

式中:Q_0 为 n 个井的总出水量。设井群影响半径为 R,在影响半径上取一点 A 点,因 A 点离各井很远,可近似地认为 $r_1 = r_2 = r_3 = \cdots = r_n = R$,此时 A 点的水位 $z \approx H$。将这些关系式代入式(8-44),得

$$H^2 = \frac{Q}{\pi k}[n\ln R - \ln(r_{01} \cdot r_{02} \cdot r_{03} \cdot \cdots \cdot r_{0n})] + C$$

所以

$$C = H^2 - \frac{nQ}{\pi k}\left[\ln R - \frac{1}{n}\ln(r_{01} \cdot r_{02} \cdot r_{03} \cdot \cdots \cdot r_{0n})\right]$$

$$= H^2 - \frac{Q_0}{\pi k}\left[\ln R - \frac{1}{n}\ln(r_{01} \cdot r_{02} \cdot r_{03} \cdot \cdots \cdot r_{0n})\right]$$

将上述积分常数 C 值代入式(8-44)得

$$z^2 = H^2 - \frac{Q_0}{\pi k}\left[\ln R - \frac{1}{n}\ln(r_1 \cdot r_2 \cdot r_3 \cdot \cdots \cdot r_n)\right]$$

或

$$z^2 = H^2 - 0.732\frac{Q_0}{k}\left[\lg R - \frac{1}{n}\lg(r_1 \cdot r_2 \cdot r_3 \cdot \cdots \cdot r_n)\right] \tag{8-45}$$

上式为完全潜水井井群的浸润曲线方程。

井群的总出水量 Q_0 为

$$Q_0 = 1.366 \frac{k(H^2 - z^2)}{\lg R - \frac{1}{n}\lg(r_1 \cdot r_2 \cdot r_3 \cdot \cdots \cdot r_n)} \tag{8-46}$$

式中：z 为井群抽水时，含水层浸润面上某点 A 的水位；R 为井群的影响半径，H 为含水层的厚度。井群的影响半径 R 可由抽水试验测定或按下列经验公式计算

$$R = 575s\sqrt{Hk} \tag{8-47}$$

式中：s 为井群中心或形心的水面降深；H 为含水层的厚度；k 为渗透系数。

例 8-7 在一圆形基坑周围布置了六个完全潜水井，如图 8-14 所示。各井距基坑中心点的距离 r 均为 30 m，各井的半径 r_0 均为 0.1 m，含水层的厚度 H 为 9 m，渗透系数 $k = 0.000\ 8$ m/s，井群的影响半径 $R = 500$ m，当各井同时抽水，每个井的出水量为 0.003 m³/s，求基坑中心点的地下水位降深。

解： 已知 $r_1 = r_2 = r_3 = \cdots = r_6 = r = 30$ m，

$$Q_0 = nQ = 6 \times 0.003 = 0.018\ (\text{m}^3/\text{s})$$

代入式(8-45)得

$$z^2 = H^2 - 0.732\frac{Q_0}{k}\left[\lg R - \frac{1}{6}\lg r^6\right]$$

$$= 81 - 0.732\frac{0.018}{0.000\ 8}[\lg 500 - \lg 30]$$

$$= 60.9\ (\text{m}^2)$$

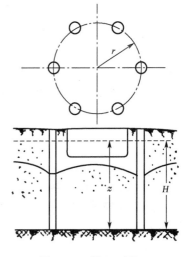

图 8-14 例 8-7 图

$$Z = 7.8\ (\text{m})$$

因此基坑中心点的地下水位降深 $s = H - z = 9 - 7.8 = 1.2\ (\text{m})$

8.8.2 完全自流井的井群

对于含水层为常数 t 的完全自流井井群，用上述潜水井井群的分析方法，即完全自流井的势函数为测压管水头 z，当有 n 个完全自流井组成的井群同时抽水时，按势流叠加原理，

同样可求得井群的浸润线方程为

$$z = H - \frac{Q}{2\pi kt}\left[n\ln R - \ln(r_1 \cdot r_2 \cdot r_3 \cdots r_n)\right] \tag{8-48}$$

或

$$z = H - \frac{0.366Q_0}{kt}\left[\lg R - \frac{1}{n}\lg(r_1 \cdot r_2 \cdot r_3 \cdots r_n)\right] \tag{8-49}$$

井群的总出水量

$$Q_0 = 2.73 \frac{kt(H-z)}{\lg R - \frac{1}{n}\lg(r_1 \cdot r_2 \cdot r_3 \cdots r_n)} \tag{8-50}$$

思考题

8-1 什么叫做渗流？

8-2 水在土壤中的存在形式有哪几种？重力水、孔隙率、均质各向同性土壤的概念是什么？

8-3 何为渗流模型？为什么要引入这一概念？

8-4 何为渗透系数？它的物理意义是什么？怎样确定渗透系数值？

8-5 试比较达西定律与裘布依公式的异同点及应用条件。

8-6 为什么渐变渗流的浸润曲线只有四条？

8-7 地下明渠中的恒定渐变渗流和地面明渠中的恒定渐变流有何异同？

8-8 什么叫完全潜水井、完全自流井和大口井？

8-9 在推导完全潜水井浸润曲线方程时引入了哪些假设？

8-10 井群的渗流需应用什么原理？

习 题

8-1 设在两水箱之间，连接一条水平放置的正方形管道如图所示。管道边长 $a=b=20$ cm，长 $L=1.0$ m。管道的前半部分装满细砂，后半部分装满粗砂，细砂和粗砂的渗透系数分别为 $k_1=0.002$ cm/s，$k_2=0.05$ cm/s。两水箱中的水深分别为 $H_1=80$ cm，$H_2=40$ cm。试计算管中的渗透流量。

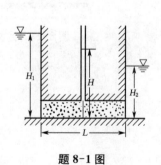

题 8-1 图

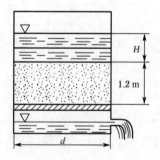

题 8-2 图

8-2 柱形滤水器如图所示，已知直径 d 为 1.2 m，土样高 $h=1.2$ m，渗透系数 $k=0.01$ cm/s，试求 (1) 当土样上部水深 $H=0.6$ m 时的渗流流量 Q；(2) 当渗流流量 Q' 为 2.5×10^{-4} m³/s 时，土样底部的真空值 h_v。

8-3 某水平、不透水层上的渗流层,宽 800 m,渗流系数为 0.000 3 m/s,在沿渗流方向相距 1 000 m 的两个观测井中,分别测得水深为 8 m 及 6 m,求渗流流量 Q。

8-4 如图所示不透水层上的排水廊道,已知廊道长度为 100 m,廊道水深 $h=2$ m,含水层中水深 $H=4$ m,土壤的渗透系数 $k=0.001$ cm/s,廊道的影响半径 $R=140$ m,试求(1)廊道的排水流量 Q;(2)距廊道 100 m 处 C 点的地下水深。

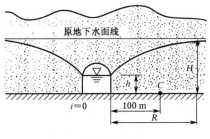

题 8-4 图

8-5 有一水平不透水层上的完全普通井,井的直径为 0.4 m,含水层的厚度 $H=10$ m,渗透系数 $k=0.000\ 6$ m/s,抽水相当长时间后井中水深 h_0 的稳定值为 6 m,求井的出水量 Q 及浸润曲线。

8-6 抽水试验确定某完全自流井的影响半径 R,在距井中心轴线距离为 $r_1=15$ m 处钻一观测孔。当自流井抽水后,井中水面稳定的降落深度 $s=3$ m,而此时观测孔中的水位降落深度 $s_1=1$ m。设承压含水层的厚度 $t=6$ m,井的直径 $d=0.2$ m。求井的影响半径 R。

8-7 为降低基坑中的地下水位,在长方形基坑的周围布置完全井群,在长 $l=60$ m,宽 $b=40$ m 的长方形周线上布置半径均为 $r_0=0.1$ m 的八个钻井(完全潜水井)所组成的井群,如图所示,潜水含水层的厚度 $H=10$ m,土壤渗透系数 $k=0.1$ cm/s,井群的影响半径 R 为 500 m。各井的抽水量相同,总抽水量 $Q=2.0\times10^{-2}$ m³/s,试求基坑中心点 A 的地下水位降深 s。

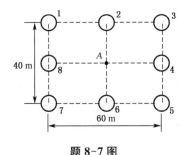

题 8-7 图   题 8-8 图

8-8 往直径 $d=20$ cm 的完全潜水井中注水,如图所示。注水量 $Q=0.2\times10^{-3}$ m³/s,注水时井中水深不变,即 $h_0=5$ m,含水层厚度 $H=3.5$ m,影响半径 $R=150$ m,试求土壤的渗透系数 k。

8-9 完全自流井,井的半径 $r_0=200$ mm,天然状态承压含水层的测压管水头 $H=13$ m,其厚度 $t=6$ m,土壤的渗透系数为 $k=3.2\times10^{-4}$ m/s,抽水稳定后井中水深 $h_0=10.5$ m,影响半径 $R=280$ m,求井的抽水流量 Q。

第 9 章 量纲分析和相似原理

在本章以前讲述的是应用水力学基本理论和计算公式来求解水力学问题。这些公式有理论的、有经验的(实验的)、还有半经验半理论的。这些水力学问题,只有一些比较简单的才可以求解,求解结果还需与观察和实验资料进行比较,以确定解的准确度和适用范围。但对于许多液体运动问题,采用理论分析方法仍有困难。对一些复杂的流动,甚至连数学表达式也难于导出,因而需要运用其他方法和原理。量纲分析和相似原理是实验和分析的理论基础,为科学地组织和设计实验、选择实验参数、整理实验成果提供了理论指导。另外,对于复杂的流动问题,量纲分析和相似原理还可以帮助寻求物理量之间的关系,建立关系式。

9.1 量纲分析

9.1.1 量纲和单位

在水力学中,通常用长度、时间、质量、密度、速度、加速度、压强等各种物理量来描述液体运动现象及运动规律,这些物理量都可按其性质不同而加以分类。表征各种物理量性质和类别的标志称为物理量的量纲(或称因次)。例如长度、时间和质量就是三种性质完全不同的物理量,因而具有三种不同的量纲,可分别用 L、T、M 来表示。

度量物理属性而规定的量度标准,称为单位。如长度的单位可分别用米、厘米等不同的单位来度量。由于所选的单位不同,同一长度的线段(如 1 m)可用不同的数值(例如 1 m、100 cm)来表示。虽然数值的大小是随单位选择的不同而不同,但是,它们的量纲都是一样的,都是长度的量纲。采用 $\dim L$ 代表长度 L 的量纲,同理,质量 M 的量纲为 $\dim M$ 和时间 T 的量纲为 $\dim T$。

量纲分基本量纲和导出量纲。基本量纲必须具有独立性,不能从其他量纲推导出来,即不依赖于其他量纲,它们是彼此独立的、不能相互表达的量纲。导出量纲是由基本量纲推导出的其他物理量的量纲。对于水力学问题,通常采用国际单位制,则普遍采用长度的量纲 L、质量的量纲 M 和时间的量纲 T 作为基本量纲,其他物理量的量纲均可由这三个基本量纲导出。如 χ 为任一导出量纲的物理量,其量纲可用下式表示:

$$\dim\chi = L^a T^b M^c \tag{9-1}$$

上式称为量纲公式,式中 $\dim\chi$ 代表物理量 χ 的量纲,物理量 χ 的性质由量纲指数 a、b、c 来表示;如 a、b、c 有一个不为零,则 χ 为有量纲的量。当 $a \neq 0$, $b = 0$, $c = 0$ 时,χ 为一几何学的量,如长度 L,面积 A,体积 V;当 $a \neq 0$, $b \neq 0$, $c = 0$ 时,χ 为一运动学的量,如速度 v,

加速度 a，流量 Q 等；当 $a\neq 0, b\neq 0, c\neq 0$ 时，χ 为一动力学的量，如力 F，切应力 τ。水力学中常用物理量的量纲和单位，如表 9-1 所示。

表 9-1 水力学中常用的量纲和单位

物理量			量纲[LTM]	单位(SI 制)
几何学的量	长度	L	L	m
	面积	A	L^2	m²
	体积	V	L^3	m³
	水头	H	L	m
	面积矩	I	L^4	m⁴
运动学的量	时间	t	T	s
	流速	v	LT^{-1}	m/s
	加速度	a	LT^{-2}	m/s²
	角速度	ω	T^{-1}	rad/s
	流量	Q	L^3T^{-1}	m³/s
	单宽流量	q	L^2T^{-1}	m²/s
	环量	Γ	L^2T^{-1}	m²/s
	流函数	φ	L^2T^{-1}	m²/s
	速度势	ϕ	L^2T^{-1}	m²/s
	运动粘度	ν	L^2T^{-1}	m²/s
动力学的量	质量	m	M	kg
	力	F	MLT^{-2}	N
	密度	ρ	ML^{-3}	kg/m³
	动力粘度	μ	$ML^{-1}T^{-1}$	Pa·s
	压强	p	$ML^{-1}T^{-2}$	Pa
	切应力	τ	$ML^{-1}T^{-2}$	Pa
	弹性模量	E	$ML^{-1}T^{-2}$	Pa
	表面张力	σ	MT^{-2}	N/m
	动量	K	MLT^{-1}	kg·m/s
	功、能	W	ML^2T^{-2}	J=N·m
	功率	N	ML^2T^{-3}	W

虽然人们可以根据方便来选择基本量纲，但应当注意的是：第一，它们必须是相互独立的量纲，即其中任一量纲都不可能由其余两个量纲诱导出。第二，对于力学过程而言，这三个基本量纲所代表的物理量，必须是一个几何量，一个运动量，一个动力学的量。因为只有这样才可能诱导出其他物理量的量纲来。

若式(9-1)中的 $a=b=c=0$，即

$$\dim\chi = L^0T^0M^0 = 1 \tag{9-2}$$

则上式中的 χ 称量纲一的量(数)，也称纯数。量纲一的量(数)可以由同类量的比值组

成,如水力坡度 $J = \dfrac{h_\text{f}}{l}$,其量纲 $\dim J = \dfrac{L}{L} = 1$;也可用几个有量纲的量乘除组合而成,如雷诺数 $Re = \dfrac{vd}{\nu}$,其量纲 $\dim Re = \dfrac{LT^{-1}L}{L^2 T^{-1}} = 1$。

9.1.2 量纲和谐原理

在每一个具体的液体流动中,与之相联系的各物理量之间存在着一定的关系且可用物理方程式来表示。凡是正确反映客观规律的物理方程式,其各项的量纲都必须是一致的,即只有方程式两边的量纲相同,方程式才能成立,这就是量纲和谐原理。量纲和谐原理可用来检验新建方程或经验公式的正确性和完整性。如理想液体的伯努利方程 $z_1 + \dfrac{p_1}{\rho g} + \dfrac{u_1^2}{2g} = z_2 + \dfrac{p_2}{\rho g} + \dfrac{u_2^2}{2g}$,每一项的量纲都是 L,因而是量纲和谐的。

量纲和谐原理说明一个正确、完整的物理方程式中,各物理量量纲之间的关系是确定的,利用物理量量纲之间的这一规律,探求物理现象函数关系,建立表征一个物理过程的新的方程称为量纲分析法。量纲分析法有两种,一种适用于比较简单的问题,称瑞利(Rayleigh)法;另一种具有普遍性的方法,称 π 定理或布金汉(Buckingham)定理。

9.1.3 瑞利法

如果一个物理现象涉及的物理量为 y、x_1、x_2、$\cdots$、x_n 等因素(包括变量和有量纲的常数),它们之间的函数关系一般可表现为

$$y = f(x_1, x_2, \cdots, x_n) \tag{9-3}$$

由于所有物理量的量纲只能由基本量纲的积和商导出,而不能相加减,因此,上式可写成指数乘积的形式,即

$$y = k x_1^{\alpha_1} x_2^{\alpha_2} \cdots x_n^{\alpha_n} \tag{9-4}$$

式中 k 为量纲一的系数,由实验确定,α_1、α_2、$\cdots$、α_n 为待定的指数。由量纲和谐原理,得

$$\dim y = k \cdot (\dim x_1)^{\alpha_1} (\dim x_2)^{\alpha_2} \cdots (\dim x_n)^{\alpha_n}$$

各影响因素的量纲分别为

$$\dim y = L^a T^b M^c$$
$$\dim x_i = L^{a_i} T^{b_i} M^{c_i} \ (i = 1, 2, \cdots, n)$$

由量纲和谐原理可知,各影响因素的指数 α_i 必须满足下列方程组,即

$$\left. \begin{array}{r} a_1 \alpha_1 + a_2 \alpha_2 + \cdots + a_n \alpha_n = a \\ b_1 \alpha_1 + b_2 \alpha_2 + \cdots + b_n \alpha_n = b \\ c_1 \alpha_1 + c_2 \alpha_2 + \cdots + c_n \alpha_n = c \end{array} \right\} \tag{9-5}$$

上式即为量纲和谐方程组。上式中 n 个指数有三个代数方程,只有三个指数是独立的,其余 $n-3$ 个指数需要独立的指数来表示。解式(9-5)即可得指数 α_1、α_2、$\cdots$、α_n 的数值和方

程式(9-4)的具体形式。这种方法为瑞利首先建立，所以称瑞利法。下面举例说明应用瑞利法来建立物理方程的步骤。

例 9-1 已知作用在圆周运动物体上的离心力 F 与物体的质量 m、速度 v 和圆周半径 R 有关，试用瑞利法给出离心力的表达式。

解：(1) 根据已知条件，可得下列函数关系
$$F = f(m, v, R)$$

(2) 写成指数乘积式
$$F = k m^{a_1} v^{a_2} R^{a_3}$$

(3) 写出量纲表达式
$$\mathrm{dim} F = \mathrm{dim}(m^{a_1} v^{a_2} R^{a_3})$$

(4) 选 L、T、M 作为基本量纲，表示各物理量的量纲
$$LT^{-2}M = M^{a_1}(LT^{-1})^{a_2} L^{a_3}$$

(5) 由量纲和谐原理求各量纲指数

L：$\quad 1 = a_2 + a_3$

T：$\quad -2 = -a_2$

M：$\quad 1 = a_1$

解得 $a_1 = 1$，$a_2 = 2$，$a_3 = -1$。

(6) 代入指数形式，得
$$F = kmv^2/R$$

k 为由实验确定的系数。

例 9-2 不可压缩粘性流体在粗糙管内作恒定流动时，沿管道的压强差 Δp 与管道长度 l、内径 d、绝对粗糙度 ε、平均流速 v、流体的密度 ρ、动力粘度 μ 有关。试用瑞利法导出压强差的表达式。

解：按照瑞利法可以写出：
$$\Delta p = k l^{a_1} d^{a_2} \varepsilon^{a_3} v^{a_4} \rho^{a_5} \mu^{a_6} \tag{1}$$

如果用基本量纲表示方程中的各物理量，则有
$$ML^{-1}T^{-2} = L^{a_1} L^{a_2} L^{a_3} (LT^{-1})^{a_4} (ML^{-3})^{a_5} (ML^{-1}T^{-1})^{a_6}$$

根据物理方程量纲一致性原则，由等式两端基本量纲 L、T、M 的指数可得

$$-1 = a_1 + a_2 + a_3 + a_4 - 3a_5 - a_6$$
$$-2 = -a_4 - a_6$$
$$1 = a_5 + a_6$$

六个指数有三个代数方程，只有三个指数是独立的、待定的。例如取 a_1、a_3 和 a_6 为待定指

数,则联立求解三个代数方程,可得

$$a_4 = 2 - a_6$$
$$a_5 = 1 - a_6$$
$$a_2 = -a_1 - a_3 - a_6$$

代入式(1),可得

$$\Delta p = k \left(\frac{l}{d}\right)^{a_1} \left(\frac{\varepsilon}{d}\right)^{a_3} \left(\frac{\mu}{\rho v d}\right)^{a_6} \rho v^2 \tag{2}$$

由于沿管道的压强差是随管长线性增加的,故 $a_1=1$,式(2)右侧第一个无量纲为管道的长径比,第二个无量纲为相对粗糙度,第三个无量纲为相似准则数 $1/Re$。于是可将式(2)写成

$$\Delta p = f\left(Re, \frac{\varepsilon}{d}\right) \frac{l}{d} \frac{\rho v^2}{2} \tag{3}$$

令 $\lambda = f\left(Re, \frac{\varepsilon}{d}\right)$,称沿程损失系数,由实验确定,则式(3)变成

$$\Delta p = \lambda \frac{l}{d} \frac{\rho v^2}{2}$$

这是压强差的表达式。令 $h_f = \Delta p/(\rho g)$,则管道流动中单位重量流体沿程能量损失的表达式为

$$h_f = \lambda \frac{l}{d} \frac{v^2}{2g}$$

这就是著名的达西—魏斯巴赫(Darcy-Weisbach)公式。

由以上例题的分析可以看出,对于变量较少的简单流动问题,用瑞利法可以方便地直接求出结果;对于变量较多的复杂流动问题,比如说有 n 个变量,由于按照基本量纲只能列出三个代数方程,只有三个指数是独立的、待定的,这样便出现了待定指数的选取问题,这是瑞利法的一个缺点。下面将要讨论的 π 定理便没有这方面的缺点,它是改进了的量纲分析法。

9.1.4 π 定理

如果一个物理过程涉及 n 个物理量,即 $f(x_1, x_2, \cdots x_n) = 0$,其中可选出 m 个基本量,则这个物理过程可以用由 n 个物理量组成的 $(n-m)$ 个无量纲(或称量纲一)的数所表示的函数关系 $F(\pi_1, \pi_2, \cdots, \pi_{n-m}) = 0$ 来描述,这些无量纲的数用 $\pi_i (i=1, 2, \cdots, n-m)$ 来表示,此定理称为 π 定理。它由布金汉首先(Buckingham)提出,所以又称布金汉定理。

π 定理中所述的基本量,是指量纲独立的,不能相互导出的物理量。

现介绍 π 定理应用的步骤:

(1) 根据对所研究的对象的认识,确定影响这个现象的 n 个物理量,写出函数关系式 $f(x_1, x_2, \cdots, x_n) = 0$ 表示。

(2) 确定基本量。从 n 个物理量中选取 m 个基本物理量,m 一般为 3。要求这三个基本物理量在量纲上是独立的,即其中任何一个物理量的量纲不能从其他两个物理量的量纲中诱导出来。或者说它们不能组合成一个量纲一的量。设所选的物理量为 x_1、x_2 和 x_3,将

它们用式(9-1)表示,即

$$\left.\begin{aligned} \dim x_1 &= L^{a_1} T^{b_1} M^{c_1} \\ \dim x_2 &= L^{a_2} T^{b_2} M^{c_2} \\ \dim x_3 &= L^{a_3} T^{b_3} M^{c_3} \end{aligned}\right\} \quad (9\text{-}6)$$

为使 x_1、x_2、x_3 互相独立、不能组合成量纲一的量,就要使它们的指数乘积不能为零,也就是要求(9-6)中的指数行列式不等于零,即

$$\begin{vmatrix} a_1 & b_1 & c_1 \\ a_2 & b_2 & c_2 \\ a_3 & b_3 & c_3 \end{vmatrix} \neq 0 \quad (9\text{-}7)$$

实践中常分别选用几何学的量(管径 d,水头 H 等)、运动学的量(速度 v,加速度 g 等)和动力学的量(密度 ρ,动力粘度 μ 等)各一个,作为相互独立的变量。

(3) 从三个基本物理量以外的物理量中,每次轮取一个,连同所选的三个基本物理量组成一个无量纲的 π 项:

$$\left.\begin{aligned} \pi_1 &= x_1^{\alpha_1} x_2^{\beta_1} x_3^{\gamma_1} x_4 \\ \pi_2 &= x_1^{\alpha_2} x_2^{\beta_2} x_3^{\gamma_2} x_5 \\ &\cdots \\ \pi_{n-m} &= x_1^{\alpha_{n-m}} x_2^{\beta_{n-m}} x_3^{\gamma_{n-m}} x_n \end{aligned}\right\} \quad (9\text{-}8)$$

式中:α_i、β_i、γ_i $(i=1,2,\cdots,n-m)$ 是各 π 项的待定指数。

(4) 由于每个 π 项是无量纲数,可得 $\dim \pi = L^0 T^0 M^0$。通过量纲和谐原理,可以求出式(9-8)中的指数 α_i、β_i、γ_i,从而确定各无量纲数 π。

(5) 写出描述现象的关系式 $F(\pi_1, \pi_2, \cdots, \pi_{n-m}) = 0$。

例 9-3 由实验及观测分析得知,污染物(瞬时点源)在静止流体中的扩散浓度 c 与污染物的质量 m,距投放点的半径 r,扩散时间 t,扩散系数 D 有关。使用 π 定理分析污染物扩散浓度 c 与各有关参变量的关系。

解:(1) 根据已知条件,可得下列函数关系

$$f(c, m, r, t, D) = 0$$

(2) 选几何学的量 r,运动学的量 t,动力学的量 m,作为相互独立的物理量。其指数行列式 $\Delta = \begin{vmatrix} 1 & 0 & 0 \\ 0 & 1 & 0 \\ 0 & 0 & 1 \end{vmatrix} = 1 \neq 0$。

(3) π 项有 $n-m=5-3=2$,即有两个 π 项。

$$\pi_1 = r^{\alpha_1} t^{\beta_1} m^{\gamma_1} c$$
$$\pi_2 = r^{\alpha_2} t^{\beta_2} m^{\gamma_2} D$$

(4) 据量纲和谐原理,各 π 项的指数分别确定如下。

对 π_1,其量纲公式为

$$L^0 T^0 M^0 = L^{\alpha_1} T^{\beta_1} M^{\gamma_1} ML^{-3}$$

$$\left.\begin{array}{ll} L: & 0 = \alpha_1 - 3 \\ T: & 0 = \beta_1 \\ M: & 0 = \gamma_1 + 1 \end{array}\right\}$$

联立解上述方程组,可得 $\alpha_1 = 3, \beta_1 = 0, \gamma_1 = -1$,则可得

$$\pi_1 = \frac{cr^3}{m}$$

对 π_2,其量纲公式为

$$L^0 T^0 M^0 = L^{\alpha_2} T^{\beta_2} M^{\gamma_2} L^2 T^{-1}$$

$$\left.\begin{array}{ll} L: & 0 = \alpha_2 + 2 \\ T: & 0 = \beta_2 - 1 \\ M: & 0 = \gamma_2 \end{array}\right\}$$

联立解上述方程组,可得 $\alpha_2 = -2, \beta_2 = 1, \gamma_2 = 0$,则可得

$$\pi_2 = \frac{Dt}{r^2}$$

(5) 写出量纲一的量的方程

$$F(\pi_1, \pi_2) = 0$$

即

$$F\left(\frac{cr^3}{m}, \frac{Dt}{r^2}\right) = 0$$

或

$$\frac{cr^3}{m} = F_1\left(\frac{Dt}{r^2}\right) = f\left(\frac{r^2}{4Dt}\right)$$

由上式可得污染物扩散浓度为

$$c = \frac{m}{r^3} f\left(\frac{r^2}{4Dt}\right)$$

由 $\pi_2 = \dfrac{Dt}{r^2}$

可知距离 r 亦可写成 $r = k\sqrt{Dt}$,式中 k 为量纲一的系数。将此值代入上式得浓度公式为

$$c = \frac{m}{k^3 (Dt)^{3/2}} f\left(\frac{r^2}{4Dt}\right)$$

例 9-4 作用在潜体上的阻力 F_D,取决于潜体的截面积 A、长度 l、速度 v 和海水密度 ρ_s 及粘滞度 μ_s。试用 π 定理法定出阻力方程的形式。

解:根据所依赖的定量,写出函数形式,

$$f(F_D, A, l, v, \rho_s, \mu_s) = 0$$

这里有 6 个变量($n=6$),其中包含 3 个基本量($m=3$),有 $n-m=3$ 个 π 数,选择 l、v、ρ_s 作为基本变量,则 3 个 π 数分别为

$$\pi_1 = l^{a_1} v^{b_1} \rho_s^{c_1} F_D$$
$$\pi_2 = l^{a_2} v^{b_2} \rho_s^{c_2} A$$
$$\pi_3 = l^{a_3} v^{b_3} \rho_s^{c_3} \mu_s$$

计算各 π 项的量纲指数:对于 π_1

$$M^0 L^0 T^0 = (MLT^{-2})^1 (L)^{a_1} (LT^{-1})^{b_1} (ML^{-3})^{c_1}$$

M:　　　　$0 = 1 + c_1$

T:　　　　$0 = -2 - b_1$

L:　　　　$0 = 1 + a_1 + b_1 - 3c_1$

解得 $c_1 = -1$, $b_1 = -2$, $a_1 = -2$。故 π_1 为

$$\pi_1 = \frac{F_D}{\rho_s v^2 l^2}$$

同理可得:

$$\pi_2 = \frac{A}{l^2}$$

$$\pi_3 = \frac{v l \rho_s}{\mu_s}$$

最后写成函数形式:

$$\frac{F_D}{\rho_s v^2 l^2} = \phi\left(\frac{l^2}{A}, \frac{v l \rho_s}{\mu_s}\right)$$

如果令 $\phi\left(\dfrac{l^2}{A}, \dfrac{v l \rho_s}{\mu_s}\right) = C_D$(阻力系数),则

$$F_D = C_D l^2 \rho_s v^2$$

应用量纲分析法去探索流动规律时,还要注意以下几点:

(1) 必须知道流动过程所包含的全部物理量,不应缺少其中的任何一个,否则,会得到不全面的甚至是错误的结果。

(2) 在表征流动过程的函数关系式中存在无量纲常数时,量纲分析法不能给出它们的具体数值,只能由试验来确定。

(3) 量纲分析法不能区别量纲相同而意义不同的物理量。例如,流函数 ψ、速度势 φ、速度环量 Γ 与运动粘度 ν 等。遇到这类问题时,应加倍小心。

9.2　流动相似原理

实际工程中的液体流动现象常常是非常复杂的,不可能仅用理论分析就能解决所有的

问题,还必须借助实验的手段来揭示液体运动的内在规律和解决实际工程问题。例如,许多大型的重要水利工程,如坝、水电站的进水口等,也都需要先进行模型实验,然后再进行具体的设计。模型实验方法,是研究液体运动的重要手段之一。在通常的水力学问题中,模型实验通常是在比原型小的模型(有时模型也可比原型大)上进行的。为了能用模型实验的结果去预测原型流将要发生的情况,必须使模型流动与原型流动满足力学相似条件,所谓力学相似包括表征流场几何形状的几何相似,表征流场运动状态的运动相似和表征流场作用力的动力相似和边界条件、初始条件相似几个方面。在讨论过程中,原型中的物理标以下标 p,模型中的物理量标以下标 m。

9.2.1 几何相似

几何相似是指原型与模型两个流场的几何形状相似,即原型中的任何长度尺寸和模型中的相对应的长度尺寸的比值处处相等,对应角也相等,则

$$\lambda_l = \frac{l_p}{l_m} \quad \theta_p = \theta_m \tag{9-9}$$

式中:l_p 为原型的任一部位的长度;l_m 为模型相应部位的长度;λ_l 为长度比尺;θ_p 和 θ_m 为分别为原型和模型的对应角度。

由此可推得相应的面积比尺 λ_A 和体积比尺 λ_V

$$\lambda_A = \frac{A_p}{A_m} = \lambda_l^2 \tag{9-10}$$

$$\lambda_V = \frac{V_p}{V_m} = \lambda_l^3 \tag{9-11}$$

可以看出,几何相似是通过长度比尺 λ_l 来表达的。只要任何相应长度都维持固定的比尺关系 λ_l,就保证了两个流动的几何相似。

λ_l 一般按照实验场地与实验要求的不同而取值不同,通常水工模型实验采用的长度比尺 λ_l 在 10~100 之间。长、宽、高三个方向的长度比尺均一致的模型称正态模型。但是对于天然河道流动,天然河道的长度一般要比宽度和深度大得多,如果按同一比尺缩制模型,可能造成深度太小,从而改变了模型中的流动性质。为此,就要分别采用不同的长度比尺、宽度比尺和高度比尺。这种比尺不一样的模型称变态模型。本书只介绍正态模型的情况。

9.2.2 运动相似

运动相似是指原型和模型两个流场对应点上的运动相似,它是以几何相似为基础的。在这个相似中,同名的运动学的量成比例,方向相同,主要是指两个流动的流速场和加速度场相似,对应质点的运动轨迹也达成几何相似,而且流过对应线段的时间也成比例;另外,各对应点上各物理量的比与各对应截面上物理量的平均值的比是相等的。所以时间比尺、流速比尺、加速度比尺可分别表示为

$$\lambda_t = \frac{t_p}{t_m} \tag{9-12}$$

$$\lambda_u = \frac{u_p}{u_m} = \lambda_v = \frac{v_p}{v_m} = \frac{\lambda_l}{\lambda_t} \tag{9-13}$$

$$\lambda_a = \frac{a_p}{a_m} = \frac{l_p/t_p^2}{l_m/t_m^2} = \frac{\lambda_l}{\lambda_t^2} \tag{9-14}$$

式中：t_p 为原型某一点上质点运动某一位移所需的时间，t_m 为模型对应点上质点运动对应位移所需的时间，λ_t 为时间比尺；v_p 为原型某断面的平均流速，v_m 为模型对应断面的平均流速，λ_v 为平均流速比尺；a_p 为原型某点的加速度，a_m 为模型对应点的加速度，λ_a 为加速度比尺。

作为加速度的特例，我们举出重力加速度 g，其比尺为

$$\lambda_g = \frac{g_p}{g_m}$$

如果原型流与模型流均在同一星球的同一经、纬度上，则 $\lambda_g = 1$。在实际工作中，这就减少了我们对模型比尺的选择范围。

9.2.3 动力相似

动力相似是指原型与模型两个流场的对应点上同名的动力学的量成比例，方向相同。主要是指力场几何相似，即力的矢量图成几何相似。如果 F_p 为原型某点上的作用力，F_m 为模型对应点上的作用力，力比尺 λ_F 为

$$\lambda_F = \frac{F_p}{F_m} \tag{9-15}$$

密度比尺、动力粘度比尺也可以分别表示为

$$\lambda_\rho = \frac{\rho_p}{\rho_m} \tag{9-16}$$

$$\lambda_\mu = \frac{\mu_p}{\mu_m} \tag{9-17}$$

动力相似要求作用在任何对应点上的各种同样性质的力（称同名力，包括合力在内）的大小都维持固定的比例关系，对于重力 $\vec{G}$、粘滞力 $\vec{T}$、压力 $\vec{P}$、弹性力 $\vec{F_E}$、表面张力 $\vec{S}$ 以及设想在该液体质点上加一惯性力 $\vec{I} = m\vec{a}$ 有

$$\lambda_F = \frac{F_p}{F_m} = \frac{G_p}{G_m} = \frac{T_p}{T_m} = \frac{P_p}{P_m} = \frac{F_{Ep}}{F_{Em}} = \frac{S_p}{S_m} = \frac{I_p}{I_m} = \frac{m_p a_p}{m_m a_m} \tag{9-18}$$

根据牛顿第二定律，两个流动动力相似要求

$$\frac{F_p}{F_m} = \frac{I_p}{I_m} = \frac{m_p a_p}{m_m a_m} \tag{9-19}$$

9.2.4 初始条件和边界条件相似

初始条件和边界条件相似是保证相似的充分条件，即要保证相似就是使两流动的初始

条件和边界条件满足相似。

对于运动要素随时间而变化的非恒定流,要给出初始条件,对于恒定流,则不存在此条件。

边界条件同样是影响流动过程的重要因素,要使两个流动力学相似,则应使其对应的边界的性质相同,几何尺度成比例。如原型中是固体壁面,则模型中对应部分也应是固体壁面,原型中是自由液面,则模型中对应的部分也应是自由液面。两个流动对应的边界的粗糙度也要尽可能做到几何相似。

9.2.5 牛顿一般相似原理

设作用在液体上的外力合力为 F,使液体产生的加速度为 a,液体质量为 m,根据牛顿第二定律 $F=ma$,力的比尺 λ_F 可表示为

$$\lambda_F = \frac{F_p}{F_m} = \frac{m_p a_p}{m_m a_m} = \frac{\rho_p l_p^3 l_p/t_p^2}{\rho_m l_m^3 l_m/t_m^2} = \frac{\rho_p l_p^2 v_p^2}{\rho_m l_m^2 v_m^2}$$

或

$$\lambda_F = \frac{F_p}{F_m} = \frac{\rho_p l_p^2 v_p^2}{\rho_m l_m^2 v_m^2} \tag{9-20}$$

也可以写成

$$\frac{F_p}{\rho_p l_p^2 v_p^2} = \frac{F_m}{\rho_m l_m^2 v_m^2} \tag{9-21}$$

式中 $\dfrac{F}{\rho l^2 v^2}$ 为量纲一的数,称牛顿数,以 Ne 表示,即

$$\frac{F}{\rho l^2 v^2} = Ne \tag{9-22}$$

式(9-21)用牛顿数可表示为

$$(Ne)_p = (Ne)_m \tag{9-23}$$

上式表明,两个流动的动力相似,牛顿数应相等,这是流动相似的重要判据,称牛顿一般相似原理。

如以比尺形式表示式(9-21),则

$$\frac{\lambda_F}{\lambda_\rho \lambda_l^2 \lambda_v^2} = \frac{\lambda_F \lambda_l/\lambda_v}{\lambda_\rho \lambda_l^3 \lambda_v} = \frac{\lambda_F \lambda_t}{\lambda_m \lambda_v} = 1 \tag{9-24}$$

式中 $\dfrac{\lambda_F \lambda_t}{\lambda_m \lambda_v}$ 称相似判据,对动力相似的现象,其相似判据为 1,或相似流动的牛顿数必相等。在相似原理中,两个动力相似的流动中的量纲一的数,如牛顿数,称相似准数;动力相似条件(相似准数相等)称相似准则,作为判断流动是否相似的根据。所以牛顿一般相似原理又称为牛顿相似准则。

9.3 相似准则

在动力相似中,要使作用在原型和模型上的所有同种力都满足相似是不现实的,对某一具体流动来说,其中占主导地位的力往往只有一种,因此,抓住主要矛盾,在模型实验中只要满足这种力的相似条件即可。但不论是何种性质的力相似,它们都要服从牛顿相似准则。若只考虑一种力的动力相似条件,就可得到相应的某一动力相似准则。下面分别介绍只考虑一种主要作用力的相似准则。

9.3.1 重力相似准则

若作用在液体上的力主要为重力,则由式(9-20)得

$$\lambda_F = \frac{G_p}{G_m} = \frac{\rho_p l_p^3 g_p}{\rho_m l_m^3 g_m} = \frac{\rho_p l_p^2 v_p^2}{\rho_m l_m^2 v_m^2}$$

化简上式可得,

$$\frac{v_p^2}{v_m^2} = \frac{g_p l_p}{g_m l_m}$$

或

$$\frac{v_p^2}{g_p l_p} = \frac{v_m^2}{g_m l_m}$$

开方后得

$$\frac{v_p}{\sqrt{g_p l_p}} = \frac{v_m}{\sqrt{g_m l_m}} \tag{9-25}$$

式中 $\frac{v}{\sqrt{gl}}$ 为量纲一的数,称弗劳德数,以 Fr 表示,即

$$Fr = \frac{v}{\sqrt{gl}} \tag{9-26}$$

因此,式(9-25)可以表示为

$$(Fr)_p = (Fr)_m \tag{9-27}$$

上式说明,若作用在液体上的力以重力为主,两个流动动力相似,它们的弗劳德数应相等;反之亦然。这就是重力相似准则或称弗劳德相似准则。

将式(9-25)写成比尺的形式可得

$$\frac{\lambda_v^2}{\lambda_g \lambda_l} = 1 \tag{9-28}$$

若以 $F = G = \rho l^3 g$ 代入式(9-21)的左端,可看出惯性力与重力之比为

$$\sqrt{\frac{\rho l^2 v^2}{\rho l^3 g}} = \frac{v}{\sqrt{gl}} = Fr$$

由上式可见,弗劳德数为惯性力与重力的比值。

要做到流动的重力相似,原型与模型之间各物理量的比尺不能任意选择,必须遵循弗劳

德相似准则。现将重力作用时各种物理量的比尺与模型比尺的关系推导如下：

1) 流速比尺　因 $g_p = g_m$，故

$$\lambda_v = \frac{v_p}{v_m} = \sqrt{\frac{l_p}{l_m}} = \lambda_l^{0.5} \tag{9-29}$$

2) 流量比尺

$$\lambda_Q = \frac{Q_p}{Q_m} = \frac{A_p v_p}{A_m v_m} = \lambda_A \lambda_v = \lambda_l^2 \lambda_l^{0.5} = \lambda_l^{2.5} \tag{9-30}$$

3) 时间比尺　设 λ_V 为体积比尺，因 $Q = V/t$，故

$$\lambda_t = \frac{\lambda_V}{\lambda_Q} = \frac{\lambda_l^3}{\lambda_l^{2.5}} = \lambda_l^{0.5} \tag{9-31}$$

4) 力的比尺

$$\lambda_F = \frac{m_p a_p}{m_m a_m} = \frac{\rho_p l_p^3 l_p / t_p^2}{\rho_m l_m^3 l_m / t_m^2} = \frac{\rho_p l_p^2 v_p^2}{\rho_m l_m^2 v_m^2} = \lambda_\rho \lambda_l^3$$

若模型与原型液体相同，$\lambda_\rho = 1$，则

$$\lambda_F = \lambda_l^3 \tag{9-32}$$

5) 压强比尺

$$\lambda_p = \frac{\lambda_F}{\lambda_A} = \frac{\lambda_\rho \lambda_l^3}{\lambda_l^2} = \lambda_\rho \lambda_l$$

当取 $\lambda_\rho = 1$ 时，则

$$\lambda_p = \lambda_l \tag{9-33}$$

9.3.2　粘滞力相似准则

若作用在液体上的力主要为粘滞力时，例如在层流区，由牛顿内摩擦定律得粘性表达式 $T = \mu A \dfrac{\mathrm{d}u}{\mathrm{d}y}$。则由式(9-20)得粘性力的比尺为

$$\lambda_F = \frac{T_p}{T_m} = \frac{\mu_p l_p v_p}{\mu_m l_m v_m} = \frac{\rho_p l_p^2 v_p^2}{\rho_m l_m^2 v_m^2} \tag{9-34}$$

或

$$\frac{v_p l_p}{\nu_p} = \frac{v_m l_m}{\nu_m} \tag{9-35}$$

其中 $\dfrac{vl}{\nu}$ 为量纲一的数，即雷诺(Reynolds)数，以 Re 表示，式中 l 为断面的特性几何尺寸，常用管径 d 及水力半径 R，若将式(9-35)用雷诺数表示为

$$(Re)_p = (Re)_m \tag{9-36}$$

上式说明，若作用在液体上的力以粘滞力为主，两个流动动力相似，它们的雷诺数应相

等;反之亦然。这就是粘滞力相似准则或称雷诺相似准则。在水力学中,低速的有压管流等都是粘滞力起主导作用的流动,在这类流动中要根据雷诺相似准则设计模型实验。

将式(9-35)写成比尺的形式可得

$$\frac{\lambda_v \lambda_l}{\lambda_\nu} = 1 \tag{9-37}$$

若以 $F = F_s = \mu l v$ 代入(9-21)的左端,可看出惯性力与粘滞力之比为

$$\frac{\rho l^2 v^2}{\mu l v} = \frac{vl}{\nu} = Re$$

所以,雷诺数为惯性力与粘滞力的比值。

由雷诺准则推导原型与模型各种物理量的比尺与长度比尺 λ_l 的关系如下:

1) 流速比尺　若模型与原型采用同一种液体,则 $\nu_p = \nu_m$,由式(9-35)可得

$$\lambda_v = \frac{v_p}{v_m} = \frac{l_m}{l_p} = \frac{1}{\lambda_l} = \lambda_l^{-1} \tag{9-38}$$

2) 流量比尺

$$\lambda_Q = \frac{Q_p}{Q_m} = \lambda_A \lambda_v = \lambda_l^2 \lambda_l^{-1} = \lambda_l \tag{9-39}$$

3) 时间比尺　设 λ_V 为体积比尺,因 $Q = V/t$,故

$$\lambda_t = \frac{\lambda_V}{\lambda_Q} = \frac{\lambda_l^3}{\lambda_l^1} = \lambda_l^2 \tag{9-40}$$

4) 力的比尺

$$\lambda_F = \frac{m_p a_p}{m_m a_m} = \frac{\rho_p l_p^3 l_p/t_p^2}{\rho_m l_m^3 l_m/t_m^2} = \frac{\rho_p l_p^2 v_p^2}{\rho_m l_m^2 v_m^2} = \lambda_\rho$$

若模型与原型液体相同,$\lambda_\rho = 1$,则

$$\lambda_F = 1 \tag{9-41}$$

5) 压强比尺

$$\lambda_p = \frac{\lambda_F}{\lambda_A} = \frac{\lambda_\rho}{\lambda_l^2} = \lambda_\rho \lambda_l^{-2}$$

当取 $\lambda_\rho = 1$ 时,则

$$\lambda_p = \lambda_l^{-2} \tag{9-42}$$

9.3.3　压力相似准则

若作用力主要为压力 $P, P = pA$,其中 p 为压强,A 为受压面积,则由式(9-20)得

$$\lambda_F = \frac{P_p}{P_m} = \frac{p_p l_p^2}{p_m l_m^2} = \frac{\rho_p l_p^2 v_p^2}{\rho_m l_m^2 v_m^2} \tag{9-43}$$

或
$$\frac{p_\mathrm{p} l_\mathrm{p}^2}{\rho_\mathrm{p} l_\mathrm{p}^2 v_\mathrm{p}^2} = \frac{p_\mathrm{m} l_\mathrm{m}^2}{\rho_\mathrm{m} l_\mathrm{m}^2 v_\mathrm{m}^2}$$

化简,得
$$\frac{p_\mathrm{P}}{\rho_\mathrm{P} v_\mathrm{P}^2} = \frac{p_m}{\rho_m v_m^2} \tag{9-44}$$

式中 $\frac{p}{\rho v^2}$ 为量纲一的数,称欧拉(Euler)数,以 Eu 表示,即

$$Eu = \frac{p}{\rho v^2} \tag{9-45}$$

因此式(9-44)可表示为
$$(Eu)_\mathrm{p} = (Eu)_\mathrm{m} \tag{9-46}$$

上式表明,若作用在液体上的力以压力为主,两个流动动力相似,它们的欧拉数应相等;反之亦然。这就是压力相似准则或称欧拉相似准则。欧拉数为压力与惯性力之比。

将式(9-44)用比尺表示,即
$$\frac{\lambda_p}{\lambda_\rho \lambda_v^2} = 1 \tag{9-47}$$

在有压流动中,对流动起主要作用的是压强差 Δp,而不是压强的绝对值。欧拉数中的动水压强 p,也可用压差 Δp 来代替,即

$$Eu = \frac{\Delta p}{\rho v^2}$$

在满足动力相似时,原型和模型二者的欧拉数 Eu 相等。因压强决定于流速等因素,故欧拉数不是独立的相似准则。它依赖于上述的重力相似准则和粘滞力相似准则的任一准则,若已满足重力相似准则或粘滞力相似准则,则自动满足欧拉准则,但反过来,则不成立。在通常情况下,弗劳德相似准则和雷诺相似准则称独立准则,欧拉相似准则称导出准则。

9.3.4 弹性力相似准则

若作用在液体上的力主要为弹性力 F_E,根据 $F_\mathrm{E}=EA$,其中 E 为单位面积上的弹性力,称弹性模量,则由式(9-20)得

$$\lambda_F = \frac{F_{E\mathrm{p}}}{F_{E\mathrm{m}}} = \frac{E_\mathrm{p} l_\mathrm{p}^2}{E_\mathrm{m} l_\mathrm{m}^2} = \frac{\rho_\mathrm{p} l_\mathrm{p}^2 v_\mathrm{p}^2}{\rho_\mathrm{m} l_\mathrm{m}^2 v_\mathrm{m}^2} \tag{9-48}$$

或
$$\frac{E_\mathrm{p} l_\mathrm{p}^2}{\rho_\mathrm{p} l_\mathrm{p}^2 v_\mathrm{p}^2} = \frac{E_\mathrm{m} l_\mathrm{m}^2}{\rho_\mathrm{m} l_\mathrm{m}^2 v_\mathrm{m}^2} \tag{9-49}$$

或
$$\frac{\rho_\mathrm{p} v_\mathrm{p}^2}{E_\mathrm{p}} = \frac{\rho_\mathrm{m} v_\mathrm{m}^2}{E_\mathrm{m}} \tag{9-50}$$

式中 $\frac{\rho v^2}{E}$ 为一量纲一的数,称柯西(Cauchy)数,以 Ca 表示,即

$$Ca = \frac{\rho v^2}{E} \tag{9-51}$$

因此式(9-50)可表示为

$$(Ca)_p = (Ca)_m \tag{9-52}$$

上式称柯西准则。对于液体来讲，柯西准则只应用在压缩性显著起作用的流动中，例如水击现象中。

9.3.5 表面张力相似准则

若作用在液体上的力只有表面张力 F_T 时，则由式(9-20)得

$$\lambda_F = \frac{F_{Tp}}{F_{Tm}} = \frac{\sigma_p l_p}{\sigma_m l_m} = \frac{\rho_p l_p^2 v_p^2}{\rho_m l_m^2 v_m^2} \tag{9-53}$$

式中：σ 为单位长度上所受的表面张力，所以上式亦可写为

$$\frac{\sigma_p l_p}{\rho_p l_p^2 v_p^2} = \frac{\sigma_m l_m}{\rho_m l_m^2 v_m^2}$$

或

$$\frac{\rho_p l_p v_p^2}{\sigma_p} = \frac{\rho_m l_m v_m^2}{\sigma_m} \tag{9-54}$$

式中 $\dfrac{\rho v^2}{\sigma}$ 为一量纲一的数，称韦伯(Weber)数，以 We 表示。即

$$We = \frac{\rho v^2}{\sigma} \tag{9-55}$$

因此式(9-54)可表示为

$$(We)_p = (We)_m \tag{9-56}$$

上式说明，若作用在液体上的力以表面张力为主，两个流动动力相似，它们的韦伯数应相等；反之亦然。这就是表面张力相似准则或称韦伯准则。对于液体来说，韦伯准则只有在流动规模甚小，以致表面张力作用显著时才用。

以上介绍了五个相似准则，其中以弗劳德准则和雷诺准则应用最广泛，是指导模型实验重要准则。

9.4 模型实验

在实际工程中，有些项目常需要进行模型实验，可将各种设计方案制成按比例缩小的模型，在实验室中观测其结果，以选择最合理的设计方案。但是在设计模型时需要考虑如下几个问题：

1) 如何设计模型、选择模型中的流动介质，才能保证原型和模型中的流动相似；
2) 实验过程中需要测量哪些物理量，实验数据如何综合整理，才能求出流动的规律性；
3) 模型实验所得到的结果如何换算到原型，应用到实际问题中去。

模型的设计，长度比尺的选择是最基本的。在保证实验及不影响实验结果正确性的前

提下,模型宜做得小一些,即长度比尺要选择得大一些。因为这能降低模型的建造与运转费用,符合经济性的要求。当长度比尺确定以后,就要根据占主导地位的作用力来选用相应的相似准则进行模型设计。例如,当粘滞力为主时,如低速的有压管流,则选用雷诺准则设计模型;当重力为主时,则选用弗劳德准则设计模型。下面分别介绍雷诺模型和弗劳德模型。

9.4.1 雷诺模型

在雷诺模型中,由于原型和模型中的雷诺数相等,可以根据式(9-37)来确定长度比尺 λ_l 与其他比尺的关系。因此,流速比尺可表示为

$$\lambda_v = \frac{\lambda_\nu}{\lambda_l} \tag{9-57}$$

当模型与原型中的液体为同一种液体,且温度相同时,运动粘度比尺为 $\lambda_\nu = 1$,则流速比尺与长度比尺为倒数关系,即式(9-38)

$$\lambda_v = \frac{1}{\lambda_l}$$

上式表明,雷诺模型尺度越小,模型中流速越大,即模型中的流速将远大于原型中的流速,这是雷诺模型的一个特点。

雷诺模型的流量比尺 λ_Q 可用流速比尺 λ_v 表示为式(9-39),即

$$\lambda_Q = \lambda_v \cdot \lambda_l^2 = \lambda_l$$

时间比尺 λ_t 也可以表示为式(9-40)

$$\lambda_t = \frac{\lambda_l}{\lambda_v} = \lambda_l^2$$

若原型与模型中的液体为同一种液体时,$\lambda_\rho = 1$,则各种比尺与长度比尺 λ_l 的关系见表9-2。

表 9-2 重力、粘滞力相似准则比尺关系表

名称	比尺		
	重力相似	粘滞力相似	
		$\lambda_\nu = 1$	$\lambda_\nu \neq 1$
长度比尺 λ_l	λ_l	λ_l	λ_l
流速比尺 λ_v	$\lambda_l^{\frac{1}{2}}$	λ_l^{-1}	$\lambda_\nu \lambda_l^{-1}$
加速度比尺 λ_a	1	λ_l^{-3}	$\lambda_\nu^2 \lambda_l^{-3}$
流量比尺 λ_Q	$\lambda_l^{\frac{5}{2}}$	λ_l	$\lambda_\nu \lambda_l$
时间比尺 λ_t	$\lambda_l^{\frac{1}{2}}$	λ_l^2	$\lambda_\nu^{-1} \lambda_l^2$
力比尺 λ_F	λ_l^3	1	λ_ν^2
压强比尺 λ_p	λ_l	λ_l^{-2}	$\lambda_\nu^2 \lambda_l^{-2}$
功、能比尺 λ_W	λ_l^4	λ_l	$\lambda_\nu^2 \lambda_l$
功率比尺 λ_N	$\lambda_l^{\frac{7}{2}}$	λ_l^{-1}	$\lambda_\nu^3 \lambda_l^{-1}$

当影响流动的主要因素是粘滞力时,就可采用雷诺准则。例如,有压管流,当其流速分布及沿程水头损失主要取决于层流间的粘滞力而与重力无关时,则采用雷诺模型。在具有自由液面的明渠流中,液体是在重力与粘滞力同时作用下流动的,一般不采用雷诺模型。但在水面平稳,流动缓慢,雷诺数处于层流区的明渠均匀流中,重力沿流向的分力与摩擦阻力平衡时,也可采用雷诺模型。下面举例说明雷诺模型的应用。

例 9-5 有一直径为 15 cm 的输油管,管长 5 m,管中要通过的流量为 0.18 m³/s。现用水来做模型试验。当模型管径和原型一样,水温为 10℃(原型中油的运动粘 $\nu_p = 1.3 \text{ cm}^2/\text{s}$),问水的模型流量应为多少时才能达到相似?若测得 5 m 长模型输水管两端的压差为 3 cm,试求在 50 m 长输油管两端的压差应为多少(用油柱高表示)?

解:(1)因为圆管中流动主要受粘滞力作用,所以应满足雷诺准则,即两者的雷诺数相等。

$$\frac{v_p l_p}{\nu_p} = \frac{v_m l_m}{\nu_m}$$

由于 $d_p = d_m, \lambda_l = 1$,故上式可写成:

$$\frac{v_p}{\nu_p} = \frac{v_m}{\nu_m}, \quad v_m = \frac{\nu_m v_p}{\nu_p}$$

或

$$Q_m = \frac{\nu_m}{\nu_p} Q_p$$

将已知条件($\nu_p = 1.3 \text{ cm}^2/\text{s}, \nu_m = 0.0131 \text{ cm}^2/\text{s}$)代入上式,得:

$$Q_m = \frac{0.0131}{0.13} \times 0.18 = 0.0181 (\text{m}^3/\text{s})$$

即当模型中流量 Q_m 为 0.0181 m³/s 时,原型与模型相似。

(2)由于已经满足雷诺准则,故两者的欧拉数也会自动满足,即

$$\left(\frac{p}{\rho v^2}\right)_p = \left(\frac{p}{\rho v^2}\right)_m$$

现已知 $h_m = \frac{\Delta p_m}{\rho_m g_m} = 3 \text{ cm}$,则原型输油管的压强为

$$\frac{\Delta p_p}{\rho_p g_p} = \frac{\Delta p_m}{\rho_m g_m} \cdot \frac{v_p^2}{v_m^2} \cdot \frac{g_m}{g_p}$$

也可写成:

$$\frac{\Delta p_p}{\rho_p g_p} = \frac{\Delta p_m}{\rho_m g_m} \cdot \frac{Q_p^2}{Q_m^2}$$

这里,引入了 $A_p = A_m (d_p = d_m)$ 及 $g_p = g_m$。所以,5 m 长输油管的压差为

$$h_p = \frac{\Delta p_p}{\rho_p g_p} = \frac{\Delta p_m}{\rho_m g_m} \cdot \frac{Q_p^2}{Q_m^2} = 0.03 \times \frac{0.18^2}{0.0181^2} = 2.95 (\text{m})$$

而 50 m 长的输油管,其压差为

$$h_p = 2.95 \times 10 = 29.5 (\text{m})$$

9.4.2 弗劳德模型

在弗劳德模型中,由于模型弗劳德数和原型弗劳德数相等,可根据式(9-28)来确定长度比尺 λ_l 与其他比尺的关系,当模型与原型流动均在地球上时,$\lambda_g = 1$,所以流速比尺 λ_v 由下式表示为

$$\lambda_v = \lambda_l^{\frac{1}{2}} \tag{9-58}$$

弗劳德模型中的流量比尺 λ_Q 与时间比尺 λ_t 分别为

$$\lambda_Q = \lambda_v \lambda_l^2 = \lambda_l^{\frac{5}{2}} \tag{9-59}$$

$$\lambda_t = \lambda_l/\lambda_v = \lambda_l^{\frac{1}{2}} \tag{9-60}$$

其他各种比尺与长度比尺的关系列于表9-2中。

具有自由液面的明渠流,流速与水面的变动均受重力和阻力的影响。当流程较短,流速与水面变化显著时,重力的影响将大于阻力的影响,重力为主要作用力,故采用弗劳德准则。例如,水流通过堰、闸、溢洪道、消力池、桥墩等,一般采用弗劳德准则设计模型。

例 9-6 设一桥墩长 $l_p = 24 \text{ m}$,桥墩宽 $b_p = 4.3 \text{ m}$,水深 $h_p = 8.2 \text{ m}$,平均流速 $v_p = 2.3 \text{ m/s}$,两桥墩间的距离 $B_p = 90 \text{ m}$。如实验室供水流量仅为 $0.1 \text{ m}^3/\text{s}$,问该模型可选取多大的几何比尺,并求模型的几何尺寸和模型中的平均流速和流量。

解:(1)桥下过流主要是重力作用的结果,应按弗劳德准则设计模型,由

$$(Fr)_p = (Fr)_m$$

即 $\dfrac{\lambda_v^2}{\lambda_g \lambda_l} = 1$,由于 $\lambda_g = 1$,所以 $\lambda_v = \lambda_l^{0.5}$,而 $\lambda_Q = \lambda_l^{2.5}$

原型流量 $Q_p = v_p (B_p - b_p) h_p = 2.3 \times (90 - 4.3) \times 8.2 = 1\ 616\ (\text{m}^3/\text{s})$

实验室供水流量 $Q_m = 0.1 \text{ m}^3/\text{s}$,则可求得模型的最大几何比尺

$$\lambda_l = \frac{l_p}{l_m} = \left(\frac{Q_p}{Q_m}\right)^{\frac{2}{5}} = \left(\frac{1\ 616}{0.1}\right)^{\frac{2}{5}} = 48.24$$

一般模型几何比尺 λ_l 多选用整数值,为使实验室供给模型的流量不大于 $0.1 \text{m}^3/\text{s}$,选 $\lambda_l = 50$。

(2) 模型的几何尺寸,可由 $\lambda_l = 50$ 直接求得

$$\text{桥墩长}\quad l_m = \frac{l_p}{\lambda_l} = \frac{24}{50} = 0.48 (\text{m})$$

$$\text{桥墩宽}\ b_m = \frac{b_p}{\lambda_l} = \frac{4.3}{50} = 0.086 (\text{m})$$

$$\text{桥墩间距}\ B_m = \frac{B_p}{\lambda_l} = \frac{90}{50} = 1.8 (\text{m})$$

$$\text{水深}\ h_m = \frac{h_p}{\lambda_l} = \frac{8.2}{50} = 0.164 (\text{m})$$

(3) 平均流速 $v_m = \dfrac{v_p}{\lambda_l^{\frac{1}{2}}} = \dfrac{2.3}{\sqrt{50}} = 0.325(\text{m/s})$

流量 $Q_m = \dfrac{Q_p}{\lambda_l^{\frac{5}{2}}} = \dfrac{1\,616}{50^{\frac{5}{2}}} = 0.091(\text{m}^3/\text{s})$

以上各例,均是以某一准则来求解的。现在来讨论一下若要同时满足两个准则,例如雷诺准则和弗劳德准则,应该满足什么样的条件。要想同时满足两个准则,必须使这两个准则等价,即

$$\frac{\lambda_v}{\sqrt{\lambda_g \lambda_l}} = \frac{\lambda_v \lambda_l}{\lambda_\nu} \tag{9-61}$$

因为模型与原型同在地球上 $\lambda_g = 1$,如模型与原型采用同一种液体,$\lambda_\nu = 1$,则式(9-61)化简为

$$\frac{\lambda_v}{\sqrt{\lambda_l}} = \lambda_v \lambda_l$$

要使上式成立,只有当 $\lambda_l = 1$ 时才有可能,这就意味着模型与原型尺寸相同,这将使长度比尺的选择受到了限制,使尺度大的原型不能缩小。要使式(9-61)成立,还有一种可能,即模型采用与原型不同的液体,使 $\lambda_\nu \neq 1$,这种液体与原型液体的运动粘度的比尺 λ_ν 应满足下式要求,即

$$\lambda_\nu = \lambda_l \sqrt{\lambda_l} = \lambda_l^{\frac{3}{2}} \tag{9-62}$$

要找到满足上式的液体,也是极其困难的,所以用占主导地位的作用力的相似准则设计模型,还是切合实际的。

思考题

9-1 什么是量纲?量纲和单位有什么不同?

9-2 什么是基本量纲、导出量纲?在水力学中常用的基本量纲是哪些?怎样检查其独立性?

9-3 什么是量纲和谐原理?

9-4 几何相似、运动相似和动力相似三者的关系是什么?

9-5 重力相似准则的相似条件是什么?

9-6 原型与模型中若采用同一种液体,模型实验能否同时满足弗劳德准则和雷诺准则,为什么?

习 题

9-1 量纲分析依据的基本原理是:( )
a. 量纲和谐原理;   b. 几何相似原理;
c. 运动相似原理;   d. 动力相似原理。

9-2 力 F、长度 L、速度 v、动力粘度 μ 组合成量纲一的数是:( )

a. $\dfrac{F}{\mu v L}$;   b. $\dfrac{F}{\mu v^2 L}$;   c. $\dfrac{F}{\mu v L^2}$;   d. $\dfrac{F}{\mu v^2 L^2}$。

9-3 速度 v、长度 L、重力加速度 g 的量纲一的组合是:(　　)

a. $\dfrac{vL}{g}$;　　　b. $\dfrac{v}{gL}$;　　　c. $\dfrac{L}{gv}$;　　　d. $\dfrac{v}{\sqrt{gL}}$。

9-4 在有压管流中研究阻力问题,当雷诺数小于 2 000 时,进行模型试验,应选择的相似准则是:(　　)

a. 弗劳德准则;　　　　　　　　　　b. 雷诺准则;
c. 欧拉准则;　　　　　　　　　　　d. 其他准则。

9-5 弗劳德数的物理定义是:(　　)

a. 粘滞力与重力之比;　　　　　　　b. 压力与重力之比;
c. 惯性力与重力之比;　　　　　　　d. 切力与重力之比。

9-6 下面各种模型试验分别应采用(1)雷诺准则;(2)欧拉准则;(3)弗劳德准则中的哪一个准则,将其序号填入括号内:

a. 测定管路沿程阻力系数;(　　)
b. 堰流模型实验;(　　)
c. 水库经水闸放水实验;(　　)
d. 气体从静压箱中流至同温大气中;(　　)
e. 船的波浪阻力实验。(　　)

9-7 根据观察、实验与理论分析,认为总流边界单位面积上的切应力 τ_0,与流体的密度 ρ、动力粘度 μ、断面平均流速 v、断面特性几何尺寸(例如管径 d、水力半径 R)及壁面粗糙突出高度 Δ 有关。试用瑞利法求 τ_0 的表示式;若令沿程阻力系数 $\lambda = 8f\left(Re, \dfrac{\Delta}{d}\right)$,可得 $\tau_0 = \dfrac{\lambda}{8}\rho v^2$。

9-8 文丘里管喉道处的流速 v_2(如图))与文丘里管进口断面管径 d_1、喉道直径 d_2、流体密度 ρ、动力粘度 μ 及两断面间压差 Δp 有关,试用 π 定理求文丘里管通过流量 Q 的表达式。

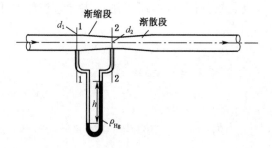

题 9-8 图

9-9 圆球在实际流体中做匀速直线运动所受阻力 F_D 与流体的密度 ρ、动力粘度 μ、圆球与流体的相对速度 u_0、圆球的直径 d 有关。试用 π 定理求阻力 F_D 的表示式。

9-10 设有一管径 $d_p = 15$ cm 的输油管,管长 $l_p = 5$ m,管中通过的原油流量 $Q_p = 0.18$ m³/s。现用水来做模型实验,设模型与原型管径相同,且两者流体温度皆为 10℃(水的运动粘度 $\nu_m = 0.013\,1$ cm²/s,油的运动粘度 $\nu_p = 0.13$ cm²/s),试求模型中的通过流量 Q_m。

9-11 有一直径 $d_p = 20$ cm 的输油管,输送运动粘度 $\nu = 40 \times 10^{-6}$ m²/s 的油,其流量 $Q = 0.01$ m³/s。若在模型试验中采用直径 $d_m = 5$ cm 的圆管,试求:(1)模型中用 20℃的水 ($\nu_m = 1.003 \times 10^{-6}$ m²/s) 作实验时的流量;(2)模型中用运动粘度 $\nu_m = 17 \times 10^{-6}$ m²/s 的空气作实验时的流量。

9-12 一个长度比尺 $\lambda_l = 40$ 的船舶模型,当船速为 1.2 m/s 时测得模型受到的波浪阻力为 0.03 N,试求原型船速和原型船舶所受到的波浪阻力为多少(以重力作用为主)。

9-13 某废水稳定塘模型长 10 m,宽 2 m,深 0.2 m,模型的水力停留时间为 1 天,长度比尺 $\lambda_l = 10$,

试求原型的停留时间是多少天。塘中水的运动粘度 $\nu_p = \nu_m = 1.003 \times 10^{-6}$ m²/s。

9-14 设某弧形闸门下出流,如图所示。现按 $\lambda_l = 10$ 的比尺进行模型试验。试求:(1)已知原型流量 $Q_p = 30$ m³/s,计算模型流量 Q_m;(2)在模型上测得水对闸门的作用力 $F_m = 400$ N,计算原型上闸门所受作用力 F_p。

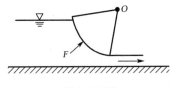

题 9-14 图

9-15 某弧形闸门下有水出流,今以比例尺 $\lambda_l = 10$ 做模型试验。试求:

(1) 已知原型上游水深 $H_p = 5$ m,求 H_m。

(2) 已知原型上游流量 $Q_p = 30$ m³/s,求 Q_m。

(3) 在模型上测得水流对闸门的作用力 $F_m = 400$ N,计算原型上水流对闸门的作用力 F_p。

(4) 在模型上测得水跃中损失的功率 $N_m = 0.2$ kW,计算原型中水跃损失的功率 N_p。

习题答案

第1章 绪论

1-1 $\rho = 899 \text{ kg/m}^3$

1-2 $\nu = 5.88 \times 10^{-6} \text{ m}^2/\text{s}$

1-3 $\mu = 0.1631 \text{ Pa} \cdot \text{s}$

1-4 $M = 39.58 \text{ N} \cdot \text{m}$

1-5 $\mu = 0.1173 \text{ Pa} \cdot \text{s}$

1-6 2.64%

第2章 水静力学

2-1 $P_1 < P_2 = P_3 < P_4$

2-2 (a) $p = 117.7 \text{ kPa}$ (b) $p = 78.48 \text{ kPa}$

2-3 位置水头:$1 \text{ m H}_2\text{O}$,压强水头:$2 \text{ m H}_2\text{O}$,测压管水头:$3 \text{ m H}_2\text{O}$

2-4 测压管长 $5\text{m}, h_2 = 0.38 \text{ m}$

2-5 绝对压强值:$9.506 \times 10^4 \text{ Pa}$,相对压强:$-2940 \text{ Pa}$,$h_2 = 22 \text{ mm}$

2-6 $p_a - p_b = 8089.95 \text{ Pa}$

2-7 $p_A - p_B = \rho g h, l = 2h$

2-8 有变化,$\Delta h = \dfrac{\Delta Z}{13.1}$

2-9 $p_A - p_B = 10614 \text{ Pa}$

2-10 $h_1 = 6 \text{ m}$ $h_2 = 5.4 \text{ m}$ $h_3 = 4.83 \text{ m}$

2-11 $P = 49 \times 10^3 \text{ N}$

2-12 $h > 1.333 \text{ m}$

2-13 $P = 45.26 \text{ kN}$

2-14 略

2-15 $P = 56.39 \text{ kN}$

2-16 (1) $P_1 = 22.47 \text{ kN}$;(2) $P_2 = 49.54 \text{ kN}, P_3 = 64.93 \text{ kN}$;(3) $P_4 = 49.54 \text{ kN}$

2-17 $P = 328.35 \times 10^3 \text{ N}$

2-18 $\omega = 18.667 \text{ rad/s}$

2-19 略

第3章 水运动学基础

3-1 $a = 35.86 \text{ m/s}^2$

3-2 $a = 13.06 \text{ m/s}$,恒定流

3-3 $xy = ab$,对于某一给定的 (a,b),则为一确定的双曲线;$u_x = kae^{kt}, u_y = -kbe^{-kt}, u_z = 0; a_x = k^2 ae^{kt}$, $a_y = k^2 be^{-kt}, a_z = 0$

3-4 $a_x = k^2 x$, $a_y = k^2 y$, $a_z = 0$

3-5 $a_x = 3 \text{ m/s}^2$, $a_y = 3 \text{ m/s}^2$, $a_z = 0$

3-6 (1) $\frac{2}{9}y^3 - \frac{4}{3}y^2 + 2y - x^2 = 0$;(2) $x = \frac{1}{t}\left(y - \frac{y^2}{2}\right)$,为非恒定流

3-7 $(x+2)(-y+2) = 3$

3-8 $v_1 = 0.625$ m/s, $v_2 = 2.5$ m/s, $Q = 4.9$ L/s

第 4 章 水动力学基础

4-1 $u_0 = 49.5$ m/s

4-2 $u_A = 2.42$ m/s, $u_B = 2.27$ m/s

4-3 $H = 1.51$ m

4-4 $Q = 0.018$ m³/s

4-5 (略)

4-6 (略)

4-7 $Q = 1.495$ m³/s

4-8 $h = \left[\left(\frac{A_2}{A_1}\right)^2 - 1\right] H$

4-9 $d = 0.8$ m

4-10 $h = 0.297$ m

4-11 (1) $Q = 0.018\ 2$ m³/s;(2) $R = 253.1$ N

4-12 $R = 1\ 503.07$ N, $\theta = 51.07°$

4-13 $R_x = 101.31$ N

4-14 $v = 7.653$ m/s

4-15 $R_x = 2\ 144.6$ kN

4-16 (1) $R = 6.13$ N; (2) $R = 2.12$ N

4-17 $P_{动} = 98\ 350$ N; $P_{静} = 100\ 352$ N

4-18 $F = 5.256$ kN

4-19 $R = 0.502$ kN;方向向下

4-20 $Q = 49.2$ L/s; $h_{V_3} = 5.33$ mH$_2$O

4-21 $Q = 2.8$ L/s

4-22 (1) $v_C = 8.76$ m/s;(2) $p_B = -34$ kN/m²

4-23 $R = 384$ kN

4-24 $R_x = 1\ 959.2$ N, $R_y = 751.5$ N, $R = 2.1$ kN

第 5 章 流动阻力与水头损失

5-1 $Q_{max} = 0.471$ L/s

5-2 湍流;$v_c = 1.88$ m/s

5-3 湍流

5-4 $V_{max} = 0.21$ cm/s

5-5 $\lambda = 0.014\ 3$

5-6 $u_{max} = 0.127$ m/s; $\tau_0 = 0.078$ Pa; $h_f = 0.000\ 37$ m

5-7 $\tau_w = 25.97$ N/m²;$\lambda = 0.032$

5-8 $h_f = 0.024\ 5$ m;$0.024\ 5$ m

5-9　$\nu = 0.54 \text{ cm}^2/\text{s}$

5-10　(1) $\delta_0 = 0.0134 \text{ cm}$；(2) $\delta_0 = 0.00067 \text{ cm}$；(3) $\delta_0 = 0.0134 \text{ cm}$

5-11　$v = \frac{1}{2}(v_1 + v_2)$；$h_{j2} = \frac{1}{2}\left[\frac{(v_1-v_2)^2}{2g}\right]$

5-12　$\zeta = 3.09$

5-13　$H = 3.81 \text{ m}$

5-14　$Q = 0.04126 \text{ m}^3/\text{s}$

5-15　$Q = 49 \text{ L/s}$

5-16　$\lambda = 0.026$；$h_f = 0.017 \text{ cm}$

5-17　$H = 2.09 \text{ m}$

第 6 章　孔口、管嘴出流和有压管流

6-1　$Q = 0.0619 \text{ m}^3/\text{s}$

6-2　$\dfrac{Q_1}{Q_2} = \left(\dfrac{d_1}{d_2}\right)^{\frac{8}{3}}$

6-3　$H = 6.36 \text{ m}$

6-4　$Q = 99 \text{ L/s}$；$z = 3.97 \text{ m}$

6-5　$H = 0.67 \text{ m}$

6-6　$h_s = 4.87 \text{ m}$；$H = 20.19 \text{ m}$

6-7　$Q = 0.0424 \text{ m}^3/\text{s}$

6-8　$h_p = 7.65 \text{ cm}$

6-9　$H_1 = 6.62 \text{ m}$；$H_2 = 6.94 \text{ m}$

6-10　$z_p = 5.65 \text{ m}$；$H_m = 32.8 \text{ m}$

6-11　(1) $Q = 1.22 \text{ L/s}$，(2) $Q = 1.61 \text{ L/s}$，(3) $h_v = 1.5 \text{ m}$

6-12　(1) $h_1 = 1.07 \text{ m}$，$h_2 = 1.43 \text{ m}$；(2) $Q = 4 \text{ L/s}$

第 7 章　明渠流和堰流及闸孔出流

7-1　$v = 1.32 \text{ m/s}$，$Q = 0.65 \text{ m}^3/\text{s}$

7-2　$n = 0.032$

7-3　$i = 0.00037$

7-4　$b = 10.1 \text{ m}$

7-5　$h_0 = 1.49 \text{ m}$

7-6　$h_0 = 0.43 \text{ m}$，$b = 0.86 \text{ m}$

7-7　$b = 0.37 \text{ m}$，$h_0 = 0.61 \text{ m}$

7-8　(1) $h_0 = 0.22 \text{ m}$，$b = 15.87 \text{ m}$；(2) $h_0 = 0.97 \text{ m}$，$b = 0.59 \text{ m}$。按水力最优断面设计，需加固，可采用干砌块石加固。

7-9　$Q = 1.78 \text{ m}^3/\text{s}$，$v = 2.80 \text{ m/s}$

7-10　$d = 500 \text{ mm}$

7-11　$Q = 763.83 \text{ m}^3/\text{s}$

7-12　$h_{cr} = 0.74 \text{ m} < h_0$，$i_{cr} = 0.0045$，$i_{cr} > i_0$，$c = 4.25 \text{ m/s}$，$v_0 = 1.08 \text{ m/s}$，$c > v_0$，$Fr_0 = 0.25 < 1$，均判别为缓流

7-13　$h_{cr} = 0.7 \text{ m}$

7-14　略

7-15　略

7-16　略

7-17　a_1 型壅水曲线，$L = 11\,400$ m

7-18　$B = 0.6$ m

7-19　$H = 0.264$ m

7-20　$Q = 9$ m³/s

7-21　$Q = 1.815$ m³/s，$Q = 1.482$ m³/s

7-22　$Q = 140.38$ m³/s

7-23　$B = 6$ m，$H = 1.59$ m

第 8 章　渗流

8-1　$Q = 0.615$ cm³/s

8-2　(1) $Q = 1.696 \times 10^{-4}$ m³/s； (2) $h_v = 0.853$ m H₂O

8-3　$Q = 3.36$ L/s

8-4　(1) $Q = 8.6 \times 10^{-5}$ m³/s，(2) $h_c = 3.55$ m

8-5　$Q = 0.01649$ m³/s

8-6　$R = 184$ m

8-7　$s = 0.94$ m

8-8　$k = 3.64 \times 10^{-6}$ m/s

8-9　$Q = 4.165 \times 10^{-3}$ m³/s

第 9 章　量纲分析和相似原理

9-1　a

9-2　a

9-3　d

9-4　b

9-5　c

9-6　(1) (3) (3) (2) (1)

9-7　$\tau_0 = f\left(Re, \dfrac{\Delta}{d}\right)\rho v^2$，$Re = \dfrac{vd}{\nu}$

9-8　$Q = \dfrac{\pi}{4} d_2^2 \Phi\left(\dfrac{d_2}{d_1}, Re\right)\sqrt{2gH}$，$Re = \dfrac{vd}{\nu}$

9-9　$F_D = \varphi(Re) \dfrac{\pi}{4} d^2 \dfrac{\rho u_o^2}{2} = C_D A \dfrac{\rho u_o^2}{2}$，$Re = \dfrac{u_0 d}{\nu}$，$C_D = \varphi(Re)$ 为绕流阻力系数，$A = \dfrac{\pi}{4} d^2$

9-10　$Q_m = 0.0181$ m³/s

9-11　(1) $Q_m = 6.26 \times 10^{-5}$ m³/s；(2) $Q_m = 1.06 \times 10^{-3}$ m³/s

9-12　$v_p = 7.59$ m/s，$F_p = 1.92$ kN

9-13　$t_p = 100$ d

9-14　(1) $Q_m = 0.0949$ m³/s；$F_p = 400$ kN

9-15　(1) $H_m = 0.50$ m；(2) $Q_m = 94.9$ L/s；(3) $F_p = 400$ kN；(4) $N_p = 632.5$ kW

参 考 文 献

1. 闻德荪. 工程流体力学(水力学)上册. 北京:高等教育出版社,2010.
2. 闻德荪. 工程流体力学(水力学)下册. 第 3 版. 北京:高等教育出版社,2010.
3. 李玉柱,贺五洲. 工程流体力学(上册). 北京:清华大学出版社,2006.
4. 李玉柱,江春波. 工程流体力学(下册). 北京:清华大学出版社,2007.
5. 毛根海. 应用流体力学. 北京:高等教育出版社,2006.
6. 吴持恭. 水力学. 北京:高等教育出版社,2003.
7. 裴国霞,唐朝春. 水力学. 北京:机械工业出版社,2007.
8. 柯葵,朱立明. 流体力学与流体机械. 上海:同济大学出版社,2009.
9. 郭仁东等. 水力学. 北京:人民交通出版社,2006.
10. 李大美,杨小亭. 水力学. 武汉:武汉大学出版社,1994.
11. 禹华谦. 工程流体力学(水力学). 第 2 版. 成都:西南交通大学出版社,2007.
12. 肖明葵. 水力学. 第 2 版. 重庆:重庆大学出版社,2007.
13. 郭维东,裴国霞,韩会玲. 水力学. 北京:中国水利水电出版社,2005.
14. 刘亚坤. 水力学. 北京:中国水利水电出版社,2008.
15. 刘鹤年. 水力学. 武汉:武汉大学出版社,2001.